机械工程训练

主　编　简正豪　姜　毅
副主编　何　苗　陈　晖　曾　敏　蒋云清　张江华

北京理工大学出版社
BEIJING INSTITUTE OF TECHNOLOGY PRESS

内 容 简 介

"机械工程训练"是现代机械制造业专业技术人才和工程管理技术人才必修的一门专业核心技术技能基础课程。本书以项目的形式介绍了机械加工基础知识及基本操作技能,着重于基本技术技能的训练。主要内容包括:子弹头挂饰制作、鲁班锁制作、东方明珠塔制作、运载火箭模型制作、家用烟灰缸制作、鸟笼工艺品制作、水管工艺台灯制作、招财猫的三维打印制作等。本书形成"递进式项目+工作流程"的双主线格局,内容设计遵循学生的认知规律。全书以生活中常见的趣味工艺品为载体,以工艺品加工制作为主线,以切削理论和制造工艺为支撑,兼顾工艺装备知识的掌握,较系统地介绍了金属切削原理与刀具、金属切削机床、机械制造工艺、机床夹具设计原理、机械加工精度、机械加工表面质量、机械装配工艺等理论知识,最后简要介绍了其他先进制造加工技术。

本书可作为普通高等学校机械设计制造及其自动化、机械电子工程、工业工程,以及其他机械类和近机械类专业教材,也可供从事机械制造的工程技术人员、管理人员参考。

版权专有　侵权必究

图书在版编目（CIP）数据

机械工程训练/简正豪,姜毅主编. —北京:北京理工大学出版社,2019.7(2023.9重印)
　ISBN 978 – 7 – 5682 – 7306 – 0

　Ⅰ.①机… Ⅱ.①简… ②姜… Ⅲ.①机械工程 – 高等学校 – 教材　Ⅳ.①TH

中国版本图书馆 CIP 数据核字（2019）第 151646 号

出版发行 /	北京理工大学出版社有限责任公司
社　　址 /	北京市海淀区中关村南大街5号
邮　　编 /	100081
电　　话 /	（010）68914775（总编室）
	（010）82562903（教材售后服务热线）
	（010）68948351（其他图书服务热线）
网　　址 /	http：//www.bitpress.com.cn
经　　销 /	全国各地新华书店
印　　刷 /	北京国马印刷厂
开　　本 /	787 毫米×1092 毫米　1/16
印　　张 /	19.25
字　　数 /	452 千字
版　　次 /	2019 年 7 月第 1 版　2023 年 9 月第 4 次印刷
定　　价 /	55.00 元

责任编辑 / 多海鹏
文案编辑 / 多海鹏
责任校对 / 周瑞红
责任印制 / 李志强

图书出现印装质量问题,请拨打售后服务热线,本社负责调换

前　言

本书以学生的职业能力为导向，立足于实际能力培养，对课程内容的选择标准做出了根本性改革，打破了传统学科体系的课程设置模式，课程内容设计遵循学生的认知规律，以"趣味零件制作"为主线，以工艺产品制作为载体展开，将原来的机械识图、机床设备基本技能、机械制造工艺、测量技术、金属材料、职业素养等全部融入具体的项目任务中，使原来教学内容相对独立、理实分离、学习无载体的单一教学体系变为以任务引领的教学新模式，将书本知识传授的教学活动变为完成项目的实际训练，让学生在"做中学、学中做"的过程中完成学习任务，掌握机械工程基本操作技能。

本书通过项目设计、任务引领、图纸识读、工艺分析、任务实施、检测评价、理论与技能拓展等环节，让学生在项目任务的完成过程中学会识图、工艺分析、加工操作方法、检测方法等，使学生具备从事本职业工种所必需的操作技能，并以实践教学为主的现场教学方法，配合观看影像资料、多媒体课件等多种教学组织形式，训练学生，让学生获得成就感，借此增强学生的学习兴趣。

在内容上，贯彻"理实一体、循序渐进、图文并茂、少而精"的原则，有利于学生自学和教师授课；在结构上，从学生基础出发，遵循技能的形成规律和理论的学习规律，按照由简到难的顺序设计项目任务，有利于学生形成知识体系并掌握技能；在形式上，通过任务要求、识读图纸、工艺分析、任务实施、检测评价、任务拓展，提高学生的综合技能水平及分析和处理问题的能力。教学效果评价采取过程评价与结果评价相结合的方式。

本书由简正豪、姜毅任主编，项目一由姜毅编写，项目二由简正豪编写，项目三由蒋云清编写，项目四由何苗编写，项目五由张江华编写，项目六由张江华编写，项目七由陈晖编写，项目八由曾敏编写。

本书在编写过程中得到了有关学校和同行的大力支持，尤其得到了徐九南、张玉英精心的指导和校正，在此表示衷心感谢。

由于水平所限，编写时间仓促，书中难免有不妥之处，敬请各院校师生和读者批评指正。

编　者

目 录

项目一 子弹头挂饰制作 1
    一、项目导入 1
    二、项目描述 1
    三、项目工作内容 2
        任务一 子弹头模型零件图技术要求分析 2
        任务二 子弹头模型工艺品的加工工艺 4
        任务三 子弹头模型工艺品的数控加工内容及操作 10
        任务四 子弹头模型零件质量检验及质量分析 19
    四、项目评价考核 28

项目二 鲁班锁制作 29
    一、项目导入 29
    二、项目描述 29
    三、项目工作内容 30
        任务一 鲁班锁工艺品零件图技术要求分析 30
        任务二 鲁班锁工艺品的加工工艺 34
        任务三 鲁班锁工艺品的加工内容及操作 43
        任务四 鲁班锁工艺品零件质量检验及质量分析 69
    四、项目评价考核 77

项目三 东方明珠塔制作 78
    一、项目导入 78
    二、项目描述 79
    三、项目工作内容 80
        任务一 东方明珠塔模型工艺品零件图技术要求分析 .. 80
        任务二 东方明珠塔模型工艺品的加工工艺 85
        任务三 东方明珠塔模型工艺品塔身零件螺纹加工内容及操作 .. 98
        任务四 东方明珠塔模型工艺品塔身零件螺纹质量检验及质量分析 .. 123
    四、项目评价考核 132

项目四 运载火箭模型制作 134
    一、项目导入 134
    二、项目描述 134
    三、项目工作内容 136
        任务一 火箭模型工艺品组合件装配图技术要求分析 .. 136
        任务二 火箭模型工艺品组合件（件1）的加工工艺 .. 144

任务三　火箭模型工艺品组合件（件2）的加工工艺 …………………… 151
　　　任务四　火箭模型工艺品组合件（件3）的加工工艺 …………………… 159
　　　任务五　火箭模型工艺品组合件（件4）的加工工艺 …………………… 162
　　　任务六　火箭模型工艺品组合件（件5）的加工工艺 …………………… 170
　　　任务七　火箭模型工艺品组合件（件6）的加工工艺 …………………… 174
　　　任务八　火箭模型零件质量检验及质量分析 …………………………… 178
　四、项目评价考核 …………………………………………………………………… 183

项目五　家用烟灰缸制作 ……………………………………………………………… 184
　一、项目导入 ………………………………………………………………………… 184
　二、项目描述 ………………………………………………………………………… 184
　三、项目工作内容 …………………………………………………………………… 186
　　　任务一　烟灰缸工艺品零件图技术要求分析 …………………………… 186
　　　任务二　烟灰缸工艺品的加工工艺 ……………………………………… 186
　　　任务三　烟灰缸工艺品的加工内容及操作 ……………………………… 196
　　　任务四　烟灰缸工艺品零件的质量检测与质量分析 …………………… 212
　四、项目评价考核 …………………………………………………………………… 213

项目六　鸟笼工艺品制作 ……………………………………………………………… 214
　一、项目导入 ………………………………………………………………………… 214
　二、项目描述 ………………………………………………………………………… 214
　三、项目工作内容 …………………………………………………………………… 215
　　　任务一　鸟笼工艺品零件图技术要求分析 ……………………………… 215
　　　任务二　鸟笼工艺品的加工工艺 ………………………………………… 222
　　　任务三　鸟笼工艺品的线切割加工内容及操作 ………………………… 235
　　　任务四　鸟笼工艺品的电焊装配操作 …………………………………… 246
　四、项目评价考核 …………………………………………………………………… 249

项目七　水管工艺台灯制作 …………………………………………………………… 250
　一、项目导入 ………………………………………………………………………… 250
　二、项目描述 ………………………………………………………………………… 250
　三、项目工作内容 …………………………………………………………………… 251
　　　任务一　水管工艺台灯零件图技术要求分析 …………………………… 251
　　　任务二　水管工艺台灯的加工工艺 ……………………………………… 252
　　　任务三　水管工艺台灯的加工内容及操作 ……………………………… 254
　　　任务四　水管工艺台灯电路检测与质量分析 …………………………… 260
　四、项目评价考核 …………………………………………………………………… 270

项目八　招财猫的三维打印制作 ……………………………………………………… 271
　一、项目导入 ………………………………………………………………………… 271
　二、项目描述 ………………………………………………………………………… 271
　三、项目工作内容 …………………………………………………………………… 273
　　　任务一　招财猫模型技术要求分析 ……………………………………… 273

任务二　招财猫模型的加工工艺 ……………………………………………………… 275
　　任务三　招财猫模型的加工内容及操作 ………………………………………………… 283
　　任务四　招财猫模型的质量分析与后处理 ……………………………………………… 296
　四、项目评价考核 …………………………………………………………………………… 297
参考文献 …………………………………………………………………………………… 298

项目一 子弹头挂饰制作

一、项目导入

如图1-1所示,AK47式突击步枪是由苏联卡拉什尼科夫设计的世界最著名的突击步枪。其坚固耐用、结构简单的众多特点,一度使它成为包括美国在内的世界各国士兵最喜爱的步枪。本项目主要讲述子弹头模型工艺品的数控加工制作,通常子弹头模型的组成包括圆柱面、斜面和部分圆弧面。本项目主要讲述子弹头外轮廓的加工,其也是数控车工技术技能等级考核中主要的项目,故学生必须掌握。

(a)　　　　　　　　　　　　(b)

图1-1　AK47式突击步枪及子弹

二、项目描述

(一)项目目标

(1)根据给定样图能够编制子弹头模型工艺品的加工工艺卡片。
(2)根据加工工艺方案能够完成子弹头模型工艺品加工工艺方案的制定。
(3)能够正确使用量具对子弹头模型工艺品进行质量检验及质量分析。

(二)项目重点和难点

(1)重点:掌握零件加工工艺分析、零件数控机床加工操作。
(2)难点:数控工艺分段编程法在零件编程上的应用。

(三)项目准备

1. 设备资源

所用机床为CK6136普及型数控车床FANUC Oi Mate-TC,学生30人,每3人配1台,共10台机床,各种常用数控车刀若干把,通用量具及工具若干,如图1-2所示。

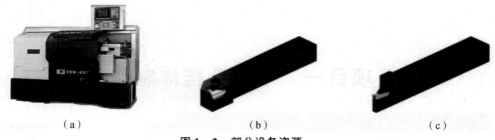

图 1-2 部分设备资源

(a) 数控车床；(b) 机夹式外圆车刀；(c) 机夹式切断刀

2. 原材料准备

LY12、45 钢、黄铜等。

3. 相关资料

《机械加工手册》《金属切削手册》和《数控编程手册》。

4. 项目小组及工作计划

（1）分组：每组学员为 3~4 人，应注意强弱组合。

（2）编写项目计划（包括任务分配及完成时间），见表 1-1。

表 1-1 项目计划安排

任务	内容	零件	时间安排/h	人员安排/人	备注
任务一	子弹头模型零件图技术要求分析	零件1	1	1	任务可以同时进行，人员可以交叉执行
任务二	子弹头模型工艺品的加工工艺	零件1	2	1	
任务三	子弹头模型工艺品的数控加工内容及操作	零件1	4	1	
任务四	子弹头模型零件质量检验及质量分析	零件1	1	1	

三、项目工作内容

任务一 子弹头模型零件图技术要求分析

（一）子弹头模型三维实物图和零件加工图

（1）子弹头三维实物，如图 1-3 所示。

（2）子弹头零件图，如图 1-4 所示。

（二）技术要求分析

子弹头模型是由圆柱面、斜面和部分圆弧面组成的。子弹头零件的第一要求是合理的尺寸，而且表面结构质量要求较高，接合面应平整。要保证该项精度，零件加工后其相应端面必须与外圆中心线有一定的垂直度要求。零件加工时垂直度要求为 0.05 mm，因此，加工中只要保证零件的加工要求，该项精度就能保证。

项目一　子弹头挂饰制作

（a）

（b）

图1-3　子弹头三维实物

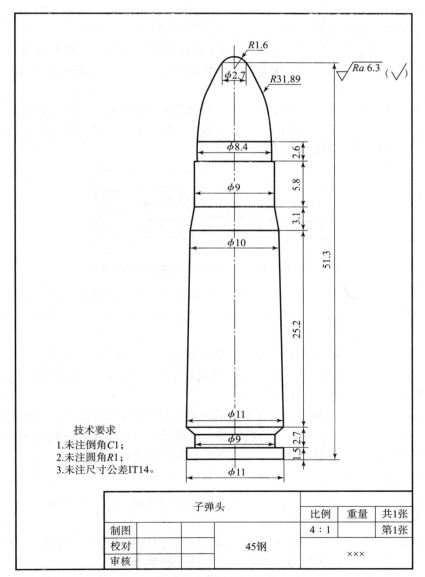

技术要求
1.未注倒角C1；
2.未注圆角R1；
3.未注尺寸公差IT14。

		子弹头	比例	重量	共1张
制图			4∶1		第1张
校对		45钢		×××	
审核					

图1-4　子弹头零件图

任务二 子弹头模型工艺品的加工工艺

(一) 相关知识准备

1. 生产过程

生产过程是指将原材料转变为成品的全过程。机械产品的生产过程是指由原材料到成品之间的各个相互联系的劳动过程的总和。这些过程包括：生产技术准备工作（如产品的开发设计、工艺设计和专用工艺装备的设计与制造、各种生产资料及生产组织等方面的准备工作）；原材料及半成品的运输和保管；毛坯的制造；零件的各种加工、热处理及表面处理；部件和产品的装配、调试、检测及涂装和包装等。

2. 工艺过程

在生产过程中，那些与由原材料转变为产品直接相关的过程称为工艺过程。它包括毛坯制造、零件加工、热处理、质量检验和零件装配等。在工艺过程中，以机械加工方法按一定顺序逐步地改变毛坯形状、尺寸、相对位置和性能等，直至成为合格零件的过程称为机械加工工艺过程。

机械加工工艺过程是由一个或若干个顺序排列的工序组成的，工序是机械加工工艺过程的基本单元，即机械加工工艺过程由工序、安装、工位、工步和进给等组成。机械加工工艺过程的基本概念关系框图如图1-5所示。

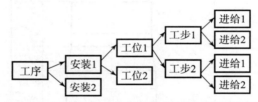

图1-5 机械加工工艺过程的基本概念关系框图

（1）工序：一个或一组工人，在一个工作地对同一个或同时对几个工件所连续完成的那一部分工艺过程，称为工序。工作地、工人、工件与连续作业构成了工序的四个要素。

（2）安装：工件经一次装夹后所完成的那一部分工序内容，称为安装。

（3）工位：一次装夹工件后，工件与夹具或设备的可动部分一起相对刀具或设备的固定部分所占据的每一个位置，称为工位。

（4）工步：在加工表面和加工工具不变的条件下所完成的那部分工艺过程，称为工步。

（5）进给：一般情况下，每一次切削就是一次进给。可见工步和进给的区别仅在于：当余量分数次切削而其他条件都不变时，为一个工步的数次进给。

3. 生产纲领与生产类型

企业或工厂在计划期内应当生产的产品产量和进度计划，称为生产纲领。生产纲领对工厂的生产过程与管理有着决定性的影响。

生产类型是指企业生产专业化程度的分类。人们按照产品的生产纲领、投入生产的批量，可将生产分为单件生产、批量生产和大量生产三种类型。

1) 单件生产

单个生产不同结构和尺寸的产品,很少重复甚至不重复,这种生产称为单件生产。如新产品试制、维修车间的配件制造和重型机械的制造等。

2) 批量生产

一年中分批轮流制造几种不同的产品,每种产品均有一定的数量,工作地点的加工对象周期性重复,这种生产称为批量生产。如一些通用机械厂、某些农业机械厂、陶瓷机械厂、造纸机械厂、烟草机械厂等的生产即属于这种生产类型。

3) 大量生产

同一产品的生产数量很大,大多数工作地点经常按一定节奏重复进行某一零件的某一工序的加工,这种生产称为大量生产。如自行车制造和一些链条厂、轴承厂等专业化生产即属于这种生产类型。

生产类型和生产纲领的关系见表1-2。

表1-2 生产类型和生产纲领的关系

生产类型		生产纲领/(件·年$^{-1}$或台·年$^{-1}$)		
		重型 (30 kg以上)	中型 (4~30 kg)	轻型 (4 kg以下)
单件生产		5以下	10以下	100以下
批量生产	小批量生产	5~100	10~200	100~500
	中批量生产	100~300	200~500	500~5 000
	大批量生产	300~1 000	500~5 000	5 000~50 000
大量生产		1 000以上	5 000以上	50 000以上

4. 制定工艺规程的主要依据

(1) 产品零件图及其所在部件或总成的装配图。

(2) 产品验收的质量标准。

(3) 产品的生产纲领(年产量)。

(4) 毛坯资料(包括各种毛坯制造方法的技术经济特征、各种型材的品种和规格等)。

(5) 工厂的生产条件(毛坯的生产能力及技术水平、加工设备和工艺装备、工人技术水平等)。

(6) 国内外先进工艺及生产技术发展情况。

(7) 有关的工艺手册及图册。

5. 制定工艺规程的步骤

(1) 收集和熟悉制定工艺规程的有关资料,进行零件的结构工艺性分析。

(2) 确定毛坯的类型及制造方法。

(3) 选择定位基准。

(4) 拟定工艺路线。

(5) 确定各工序的工序余量、工序尺寸及其公差。

(6) 确定各工序的设备及刀、夹、量具和辅助工具。

(7) 确定各工序的切削用量及时间定额。

(8) 确定主要工序的技术要求及检验方法。

(9) 进行技术经济分析，选择最佳方案。

(10) 填写工艺文件。

6. 零件加工工艺方案的制订

1) 分析零件图样

(1) 通过图样了解零件的形状、结构并检查图样的完整性。

(2) 分析图样上规定的尺寸及其公差、表面粗糙度、形状和位置公差等技术要求，并检查其合理性，必要时应参阅部、组件装配图或总装图。

(3) 分析零件材料及热处理方法。其目的，一是检查零件材料及热处理的选用是否合适，了解零件材料加工的难易程度；二是初步考虑热处理工序的安排。

(4) 找出主要加工表面和某些特殊的工艺要求，分析其可行性，以确保其最终能顺利实现加工。

2) 零件的结构工艺性分析

(1) 结构工艺性的概念。

(2) 零件的结构工艺性。

3) 毛坯种类及选择

(1) 常用毛坯的种类：型材，铸件，锻件，焊接件，其他毛坯。

(2) 毛坯的选择原则。在选择毛坯种类及制造方法时，应考虑下列因素。

①零件材料及其力学性能：零件的材料一旦确定，毛坯的种类就大致确定了。例如材料为铸铁，就应选铸造毛坯；钢质材料的零件，一般可用型材。

②零件的结构形状与外形尺寸。例如，直径相差不大的阶梯轴零件可选用棒料作毛坯；直径相差较大时，为节省材料，减少机械加工量，可采用锻造毛坯。尺寸较大的零件可采用自由锻，形状复杂的钢质零件则不宜用自由锻。对于箱体、支架等零件一般采用铸造毛坯，大型设备的支架可采用焊接结构。

③生产类型。大量生产时，应采用精度高、生产率高的毛坯制造方法，如机器造型、熔模铸造、冷轧、冷拔和冲压加工等。单件小批生产则采用木模手工造型、焊接和自由锻等。

④现有生产条件。

⑤充分考虑利用新工艺、新技术的可能性。

4) 定位基准的选择

基准就是零件上用以确定其他点、线、面的位置所依据的点、线、面。基准根据其功能不同可分为设计基准与工艺基准两大类。

(1) 设计基准。零件图上用以确定其他点、线、面位置的基准称为设计基准。

(2) 工艺基准。工件在工艺过程中所使用的基准称为工艺基准。工艺基准按用途不同又可分为工序基准、定位基准、测量基准和装配基准。

5) 零件加工工艺路线的拟定

(1) 定位基准的选择。正确选择定位基准，特别是主要的精基准，对保证零件加工精度、合理安排加工顺序起着决定性的作用。所以，在拟定工艺路线时首先应考虑选择合适的定位基准。

(2) 零件表面加工工艺方案的选择。由于表面的要求（尺寸、形状、表面质量、机械性能等）不同，往往同一表面的需采用多种加工方法来完成。某种表面采用各种加工方法所组成的加工顺序称为表面加工工艺方案。

(3) 加工阶段的划分。对于那些加工质量要求高或比较复杂的零件，通常将整个工艺路线划分为以下几个阶段。

①粗加工阶段：主要任务是切除毛坯的大部分余量，并加工出精基准。该阶段的关键问题是如何提高生产率。

②半精加工阶段：主要任务是减小粗加工留下的误差，为主要表面的精加工做好准备，同时完成零件上各次要表面的加工。

③精加工阶段：主要任务是保证各主要表面达到图样规定的要求。这一阶段的主要问题是如何保证加工质量。

④光整加工阶段：主要任务是减小表面粗糙度值和进一步提高精度。

划分加工阶段的好处：按先粗后精的顺序进行机械加工，可以合理地分配加工余量以及合理地选择切削用量，充分发挥粗加工机床的效率，长期保持精加工机床的精度，并减少工件在加工过程中的变形，避免精加工表面受到损伤；粗、精加工分开，还便于及时发现毛坯缺陷，同时有利于安排热处理工序。

加工顺序的安排：加工顺序的安排对保证加工质量、提高生产率和降低成本都有重要的作用，是拟定工艺路线的关键之一。可按下列原则进行。

①切削加工顺序的安排。

a. 先粗后精：先安排粗加工，中间安排半精加工，最后安排精加工。

b. 先主后次：先安排零件的装配基面和工作表面等主要表面的加工，后安排如键槽、紧固用的光孔和螺纹孔等次要表面的加工。

c. 先面后孔：对于箱体、支架、连杆、底座等零件，其主要表面的加工顺序是先加工用作定位的平面和孔的端面，然后加工孔。

d. 先基准后其他：选作精基准的表面应在一开始就加工出来，以便为后续工序的加工提供定位精基准。

②热处理工序的安排。零件加工过程中的热处理按应用目的，大致可分为预备热处理和最终热处理。

a. 预备热处理。预备热处理的目的是改善机械性能、消除内应力，为最终热处理做准备，它包括退火、正火、调质和时效处理。铸件和锻件，为了消除毛坯制造过程中产生的内应力，改善机械加工性能，在机械加工前应进行退火或正火处理；对大而复杂的铸造毛坯件（如机架、床身等）及刚度较差的精密零件（如精密丝杠），需在粗加工之前及粗加工与半精加工之间安排多次时效处理；调质处理的目的是获得均匀细致的索氏体组织，为零件的最终热处理做好组织准备，同时它也可以作为最终热处理，使零件获得良好的综合机械性能，一般安排在粗加工之后进行。

b. 最终热处理。最终热处理的目的主要是提高零件材料的硬度及耐磨性，它包括淬火、渗碳及氮化等。淬火及渗碳通常安排在半精加工之后、精加工之前；氮化处理由于变形较小，通常安排在精加工之后。

③辅助工序的安排。

辅助工序包括检验、清洗、去毛刺、防锈、去磁及平衡去重等。其中检验是最主要的，也是必不可少的辅助工序，零件加工过程中除了安排工序自检之外，还应在下列场合安排检验工序。

    a. 粗加工全部结束之后、精加工之前。

    b. 工件转入、转出车间前后。

    c. 重要工序加工前后。

    d. 全部加工工序完成后。

6）加工余量的确定

加工余量是指加工过程中从加工表面切除的金属层。

总加工余量是指从毛坯表面上切除的多余金属层。

工序加工余量是指为完成一个工序而从某一表面切除的金属层。

（二）子弹头模型结构特点及加工工艺过程

1. 子弹头模型的结构特点及技术要求分析

子弹头模型是较为简单的轴类工件，但在整个模型加工中对同轴度和表面质量要求较高。

2. 子弹头模型加工工艺编制

子弹头模型单件加工的工艺过程见表1-3。

表1-3　子弹头模型单件加工的工艺过程

数控加工工艺过程综合卡片		产品名称	零件名称	零件图号	材料
厂名（或院校名称）		子弹头模型工艺品	子弹头模型		45钢
序号	工序名称	工序内容及要求	工序简图	设备	工夹具
01	下料	棒料 $\phi16$ mm $\times 55$ mm（留夹持量）	略	锯床	略
02	加工最大外圆	夹住毛坯，粗、精加工外圆直径至 $\phi11$ mm	略	CK6136	三爪自定心卡盘
05	加工斜面轮廓	加工斜面	略	CK6136	三爪自定心卡盘
06	加工圆弧	加工圆弧	略	CK6136	三爪自定心卡盘

3. 子弹头模型加工的工艺过程分析

子弹头模型属于简单的轴类工件，由于下料长度较长，故不需要做辅助夹具加工外圆，直接加工切断。注意表面粗糙度和工件的同轴度要求，表面不能有磕碰、划痕、毛刺等。制定加工工艺路线时，由于子弹模型加工质量要求高或比较复杂，故通常将整个工艺路线划分为以下几个阶段。

(1) 粗加工阶段：主要任务是切除毛坯的大部分余量，并制出精基准。
(2) 半精加工阶段：主要任务是减小粗加工留下的误差，为主要表面的精加工做好准备，同时完成零件上各次要表面的加工。
(3) 精加工阶段：主要任务是保证各主要表面达到图样规定要求。
(4) 光整加工阶段：主要任务是减小表面粗糙度值和进一步提高精度。

4. 刀具选择

根据零件特点选择刀具，见表1-4。

表1-4 刀具切削参数

序号	加工面	刀具号	刀具规格		主轴转速 $n/(\text{r}\cdot\text{min}^{-1})$	进给速度 $v/(\text{mm}\cdot\text{min}^{-1})$
			类型	材料		
1	外圆粗车	T0101	90°外圆偏刀（机夹式）	YT	600	0.2
2	外圆精车	T0101	90°外圆偏刀（机夹式）	YT	1 300	0.1
3	外圆切断	T0202	硬质合金刀	YG	200	0.2

5. 子弹头模型数控加工的参考程序

数控车床系统：FANUC系统。

子弹头加工程序 [注：T0101为90°外圆偏刀，T0202为硬质合金刀（切断）]

程序	说明
O0004;	程序号
G97 G99 G40;	取消刀具补偿
T0101;	取1号刀
M03 S600;	主轴正转，转速600 r/min
G42 G00 X20 Z2;	设置刀具右补偿（半径补偿），快速进刀至循环起点
G73 U8 R18;	定义G73粗车循环，X方向总退刀量为8 mm，循环18次，进给量0.3 mm
G73 P1 Q2 U0.3 W0.1 F0.3;	精车路线由N1、N2指定，X方向精车余量0.3 mm，Z方向精车余量0.1 mm
N1 G00 X0 S1300 F0.1;	快速进刀，主轴转速1 300 r/min，进给量0.1 mm
G01 Z0;	
G03 X2.7 Z-1.27 R1.6;	
G03 X8.4 Z-14.27 R31.89;	
G01 X9.0	精加工轮廓循环
W-5.8;	
X10.0 W-3.1;	
Z-51.07;	
X11.0;	
W-2.0;	
N2 G00 X16;	

G70 P1 Q2;	定义G70精车循环，精车各外圆面
G40 G00 X100 Z100;	取消刀具补偿，快速退刀至换刀点
T0202;	取2号刀
M03 S200;	主轴正转，转速200 r/min
G00 X17 Z-43;	快速进刀至（X17，Z-43）
G01 X13.4 F0.05;	切削，进给量0.05 mm
G00 X16;	X方向快速退刀
G00 W-1;	Z方向增量
G01 X13.2;	X方向切削
W1;	Z方向增量
G00 X16;	X方向快速退刀
G00 Z-50;	Z方向快速进刀
G01 X3;	X方向切削至X3
G00 X20;	X方向退刀
G00 X100 Z100;	快速退刀至换刀点
M05;	主轴停
M30;	程序停止

任务三　子弹头模型工艺品的数控加工内容及操作

（一）数控机床开机与关机

1. 打开数控机床电源的常规操作

（1）检查数控机床的外观是否正常，如电气柜的门是否关好等。

（2）按机床通电开关通电。

（3）通电后检查位置屏幕是否显示，如有错误，会显示相关的报警信息。注意：在显示位置屏幕或报警屏幕之前，不要操作系统，因为有些键可能有特殊用途，如被按下会产生难以预料的结果。

（4）检查电机风扇是否旋转。通电后的屏幕显示多为硬件配置信息，这些信息会对诊断硬件错误或安装错误有帮助。若正常，则出现如图1-6所示的画面。

2. 关闭数控机床电源的常规操作

（1）检查操作面板上循环启动LED灯是否熄灭。

（2）检查数控机床的所有移动部件是否都已停止。

（3）若有外部输入/输出设备与数控机床相连，应先关闭外部输入/输出设备的电源。

（4）关闭数控系统电源。

3. 回参考点

机床打开以后首先必须进行回参考点的操作，因为机床在断电后就失去了对各坐标位置的记忆，所以在接通电源后，必须让各坐标值回参考点。其具体操作步骤如下。

（1）在机床操作面板上按下"回零"键。

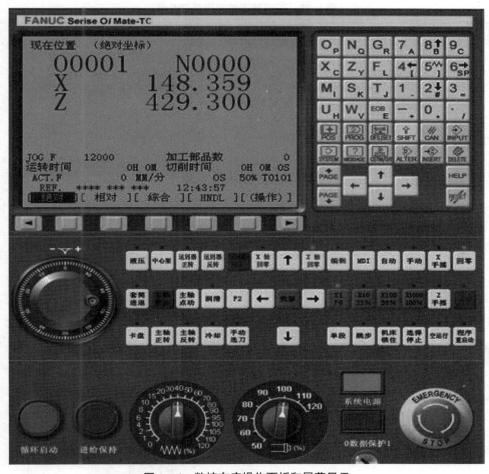

图1-6 数控车床操作面板和屏幕显示

(2) 按下快速移动倍率开关(在 "25%" "50%" "100%" 三个按钮中任选一个)。

(3) 使 X 轴回参考点。按下 "+X" 按钮,使滑板沿 X 轴正向移向参考点,在移动过程中,操作者应按住 "+X" 按钮,直到回零参考点指示灯闪亮,再松开按钮,即 X 轴返回参考点。

(4) 使 Z 轴回参考点。按下 "+Z" 按钮,使滑板沿 Z 轴正向移向参考点,在移动过程中,操作者应按住 "+Z" 按钮,直到回零参考点指示灯闪亮,再松开按钮,即 Z 轴返回参考点。

注意:若开机后机床已经在参考点位置,应该先按下 "点动" 按钮,用移动按钮 "-X" 和 "-Z" 先使刀架移开参考点约 100 mm,然后再回零。

(二) 工件的装夹

1. 工件的装夹

数控车床一般使用三爪自动定心卡盘装夹工件。工件装夹、找正仍需遵守普通车床的要求。对圆棒料进行装夹时,工件要水平安放,右手拿工件稍做转动,左手配合右手旋紧卡盘扳手,其操作步骤见表 1-5。

表 1-5　圆棒料工件装夹操作步骤

步骤	说明	图例
第一步	将卡盘扳手插入卡盘外圆上的小方孔中，转动卡盘扳手，放开卡爪	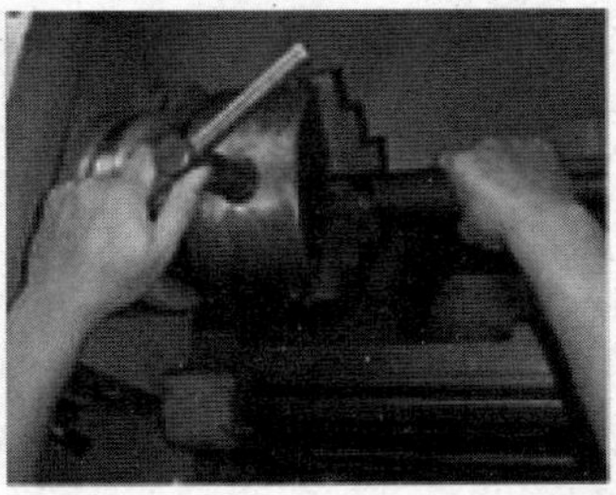
第二步	将工件放入三爪自定心卡盘卡爪之内，工件伸出卡爪长度 100 mm，用钢直尺测量	 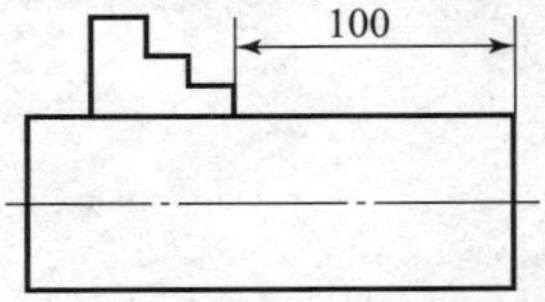
第三步	左手握住卡盘扳手，右手握住加力杆，用力转动卡盘扳手就可以夹紧工件	

2. 三爪自定心卡盘装夹工件的找正

有时在安装较长的工件时，由于工件离卡盘夹持部分较远处的旋转中心不一定与车床主轴中心重合，故必须找正；或当三爪自定心卡盘使用时间较长，已失去应用精度，而工件的加工精度要求又较高时，也需要找正。其找正方法如下。

（1）粗加工时可通过目测和划针找正毛坯表面。

（2）半精车、精车时可用百分表找正工件外圆和端面。

（3）装夹轴向尺寸较小的工件，可以先在刀架上装夹一圆头铜棒，再轻轻夹紧工件，然后使卡盘低速带动工件转动，移动床鞍，使刀架上的圆头铜棒轻轻接触已粗加工的工件端面，工件端面大致与轴线垂直后即停止旋转，并夹紧工件。

图 1-7 所示为三爪自定心卡盘结构。

图1-7 三爪自定心卡盘结构

3. 数控车削夹持长度

数控车削夹持长度见表1-6。

表1-6 数控车削夹持长度　　　　　　　　　　　　单位：mm

使用设备	夹持长度	夹紧余量	应用范围
数控车床	5~10	7	用于加工直径较大、实心、易切断的零件
	15		用于加工套、垫片等零件，一次车好，不掉头
	20		用于加工有色薄壁管、套管零件
	25	7	用于加工各种螺纹、滚花及用样板刀车圆球和反车退刀件等

4. 知识拓展

1) 三爪自定心卡盘的构造

三爪自定心卡盘的构造如图1-8所示。三爪自定心卡盘也是用连接盘装夹在车床主轴上的。当将扳手方榫插入小锥齿轮2的方孔1进行转动时，小锥齿轮2就带动大锥齿轮3转动。大锥齿轮3的背面是一平面螺纹4，三个卡爪5背面的螺纹与平面螺纹4啮合，因此当平面螺纹4转动时，就带动三个卡爪5同时做向心或离心移动。

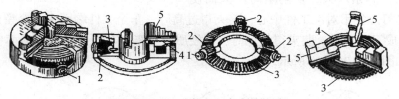

图1-8 三爪自定心卡盘的构造

1—方孔；2—小锥齿轮；3—大锥齿轮；4—平面螺纹；5—卡爪

2) 三爪自定心卡盘的优缺点和应用

三爪自定心卡盘能自动定心，无须花费很多的时间去找正，装夹效率比四爪单动卡盘高，但夹紧力没有四爪单动卡盘大。三爪自定心卡盘不能装夹形状不规则的工件，只适用于大批量的中小型规则零件的装夹，如圆柱形、正三边形、正六边形等工件。

三爪自定心卡盘也可装成正爪和反爪。必须注意，用正爪装夹工件时，工件直径不能太大，一般卡爪伸出卡盘圆周不超过卡爪长度的1/3，否则卡爪与平面螺纹只有2~3牙啮合，受力时容易使卡爪上的螺纹碎裂。

(三) 刀具的安装

根据工艺需要安装刀具，既要保证所用刀具刀尖与工件回转中心线等高，又要保证刀具几何与工件几何有正确的相互关系。车刀安装正确与否，直接影响车削能否顺利进行及工件的加工质量，其操作步骤如下。

(1) 用扳手旋松压紧螺钉。
(2) 放置好刀垫，然后将刀具刀杆部分放置于夹持位置，再用扳手旋紧螺钉。
(3) 调整好刀具刀尖位置和方向，再用力旋紧螺钉，完成刀具安装。

1. 车刀的刀头部分伸出不宜太长

车刀的刀头应尽可能伸出得短一些，一般车刀伸出的长度不超过刀杆厚度的2倍。车刀伸出过长，刀杆的刚性变差，切削时在切削力的作用下容易产生振动，使车出的工件表面不光滑（表面粗糙度值高），如图1-9所示。

2. 车刀刀尖高度要对中

车刀刀尖应对准工件回转轴线的中心［图1-10 (b)］，车刀安装高度不一致会使车削平面和基面变化而改变车刀应有的静态几何角度，从而影响正常的车削，甚至会使刀尖或刀刃崩裂。装得过高或过低均不能正常车削工件。

车削外圆柱面，当车刀刀尖装得高于工件中心时［图1-10 (a)］，就会使车刀的工作前角增大，实际工作后角减小，增加车刀后面与工件表面的摩擦；当车刀刀尖装得低于工件中心时［图1-10 (c)］，就会使车刀的工作前角减小，实际工作后角增大，切削阻力增大而使

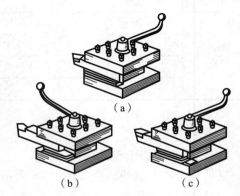

图1-9 车刀的装夹
(a) 正确；(b)，(c) 不正确

切削不顺。车刀刀尖不对准工件中心，装夹得过高时，车至工件端面中心会留凸头［图1-10 (d)］，造成刀尖崩碎；装夹得过低时，用硬质合金车刀车到接近工件端面中心处也会使刀尖崩碎，如图1-10 (e) 所示。

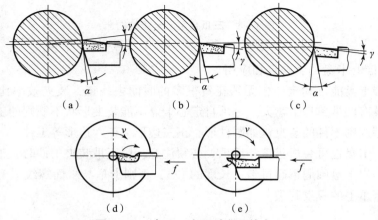

图1-10 车刀刀尖不对准工件中心

3. 车刀放置要正确

车刀在刀架上放置的位置要正确。加工外表面的刀具在安装时其中心线应与进给方向垂直,加工内孔的车刀在安装时其中心线应与进给方向平行,否则会使主、副偏角发生变化而影响车削。

4. 要正确选用刀垫

刀垫的作用是垫起车刀,使刀尖与工件回转中心高度一致。刀垫要平整,选用时要做到以少代多、以厚代薄,且其放置要正确。车刀刀体下面所垫的垫片数量一般为 1~2 片,与刀架边缘对齐,并要用两个螺钉压紧。

为使刀尖快速准确地对准工件中心,常采用以下三种方法。

(1) 根据机床型号确定主轴中心高,用钢直尺测量并装刀,如图 1-11 (a) 所示。

(2) 利用尾座顶尖中心确定刀尖的高低,如图 1-11 (b) 所示。

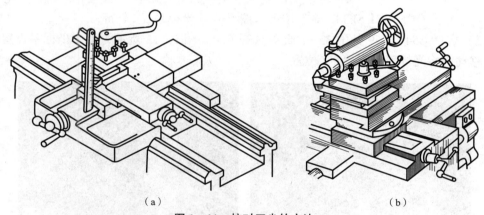

图 1-11 校对刀尖的方法

(a) 用钢直尺; (b) 用尾座顶尖

(3) 用机床卡盘装夹工件,刀尖慢慢靠近工件端面,用目测法装刀并夹紧,试车端面,根据所车端面中心再调整刀尖高度 (端面对刀)。

根据经验,粗车外圆柱面时应将车刀装夹得比工件中心稍低些,这要根据工件直径的大小决定。无论装高或装低,一般不能超过工件直径的 1%。注意装夹车刀时不能使用套管,以防用力过大而使刀架上的压刀螺钉拧断而损坏刀架。通常用手转动压刀扳手压紧车刀即可。

5. 安装要牢固

车刀在切削过程中要承受一定的切削力,如果安装不牢固,就会松动、移位而发生意外。所以,使用压紧螺钉紧固车刀时不得少于两个且要可靠。

(四) 对刀操作

1. 操作步骤

(1) 在执行完回零操作后,按下机床操作面板上的 "MDI" 按键。

(2) 按下系统操作面板上的 "PROG" 键,使显示屏幕出现 MDI。

(3) 输入 "M03 S600"。

(4) 按下系统操作面板上的"EOB"键,再按下"INSERT"键。
(5) 按下"循环启动"按钮。
(6) 按下"点动"按钮,按下"转塔转位"按钮,找基准刀。
(7) 依次按下"-X"和"-Z"按钮,使刀盘接近工件。
(8) 按下"手摇"按钮,将手摇操作面板上的轴选开关打在"X"位置。
(9) 在"X1""X10""X100""X1000"四个按钮中选定其中一个,并将所选按钮按下(注意:尽量不选"X1000"按钮)。
(10) 按下"主轴正转"按钮,旋转手轮,沿 -X 向进刀,在端面车一刀。
(11) 沿 X 向退刀,使刀具离开工件,Z 向尺寸不动。
(12) 按下"主轴停"按钮。
(13) 按下系统操作面板上的"W"按键。按下"[起源]"软键,使相对坐标"W"清零。
(14) 按下"OFFSET SETTING"按键,按下"[坐标系]"软键。
(15) 选择 G54~G59 其中之一,此处选择 G54,图 1-12 所示为工作坐标系设置画面,用光标移动键将光标移动至"Z"位置。

图 1-12 工作坐标系

(16) 输入"Z0",按下"[测量]"软键。
(17) 将手摇操作面板上的轴选开关打在"Z"位置。
(18) 按下"主轴正转"按钮,旋转手轮,沿 -Z 向进刀,在外圆上试切一刀。
(19) 沿 Z 向退刀,使刀具离开工件,X 向尺寸不动。
(20) 按下"主轴停"按钮,测量外圆尺寸。
(21) 按下系统操作面板上的"U"按键。按下"[起源]"软键,使相对坐标"U"清零。
(22) 按下"OFFSET SETTING"按键,按下"[坐标系]"软键。
(23) 输入"X"和所测量外圆尺寸,按下"[测量]"软键。

此时,坐标系 G54 设定完成,工件坐标系坐标原点就处于零件右端面中心处,在程序中直接调用 G54,则所有编程尺寸就是该坐标系下的尺寸。

如果刀盘上还安装有其他刀具,则针对每一把刀具都用上述方法试切,然后按下"OFFSET SETTING"按键,再按下"形状"软键,调出刀具位置偏置画面,分别将其"U""W"值送入所对应的补偿号中,对刀结束。

2. 数控车床的对刀原理

编程人员按工件坐标系中坐标数据编制的刀具运行轨迹程序，必须在机床坐标系中应用，由于机床原点与工件原点存在 X 向偏移距离和 Z 向偏移距离，使得实际的刀尖位置与程序指令的位置有同样的偏移距离，因此，须将该距离测量出来并设置进数控系统，使系统据此调整刀具的运动轨迹，才能加工出符合零件图纸要求的工件，这个过程就是对刀。所谓对刀其实质就是测量工件原点与机床原点之间的偏移距离，设置工件原点在以刀尖为参照的机床坐标系里的坐标。

对于数控机床来说，加工前首先要确定刀具与工件的相对位置，它是通过对刀点来实现的。对刀点是指通过对刀确定刀具与工件相对位置的基准点，其往往就是零件的加工原点，对刀点可以设在被加工零件上，也可以设在夹具与零件定位基准有一定尺寸联系的某一位置上。

对刀时，应使刀位点与对刀点重合。刀位点是指刀具的定位基准点，对于车刀来说，其刀位点就是刀尖。对刀的目的是确定对刀点在机床坐标系中的绝对坐标值，测量刀具的刀位偏差值。对刀点找正的准确度会直接影响加工精度。

3. 数控车床的对刀方法

在数控加工中，对刀的基本方法有手动试切对刀、对刀仪对刀、ATC 对刀和自动对刀等。手动试切对刀的基础是通过试切零件来对刀，通常采用"试切—测量—调整"的对刀模式。

（1）手动对刀会占用机床较长时间，但由于方法简单、所需辅助设备少，因此普遍应用于经济型数控机床中。

（2）对刀仪对刀需采用对刀仪辅助设备，成本较高，但可节省机床的对刀时间，提高对刀的精度，一般用于精度要求较高的数控机床中。

（3）ATC 对刀是在机床上利用对刀显微镜自动计算出刀具长度的方法。由于操纵对刀显微镜以及对刀过程为手动操作，故仍有一定的对刀误差。

（4）自动对刀与前面的对刀方法相比，减少了对刀误差，提高了对刀精度和对刀效率，但数控系统必须具备刀具自动检测等辅助功能，系统较复杂，故一般用于高档数控机床中。

（五）程序的编辑与检查

1. 程序编辑

1）程序指令字的输入

（1）选择"编辑"方式。

（2）按"PROG"键显示程序画面。

（3）键入地址"O"。

（4）键入要求的程序号（如：0001）。

（5）按"INSERT"键键入程序号。

（6）键入程序结束符号";"。

（7）按"INSERT"键键入程序号，后面用同样的方法，即可输入程序各段内容，如图 1-13 所示。

2）程序字的检索

程序字可以被检索，即可以通过字检索功能

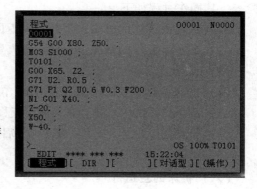

图 1-13 程序输入画面

在程序文本中从头至尾移动光标（扫描）查找指定字或地址。

3）程序字的插入、修改和删除

程序字是地址及其紧跟其后的数字，在具体程序编辑过程中，如果出现问题，可以对程序字进行插入、修改和删除，但需要注意的是在程序执行期间，如在单段运行或进给暂停或程序暂停等操作中，对程序字进行插入、修改或删除后不能再继续执行程序。下面即为字的插入、修改和删除方法。

（1）选择"编辑"方式。

（2）按"PROG"键。

（3）选择要编辑的程序。如果要编辑的程序已被选择，则执行下一步操作；如果要编辑的程序未被选择，则用程序号检索。

（4）检索要修改的字，可以采用扫描方法和字检索方法。

（5）执行字的插入、修改或删除操作。

①插入字的步骤：在插入字之前检索或扫描字——→键入要插入的地址和数据——→按"INSERT"键。

②修改字的步骤：检索或扫描要修改的字——→键入要插入的地址和数据——→按"ALTER"键。

③删除字的步骤：检索或扫描要修改的字——→按"DELETE"键。

2. 程序调试

在实际加工前应先检查机床运动是否符合要求，检查方法有观察机床实际运动及机床不动只观察位置显示变化两种。

（1）观察机床实际运动：调整进给倍率，通过单程序段运行检查程序。

（2）机床不动：通过模拟功能观察加工时刀具轨迹的变化。

对程序输入后发现的错误，或是程序检查中发现的错误，必须进行修改，即对某些字要进行插入、修改和删除操作。"编辑"方式还包括对整个程序的删除和自动插入顺序号。

3. 程序的检查

对于已输入存储器中的程序必须进行检查，对检查中发现的程序指令错误、坐标值错误、几何图形错误等必须进行修改，待加工程序完全正确后，才能进行空运行操作。程序检查的方法是对工件图形进行模拟加工。在模拟加工中，应逐段地执行程序，以便进行程序的检查。其操作过程如下。

（1）按前面讲述的方法，进行手动返回机床参考点的操作。

（2）在不装工件的情况下，使卡盘夹紧。

（3）选择"自动"方式。

（4）置"机床锁住"开关于"ON"位置，置"空运行"开关于"ON"位置。

（5）按下"PROG"键，输入被检查程序的程序号，CRT显示存储器的程序。

（6）将光标移到程序号下，按"循环启动"按钮，机床开始自动运行，同时指示灯亮。

（7）CRT屏幕上显示正在运行的程序。

（六）机床的空运行

空运行是指刀具按参数指定的速度移动，其与程序中指令的进给速度无关，该功能用来在机床不装工件时检查程序中的刀具运动轨迹,如图1-14所示。

操作步骤是:在自动运行期间按下机床操作面板上的"空运行"键,刀具按参数中指定的速度移动。快速移动开关可以用来调节机床的移动速度。

(七) 首件试切加工及检测

检查完程序,正式加工前,应进行首件试切,一般用单段程序运行工作方式进行试切。将工作方式选择旋钮打到"单段"方式,同时将进给倍率调低,然后按"循环启动"按钮,系统执行单程序段。加工时每加工一个程序段,机床停止进给后,都要看下一段要执行的程序,确认无误后再按"循环启动"按钮,再执行下一段程序。

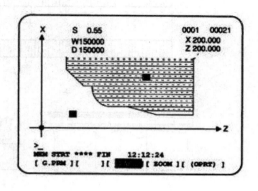

图1-14 加工轨迹画面

要时刻注意刀具的加工状况,观察刀具、工件有无松动,是否有异常的噪声、振动、发热,是否会发生碰撞等。加工时,一只手要放在"急停"按钮附近,一旦出现紧急情况,随时按下该按钮。只有试切合格,才能说明程序正确、对刀无误。

整个工件加工完毕后,用检测工具(如三针法螺纹)检查工件尺寸,如有错误或超差,应分析及检查程序、补偿值设定、对刀等工作环节,有针对性地调整。通常在重新调整后,再加工一遍即可合格。首件加工完毕后,即可进行正式加工。

(八) 自动运行

程序预先存在存储器中,当选定一个程序并按了机床操作面板上的"循环启动"按钮时,开始自动运行,而且循环启动灯(LED)点亮。

在自动运行期间,当按下机床操作面板上的"进给暂停"按钮时,自动运行暂时停止。当再按一次"循环启动"按钮时,自动运行恢复。

任务四 子弹头模型零件质量检验及质量分析

(一) 通用量具的介绍

量具是保证产品质量的常用工具。正确使用量具是保证产品加工精度、提高产品质量的最有效的手段。轴类工件的尺寸常用钢直尺及游标卡尺或千分尺测量。

1. 钢直尺

如图1-15所示,钢直尺是简单长度量具,其测量精度一般在±0.2 mm左右,在测量工件的外径和孔径时,必须与卡钳配合使用。钢直尺上刻有公制或英制的尺寸,常用的公制钢直尺的长度规格有150 mm、300 mm、600 mm、1 000 mm四种。

钢直尺用于测量零件的长度尺寸(图1-16),它的测量结果不太准确。这是由于钢直尺的刻线间距为1 mm,而刻线本身的宽度就有0.1~0.2 mm,所以测量时读数误差比较大,只能读出毫米数,即它的最小读数值为1 mm,比1 mm小的数值只能估计而得。

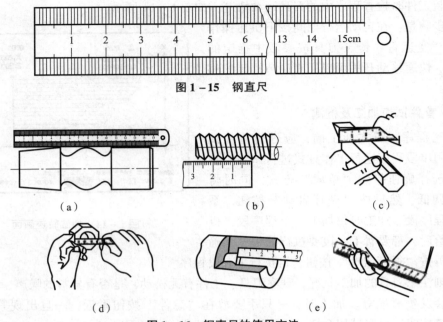

图 1-15 钢直尺

图 1-16 钢直尺的使用方法
(a) 量长度；(b) 量螺距；(c) 量宽度；(d) 量内孔；(e) 量深度

如果用钢直尺直接测量零件的直径尺寸（轴径或孔径），则测量精度更差。其原因是：除了钢直尺本身的读数误差比较大以外，钢直尺也无法正好放在零件直径的正确位置。所以，零件直径尺寸的测量常利用钢直尺和内外卡钳配合起来进行。除此之外，钢直尺还可以作为画线时的导向靠尺。

2. 游标卡尺

常用游标卡尺的测量精度有 0.02 mm 和 0.05 mm 两个等级。图 1-17 所示为 0.02 mm 游标卡尺的结构，游标卡尺由主尺、游标、紧固螺钉、量爪、深度尺等组成。游标卡尺的规格有 0~125 mm、0~200 mm 和 0~300 mm 等数种，最大测量范围可达 4 000 mm。

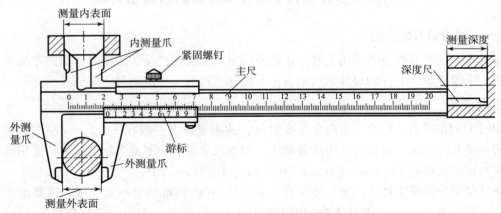

图 1-17 0.02 mm 游标卡尺的结构

1) 游标卡尺的读数方法

图1-18（a）所示为游标卡尺的读数原理。当两测量爪闭合时，尺身和游标的零线对齐，尺身上的49 mm对准游标上的第50格，主尺上每小格1 mm，副尺刻度总长为49 mm并等分为50小格，因此副尺每小格长度为49 mm/50 = 0.98 mm，最小测量精度为1 mm - 0.98 mm = 0.02 mm。

游标卡尺是以游标零线为基线进行读数的。以图1-18（b）为例，其读数分为三个步骤。

图1-18　0.02 mm 游标卡尺的读数
(a) 读数原理；(b) 读数示例

（1）读整数：游标零线以左尺身上的最近刻线的整毫米数（23 mm）。

（2）读小数：游标零线以右与尺身刻线对齐的游标上的刻线条数乘以游标卡尺的测量精度（0.02 mm），即毫米的小数值（0.24 mm）。

（3）整数加小数：将上面两项读数加起来，即为被测表面的实际尺寸（23.24 mm）。

2) 游标卡尺的测量步骤

（1）清洁并擦净工件的测量面和游标卡尺的两测量面，不要划伤游标卡尺的测量面。

（2）选择合适的游标卡尺。根据被测尺寸的大小，选用合适规格的游标卡尺。

（3）夹牢或放稳工件。

（4）对零。游标卡尺的两测量面合拢，游标卡尺的零刻线与主尺的零刻线对正。

（5）测量。调整游标卡尺两测量面的距离，应大于被测尺寸。

3) 注意事项

要端平游标卡尺，眼睛正对游标卡尺的读数。

4) 游标卡尺的使用方法

（1）测量前，应将测量爪和被测工件表面擦拭干净，以免影响测量精度。同时检查量爪贴合后游标和主尺零线是否对齐，若不能对齐，可在测量后根据原始误差进行读数修正或将游标卡尺校正到零位后再使用。

（2）测量时，所用的测力以两量爪刚好接触零件表面为宜。

（3）测量工件外尺寸时，应先使游标卡尺外测量爪间距略大于被测工件的尺寸，再使工件与尺身外测量爪贴合，然后使游标外测量爪与被测工件表面接触，并找出最小尺寸。同时要注意外测量爪两测量面与被测工件表面接触点的连线应与被测工件表面相垂直，如图1-19所示。

（4）测量工件内尺寸时，应使游标卡尺内测量爪的间距略小于工件的被测孔径尺寸，将测量爪沿孔中心线放入，先使尺身内测量爪与孔壁一边贴合，再使游标内测量爪与孔壁另一边接触，找出最大尺寸。同时注意使内测量爪两测量面与被测工件内孔表面接触点的连线和被测工件内表面垂直，如图1-20所示。

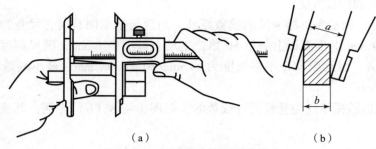

图 1-19　用游标卡尺测量外尺寸

(a) 正确；(b) 不正确

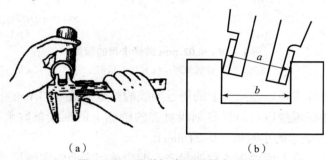

图 1-20　用游标卡尺测量内尺寸

(a) 正确；(b) 不正确

(5) 用游标卡尺的深度尺测量工件深度尺寸时，要使卡尺端面与被测工件的顶端平面贴合，同时保持深度尺与该平面垂直，如图 1-21 所示。

(6) 图 1-22 所示为专门用于测量高度与深度的高度游标卡尺和深度游标卡尺。高度游标卡尺除用来测量工件的高度外，也常用于精密画线。

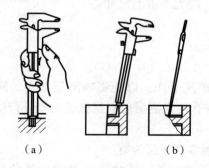

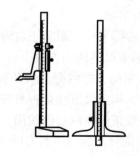

图 1-21　用游标卡尺测量深度尺寸

(a) 正确；(b) 不正确

图 1-22　高度、深度游标卡尺

(7) 在游标上读数时，应避免视线误差。

5) 游标卡尺的测量范围

游标卡尺的测量范围很广，可以测量工件外径、孔径、长度、深度以及沟槽宽度等，测量工件的姿势和方法如图 1-23 所示。

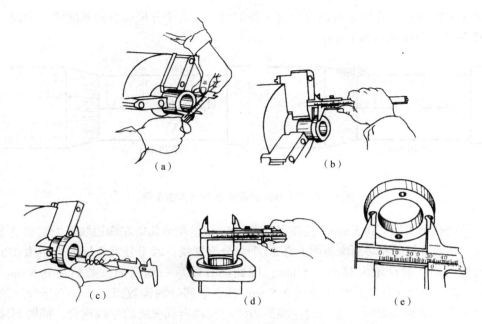

图1-23 游标卡尺常见的测量姿势和方法

（二）千分尺

千分尺是比游标卡尺更为精确的量具，其测量准确度可达 0.01 mm，属于测微量具。千分尺分为外径千分尺、内径千分尺和深度千分尺等，其中外径千分尺应用广泛。千分尺按测量范围有 0~25 mm、50~75 mm、75~100 mm、100~125 mm 等数种规格。

外径千分尺的结构如图 1-24 所示，其主要由固定套筒、尺架、测量砧座、微分筒、测微螺杆以及测力装置等构成。

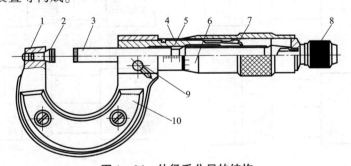

图1-24 外径千分尺的结构

1—尺架；2—测量砧座；3—测微螺杆；4—螺纹轴套；5—固定套筒；6—微分筒；7—调节螺母；
8—测力装置；9—锁紧装置；10—隔热装置

1）千分尺的原理

外径千分尺的刻线原理如图 1-25 所示。微分筒旋转360°，在轴向上移动 0.5 mm。把微分筒等分为 50 小格，每小格为：0.5 mm/50 = 0.01 mm，其最小测量精度为 0.01 mm。

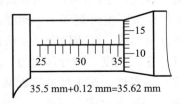

35.5 mm + 0.12 mm = 35.62 mm

图1-25 外径千分尺的刻线原理

如图 1-26 所示，在固定套筒上刻有一条中线，作为千分尺读数的基准线，中线上、下各有一排刻线，刻线间距为 1 mm。

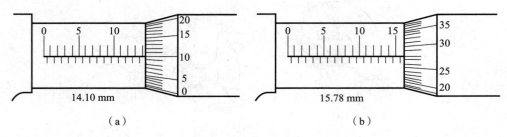

图 1-26 千分尺的读数原理与读数示例

上、下两排刻线相错 0.5 mm，这样可读得 0.5 mm。微分筒的左端边线作为整数毫米的读数指示线。在微分筒的左端圆锥斜面上有 50 个等分刻度线，因千分尺螺杆的螺距为 0.5 mm，微分筒每转一周，螺杆轴向移动 0.5 mm，因此微分筒每一刻度的读数值为 0.5 mm/50 = 0.01 mm。固定套筒上的中线作为不足 0.5 mm 的小数部分的读数指示线。当千分尺的螺杆左端与测量砧座表面接触时，微分筒左端的边线应与轴向刻度线的零线重合，同时圆周上的零线应与固定套筒的中线对准。

2）千分尺的读数方法

如图 1-27 所示，主尺基准线以上为半刻度线，以下为主尺整刻度线，每格是 1 mm；微分筒左端圆锥斜面上为微分筒刻度线，每格是 0.01 mm。

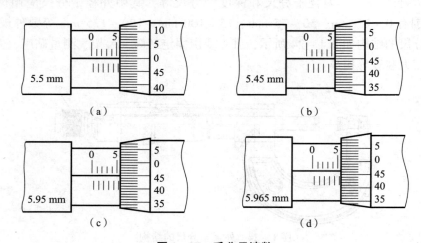

图 1-27 千分尺读数

测量读数：主尺读数 + 微分筒读数；

主尺读数：主尺刻度 + 半刻度；

微分筒读数：可动刻度（+ 估读位）。

(1) 主尺刻度。微分筒左边，最靠近微分筒主尺的格数。

(2) 半刻度。在主尺最靠近微分筒的整刻度线与微分筒之间，如果出现半刻度，就加 0.5 mm；如果不出现半刻度，就不加 0.5 mm。

(3) 微分筒读数。微分筒对准基准线的格数乘以 0.01 mm。

3) 千分尺的使用方法

(1) 使用前首先要校对零位，以检查起始位置是否准确。对于测量范围在 0～25 mm 的千分尺，可直接校对零位；对于测量范围大于 25 mm 的千分尺，要用量块或专用校准棒校对零位，如有误差可对测量结果进行修正。

(2) 测量中当螺杆快要接触工件时，必须拧动端部棘轮测力装置，如图 1-28 所示。当棘轮发出"咔咔"打滑声时，表示螺杆与工件接触压力适当，应停止拧动。严禁拧动微分筒，以免用力过度，使测量不准确。

图 1-28 使用测力装置测量
(a) 正确；(b) 不正确

(3) 被测工件表面应擦拭干净，并准确放在千分尺测量面上，不得偏斜，如图 1-29 所示。内径千分尺、深度千分尺等刻线原理和读数方法与外径千分尺完全相同，只是所测工件的部位不同。

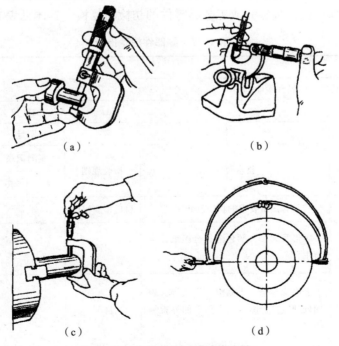

图 1-29 千分尺的正确使用方法

4）注意事项

（1）外径千分尺是比较精密的测量工具，要轻拿轻放，不得碰撞或跌落至地下；使用时不要用来测量粗糙的物体，以免损坏测量面；不用时应置于干燥的地方，以防止锈蚀。

（2）使用游标卡尺测量时，测量平面要垂直于工件中心线，不许敲打卡尺或拿游标卡尺钩铁屑。

（3）工件转动中禁止测量。

（4）千分尺要和游标卡尺配合测量，即卡尺量大数、千分尺量小数。

（5）测量时左右移动找最小尺寸，前后移动找最大尺寸，当测量头接触工件时可使用棘轮，以免造成测量误差。

（6）用前须校对"零"位，用后擦净、涂油并放入盒内。

（7）不要把卡尺、千分尺与其他工具、刀具混放，更不要把卡尺、千分尺当卡规使用，以免降低精度。

（8）在使用后，不要使基准面和测量杆平面紧密接触，而是要留出间隙（0.5~1 mm）并紧锁。

（9）如果要长时间保管，则必须用清洁布或纱布擦净切削油、汗、灰尘等后，涂敷低黏度的高级矿物油或防锈剂。

（三）零件检验和质量分析

根据工艺规程中的检验工序卡片，对零件进行检验。

（1）外圆有接刀痕迹。根据刀痕的切削纹路来判断是装夹的原因还是刀具的原因。

（2）在加工圆弧时，若加工的表面粗糙度较差，则检查刀具和切削用量。

（3）按照零部件检验报告完成工艺品零件的初检与复检，具体见表1-7。

表1-7 零部件检验报告

编号：						
检验类别： □加工检验 □复查验证						
小组名称				抽检数		
零部件名称				图号		
勾选	检验项目	技术要求	检验规则	实测记录		合格勾选	备注
				Ac	Re		
	材质	应符合图纸要求的材质及状态	材质检测报告				
	印字	字形及大小、颜色应符合图纸技术要求	目测				
	零件外观	表面应光洁，无划痕、污渍等，表面处理应符合图纸技术要求的外观等级	目测				

续表

小组名称				抽检数			
零部件名称				图号			
勾选	检验项目	技术要求	检验规则	实测记录 Ac	实测记录 Re	合格勾选	备注
	外形尺寸	外形尺寸应符合图纸要求	精密游标卡尺检测				
	螺纹质量	螺纹表面应无凹痕、无断牙、无缺牙等明显缺陷	目测、螺纹通止规检测				
	装配质量	零部件应满足装配图纸技术要求	全检				
	表面粗糙度	加工表面的表面粗糙度要符合图纸要求	目测比对				
	关键孔径	关键孔径要符合图纸公差要求	精密游标卡尺检测				
	关键轴径	关键轴径要符合图纸公差要求	精密游标卡尺检测				
	关键线性尺寸	关键线性尺寸要符合图纸公差要求	精密游标卡尺检测				

结论：本零部件产品经检验符合要求，是□否□准予合格。

检验：　　　　　　审核：　　　　　　指导教师：

（4）零件检测结束后，针对不合格项目进行分析，填写质量分析表，找出产生的原因，并制定预防措施。零件质量分析见表1-8。

表1-8　零件质量分析

序号	废品种类	产生原因	预防措施

四、项目评价考核

项目教学评价

项目组名				小组负责人			
小组成员				班级			
项目名称				实施时间			
评价类别	评价内容	评价标准	配分	个人自评	小组评价	教师评价
学习准备	课前准备	笔记收集、整理,自主学习	5			
学习过程	信息收集	能收集有效的信息	5			
	图样分析	能根据项目要求分析图样	10			
	方案执行	以加工完成的零件尺寸为准	35			
	问题探究	能在实践中发现问题,并用理论知识解释实践中的问题	10			
	文明生产	服从管理,遵守校规校纪和安全操作规程	5			
学习拓展	知识迁移	能实现前后知识的迁移	5			
	应变能力	能举一反三,提出改进建议或方案	5			
	创新程度	有创新建议提出	5			
学习态度	主动程度	主动性强	5			
	合作意识	能与同伴团结协作	5			
	严谨细致	认真仔细,不出差错	5			
总　　计			100			
教师总评 (成绩、不足及注意事项)						
综合评定等级(个人30%,小组30%,教师40%)						

项目二 鲁班锁制作

一、项目导入

在没有钉子和绳子的情况下，如何能将6根木条交叉固定在一起？相传在三国时期，由诸葛亮发明了一种用咬合方式将三组6根木条垂直相交固定的装置，在民间人们将此装置称为孔明锁。它同时也是中国传统的智力玩具，原创为木质结构，从外观看是严丝合缝的十字立方体，这种三维拼插玩具内部的凹凸部分啮合，形状和内部的构造各不相同，一般都是易拆难装，十分巧妙。其实这只是一种传说，它起源于中国古代建筑中的榫卯结构，这种榫卯方式在古代的建筑上被广泛使用，所以孔明锁亦称鲁班锁、别闷棍、六子联方、莫奈何和难人木等。

解开孔明锁重现远古智慧，别让古人留给我们的财富在我们这一代人手中丢失。由玩具鲁班锁实物到学生通过机械加工完成鲁班锁6个零件的制作，到最后6个零件的装配，要完成这样的任务需要学生之间分工合作，测量→绘图→备料→完成作品，本项目要求学生全员参与一起完成制作。实践体验，是对设计从感性认识上升到理性认识的一个重要环节。本项目中的动手操作和技术实践，是体现设计思想和感受设计成果的重要部分，也是本项目最吸引学生之处。而在动手实践、体验设计与制作模型或原型时，又必须学习制作的基础——工艺，引导学生了解工艺，初步认识工艺，会选择合适的工艺及方法，并使用合适的工具、设备对不同的材料进行加工，制作模型或原型。本项目可培养学生一定的观察创新能力，对材料的收集、组织、分析、提炼、信息整合等能力，以及实际的操作技能水平，由此激发学生学习专业技能的积极性。

二、项目描述

（一）项目目标

1. 知识目标
（1）掌握直角沟槽的铣削方法。
（2）掌握直角沟槽的磨削方法。

2. 能力目标
（1）培养学生的主动探索能力。
（2）培养学生的观察分析能力。

3. 职业素养
（1）通过小组讨论，增强学生的团队意识。
（2）养成安全规范操作的职业习惯。

（二）项目重点和难点

1. 项目重点

掌握直角沟槽的铣削方法。

2. 项目难点

(1) 百分表的使用。
(2) 直角沟槽铣削的质量分析。
(3) 依据技术图样在部件上划线。

（三）项目准备

(1) 设备资源：普通铣床、平口钳、百分表、游标卡尺、直角尺和铣刀等。
(2) 原材料准备：45 钢方棒（20.0 mm×20.0 mm×80.0 mm）。
(3) 相关资料。
(4) 项目小组及工作计划（表 2-1）。

表 2-1 项目计划表

任务	内容	零件	时间安排/h	人员安排/人	备注
任务一	鲁班锁工艺品零件图技术要求分析	零件 1~6	1	1	任务可以同时进行，人员可以交叉执行
任务二	鲁班锁工艺品的加工工艺	零件 1 和 2	2	1	
		零件 3 和 4	2	1	
		零件 5 和 6	2	1	
任务三	鲁班锁工艺品的加工内容及操作	零件 1 和 2	8	1	
		零件 3 和 4	8	1	
		零件 5 和 6	8	1	
任务四	鲁班锁工艺品零件质量检验及质量分析	零件 1~6 及组合件	4	1	

三、项目工作内容

任务一　鲁班锁工艺品零件图技术要求分析

（一）鲁班锁（孔明锁）简介

通过图 2-1 与实物介绍各种类型的鲁班锁，了解本项目的任务对象。

（二）图样分析

(1) 结合鲁班锁装配工序，了解鲁班锁各零件图，具体如图 2-2 所示。
(2) 鲁班锁各零件的零件图如图 2-3~图 2-8 所示。

项目二 鲁班锁制作

图 2-1 鲁班锁装配实体

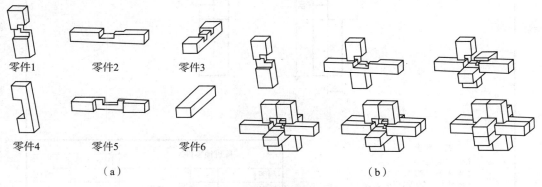

图 2-2 鲁班锁零件排序及装配工序
（a）零件排序；（b）装配工序

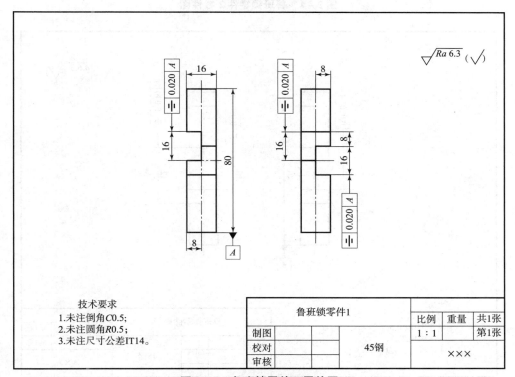

图 2-3 鲁班锁零件 1 零件图

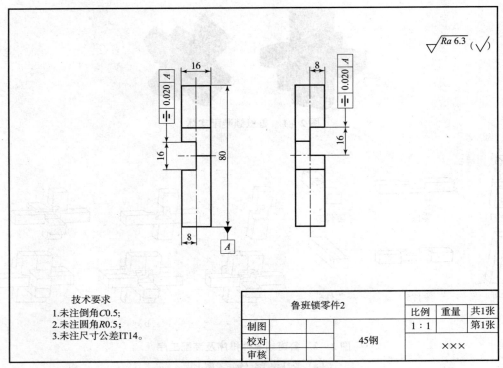

图 2-4 鲁班锁零件 2 零件图

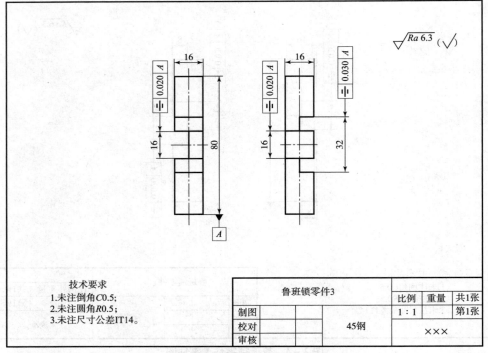

图 2-5 鲁班锁零件 3 零件图

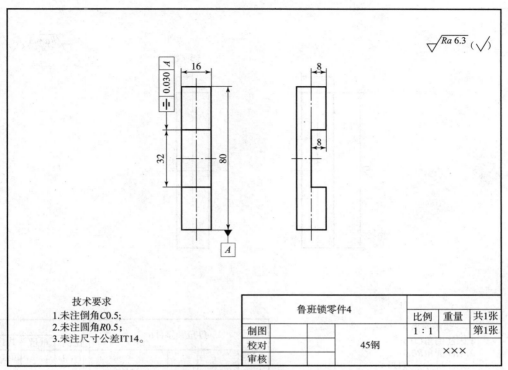

图 2-6 鲁班锁零件 4 零件图

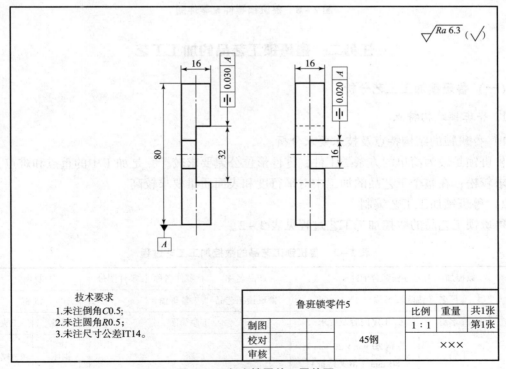

图 2-7 鲁班锁零件 5 零件图

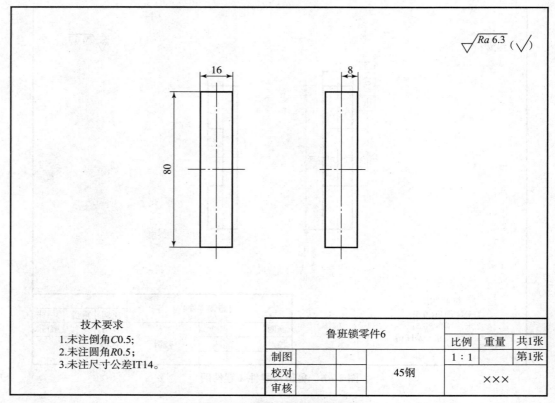

图 2-8　鲁班锁零件 6 零件图

任务二　鲁班锁工艺品的加工工艺

(一) 鲁班锁加工工艺分析

1. 鲁班锁结构特点

1) 鲁班锁的结构特点及技术要求分析

鲁班锁是较为简单的方条类工件,零件形位公差要求较严,是加工中的重点和难点;尺寸要求较松;在整个工艺品的加工中对平行度和表面质量要求较高。

2) 鲁班锁加工工艺编制

鲁班锁工艺品的数控加工工艺过程见表 2-2。

表 2-2　鲁班锁工艺品的数控加工工艺过程

数控加工工艺过程综合卡片		产品名称	零件名称	零件图号	材料
厂名(或院校名称)		鲁班锁工艺品	鲁班锁		45 钢
序号	工序名称	工序内容及要求	工序简图	设备	工夹具
01	下料	方钢 20 mm × 20 mm × 80 mm (留夹持量)	略	锯床	略
02	外形修正	锉削与测量	略	铣床	平口钳

续表

数控加工工艺过程综合卡片			产品名称	零件名称	零件图号	材料	
厂名（或院校名称）			鲁班锁工艺品	鲁班锁		45钢	
序号	工序名称	工序内容及要求	工序简图			设备	工夹具
03	槽口划线	划线	略			钳工台	划线平板
04	去废料	钻孔、锯割、錾削、锉削	略			铣床	平口钳
05	槽加工	铣削与测量	略			铣床	平口钳
06	组合加工	锉配	略			钳工台	平口钳
07	拆卸与装配	略	略				

鲁班锁加工路线单见表2-3。

表2-3 鲁班锁加工路线单

机械加工路线单			产品型号		文件编号		共1页	
					版本号		第1页	
零件名称		鲁班锁	零件图号		生产车间			
工序	工种	作业内容		制造单位		机床		
						名称	型号	备注
05		下料				下料机		
10	铣工	加工六面				铣床	X5030A	
15	铣工	加工槽				铣床	X5030A	
20	检验	按零件图检验						
						编写	校对	审批
标记	处数	更改文件号	更改者	日期	标记	处数	更改文件号	更改者	日期

鲁班锁加工工艺安排见表2-4和表2-5。

表2-4 鲁班锁加工工艺安排（一）

零件名称	鲁班锁	机械加工作业指导书	工序号	10	机床名称	铣床	文件编号		共2页
零件图号			工种	铣工	机床型号	X5030A	版本号		第1页
加工车间			材料	45钢	工装名称		工装编号		
工步号	工步内容		切削用量			夹具	刀具	检验量具	检验频次
			切削深度/mm	转速/(r·min⁻¹)	进给速度/(mm·min⁻¹)				
1	夹毛坯，铣第一面		1.0	285	60	平口钳	φ30 mm立铣刀	0~150 mm游标卡尺	
2	铣第二面，与第一面垂直		1.0	285	60	平口钳	φ30 mm立铣刀	0~150 mm游标卡尺	
3	铣第三面，尺寸16 mm		1.0	285	60	平口钳	φ30 mm立铣刀	0~150 mm游标卡尺	
4	铣第五面，与第一、二、三、四面垂直		1.0	285	60	平口钳	φ30 mm立铣刀	0~150 mm游标卡尺	
5	铣第六面，尺寸80.0 mm		1.0	285	60	平口钳	φ30 mm立铣刀	0~150 mm游标卡尺	
6	抛光								
							编写	校对	审批
标记	处数	更改文件号	更改者	日期	标记	处数	更改文件号	更改者	日期

2. 鲁班锁的工艺过程分析

鲁班锁属于简单的方条类工件，加工时可以以加工面相邻的一个面为粗基准，使之与平钳口贴合，先加工一个面（此时不可以用锤子敲击已加工面），并用加工好的面作为加工其余各面时的基准面。这个基准面在加工过程中应靠向定钳口面或钳体导轨面，以保证其余各加工面对这个基准面的垂直度和平行度要求，图中的零件可选用设计基准平面作为定位基准。注意工件的表面粗糙度和平行度，表面不能有磕碰、划痕和毛刺等。具体详见表2-4和表2-5。

表2-5 鲁班锁加工工艺安排（二）

零件名称	鲁班锁	机械加工作业指导书	工序号	15	机床名称	铣床	文件编号		共2页
零件图号			工种	铣工	机床型号	X5030A	版本号		第2页
加工车间			材料	45钢	工装名称		工装编号		
工步号	工步内容		切削深度/mm	切削用量		夹具	刀具	检验量具	检验频次
				转速/(r·min⁻¹)	进给量/(mm·min⁻¹)				
1	铣槽32 mm		1	580	60	平口钳	φ12 mm 立铣刀	0~150 mm 游标卡尺	
2	铣槽16 mm		1	580	60	平口钳	φ12 mm 立铣刀	0~150 mm 游标卡尺	
							编写	校对	审批
标记	处数	更改文件号	更改者	日期	标记	处数	更改文件号	更改者	日期

3. 刀具及切削用量的选择

根据上述零件特点、刀具的要求进行分析并选择刀具，见表2-6。

表2-6 刀具切削参数

序号	加工面	刀具号	刀具规格		主轴转速 n/(r·min⁻¹)	进给量 f/(mm·r⁻¹)
			类型	材料		
1	粗铣六面	T01	φ30 mm 立铣刀	高速钢	300	0.5
2	精铣槽加工	T02	φ14 mm 键槽铣刀		600	0.4
3	精铣加工	T03	φ6 mm 键槽铣刀		800	0.4

（二）普通铣床基本功能介绍

1. 铣床基本部件的名称及作用

铣床按照结构和用途的不同可分为：卧式升降台铣床（图2-9）、立式升降台铣床（图2-10）、龙门铣床（图2-11）、仿形铣床、工具铣床、数控铣床等。其中，卧式升降台铣床和立式升降台铣床的通用性最强，应用也最广泛。

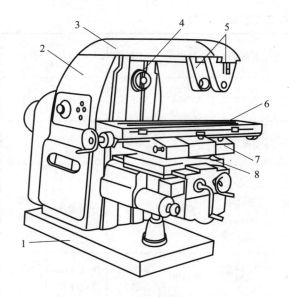

图 2-9 万能卧式升降台铣床
1—底座;2—床身;3—悬梁;4—主轴;
5—刀杆支架;6—工作台;7—滑座;8—升降台

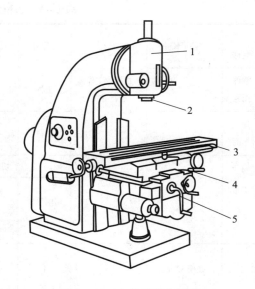

图 2-10 立式升降台铣床
1—床身;2—悬梁;3—主轴;
4—刀杆支架;5—工作台

1) 底座

X6132 型万能升降台铣床(图 2-12)底座是整部机床的支撑部件,具有足够的强度和刚度。底座的内腔盛装切削液,供切削时冷却润滑。

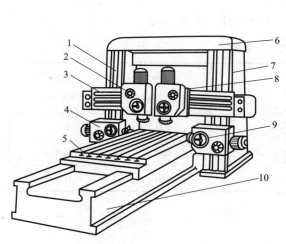

图 2-11 龙门铣床
1,7—立柱;2,8—垂直铣头;3—横梁;
4,9—水平铣头;5—工作台;6—顶梁;10—床身

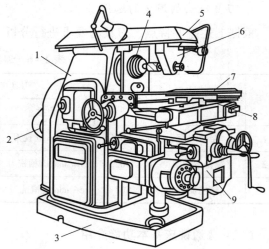

图 2-12 X6132 型万能升降台铣床
1—床身;2—主传动电动机;3—底座;4—主轴;
5—悬梁;6—悬梁支架;7—纵向工作台;
8—横向工作台;9—升降台

2）床身

床身是铣床的主体，铣床上大部分的部件都安装在床身上。床身的前壁有燕尾形的垂直导轨，升降台可沿导轨上下移动；床身的顶部有水平导轨，悬梁可在导轨上水平移动；床身的内部装有主轴、主轴变速机构和润滑油泵等。

3）悬梁与悬梁支架

悬梁的一端装有支架，支架上有与主轴同轴线的支承孔，用来支承铣刀轴的外端，以增强铣刀轴的刚性。悬梁向外伸出的长度可以根据刀轴的长度进行调节。

4）主轴

主轴是一根空心轴，前端有锥度为 7∶24 的圆锥孔，铣刀刀轴一端就安装在锥孔中。主轴前端面有两个键槽，通过键连接传递扭矩，主轴通过铣刀轴带动铣刀做同步旋转运动。

5）主轴变速机构

由主传动电动机（7.5 kW，1 450 r/min）通过带传动和齿轮传动机构带动主轴旋转，操纵床身侧面的手柄和转盘，可使主轴获得 18 种不同的转速。

6）纵向工作台

纵向工作台用来安装工件或夹具，并带动工件做纵向进给运动。工作台上有三条 T 形槽，用来安放 T 形螺钉以固定夹具和工件。工作台前侧面有一条 T 形槽，用来固定自动挡铁，以控制铣削长度。

7）床鞍

床鞍（横拖板）用于带动纵向工作台做横向移动。

8）回转盘

回转盘装在床鞍和纵向工作台之间，用来带动纵向工作台在水平面内做 45°的水平调整，以满足加工的需要。

9）升降台

升降台装在床身正面的垂直导轨上，用来支撑工作台，并带动工作台上下移动。升降台中下部有丝杠与底座螺母连接，铣床进给系统中的电动机和变速机构等就安装在其内部。

10）进给变速机构

进给变速机构安装在升降台内部，它将进给电动机的固定转速通过其齿轮变速机构，变换成 18 级不同的转速，使工作台获得不同的进给速度，以满足不同的铣削需要。

2. X6132 型铣床的基本操作

1）主轴变速操作

将变速手柄放在空位，练习主轴的启动、停止及主轴变速。先将变速手柄向下压，使手柄的榫块自槽①内滑出，并迅速转至最左端，直到榫块进入槽 2 内，然后转动转速盘，使盘上的某一数值与指针对准，再将手柄下压脱出槽②，迅速向右转回，快到原来位置时慢慢推上，完成变速，如图 2-13 所示。转速盘上有 30~1 500 r/min 共 18 种转速。

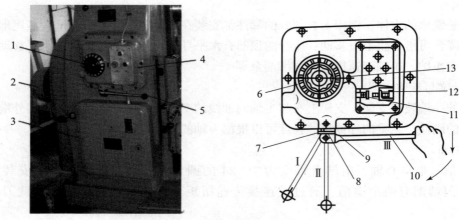

图 2-13 主轴变速操作

1—转速盘；2—主电动机；3—电气柜；4—主轴变速机构；5、10—主轴变速手柄；6—转速盘；
7—槽②；8—固定环；9—槽①；11—开关；12—螺钉；13—指针

2）手动进给操作

用手分别摇动纵向工作台、床鞍和升降台手柄，做往复运动，并试用各工作台锁紧手柄，分别顺时针、逆时针转动各手柄（图 2-14），观察工作台的移动方向。控制纵向、横向移动的螺旋传动的丝杠导程为 6 mm，即手柄每转一圈，工作台移动 6 mm，每转一格，工作台移动 0.05 mm。升降台手柄每转一圈，工作台移动 2 mm，每转一格，工作台移动 0.05 mm。

3）自动进给操作

工作台的自动进给，必须启动主轴才能进行。工作台纵向、横向、垂向的自动进给操纵手柄均为复式手柄。纵向进给操纵手柄有三个位置，如图 2-15 所示；横向和垂向由同一手柄操纵，该手柄有五个位置，如图 2-16 所示。手柄推动的方向即工作台移动的方向，停止进给时，把手柄推至中间位置。变换进给速度时应先停止进给，然后将变速手柄向外拉并转动，带动转速盘转至所需要的转速数，对准指针后，再将变速手柄推回原位。转速盘上有 23.5～1 180 r/min 共 8 种进给速度。

图 2-14 纵向手动进给操作

1—工作台；2—升降溜板；3—纵向进给手柄；4—垂直导轨；
5—升降丝杠座体；6—横向溜板

4）快速进给操作

快速进给时，只需推动进给变速手柄，如图 2-17 所示，使工作台处于某一方向的进给状态，按下快速按钮，如图 2-18 所示，工作台快速进给，松手后，快速进给停止。

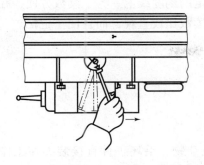 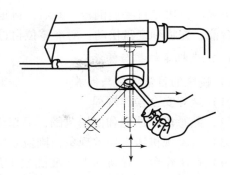

图 2-15　工作台纵向进给操作纵手柄　　　　图 2-16　工作台横向、垂向进给操作纵手柄

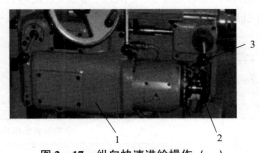

图 2-17　纵向快速进给操作（一）

1—纵向进给手柄；2—手拉油泵；3—纵向机动进给手柄

图 2-18　纵向快速进给操作（二）

1—进给变速箱；2—进给变速手柄；3—横向升降自动进给手柄；
4—"停止"按钮；5—"启动"按钮；6—"快速"按钮

5）工作台的移动和尺寸控制

在铣削过程中，为了调整工件相对于铣刀的位置，要求工作台移动一个准确的尺寸，这个尺寸的准确性是靠丝杠的转动和刻度盘来保证的。丝杠和螺母之间总是存在一定的间隙，先按某一方向转动工作台进给手柄，使工作台移动，然后再反向转动手柄，尽管手柄已反转一个角度，但工作台却未动，手柄空转。待手柄转过一定角度后，工作台才会反向移动。此时，在刻度盘上读到的手柄空转过的数值，就是进给丝杠与螺母的轴向间隙及丝杠与两端轴承的轴向间隙之和。当工作台朝进给方向移动一段距离后，若顺着该方向用力推，则工作台移动；若反向推，则工作台不会被推动。因此，在铣削过程中，当铣刀对工件和工作台的作用力与工作台进给方向相同时，工作台有可能被拉动一段距离。

6）注意事项

如果手动进给不慎将刻度盘多转了一些，仅仅把刻度盘退回到原定的刻度线上是不行的,正确的方法是将手柄倒转一圈后,再重新摇到原定的刻度线上。为了读数方便,在移动工作台前,先将刻度盘松动,对准零位再拧紧,这样读数比较直观,而且便于记忆。

3. 铣床机床维护与保养

1) 铣床的日常维护与保养

(1) 遵守安全操作规程。

(2) 熟悉机床性能和使用范围,不超负荷工作。

(3) 若发现机床有异常现象,则应立即停机检查。

(4) 在工作台、导轨面上不准乱放工具、工件或杂物,毛坯工件直接装夹在工作台上时应采用垫片。

(5) 工作前应先检查各手柄是否处于规定位置,然后空载运行一段时间。

(6) 工作完毕后应将机床擦拭干净,并注润滑油,做到每天一小擦、每周一大擦,并定期进行一级保养。

2) 铣床保养的作业内容

铣床日常保养作业见表2-7。

表2-7 铣床日常保养作业

日常保养内容和要求	定期保养的内容	
	保养部位	内容和要求
班前: 1. 擦净机床各部外露导轨及滑动面。 2. 按规定润滑各部位,油质、油量符合要求。 3. 检查各手柄位置。 4. 空车试运转几分钟。 班后: 1. 将铁屑清扫干净。 2. 擦净机床各部位。 3. 部件归位。 4. 认真填写交接班记录及其他记录	外表	1. 清洗机床外表及死角,外表无锈蚀、无黄斑,漆见本色。 2. 检查螺钉、手柄
	铣头	1. 检查主轴进给手柄是否正常。 2. 检查主轴运转是否顺畅。 3. 检查各调速和功能手柄是否正常。 4. 检查油杯是否有润滑油
	工作台	1. 检查各进给手柄是否正常。 2. 检查各锁紧手柄是否正常。 3. 检查工作台转动间隙是否正常
	机床导轨	1. 清扫导轨外表及死角,外表无锈蚀。 2. 加润滑油
	润滑及冷却	1. 检查冷却泵运转是否正常。 2. 检查油质保持良好,油杯齐全,油窗明亮。 3. 检查注油器,油面低时要加入新油,并保证油路通畅
	电气	1. 清扫电动机及电气柜内外灰尘。 2. 检查并擦拭电气元件及触点,要求完好可靠,且线路安全

任务三 鲁班锁工艺品的加工内容及操作

（一）鲁班锁机床加工内容及操作步骤

1. 铣床的开机与关机

（1）开机：合上电源闸刀→打开机床总电源→打开控制电源。

（2）关机：关机方法与开机相反。

2. 平口钳的安装及校正

1）平口钳的安装方法

一般情况下，平口钳安装在工作台的位置应处于工作台长度方向中间偏左、宽度方向的中间，以方便操作。钳口方向应根据工件长度来确定，对于长的工件钳口（平面），在卧式铣床上安装时，应与卧式铣床主轴轴线垂直，如图2-19（a）所示；在立式铣床上安装时，应与纵向工作台进给方向平行。对于短的工件，在卧式铣床上安装时，钳口应与卧式铣床主轴轴线平行，如图2-19（b）所示；在立式铣床上安装时，钳口应与工作台纵向进给方向垂直。

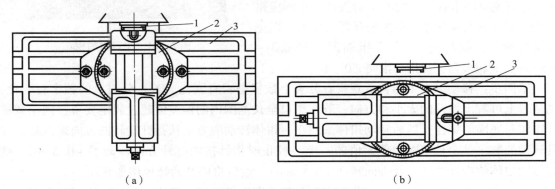

图2-19 平口钳安装方位

1—铣床主轴；2—平口钳；3—工作台

加工要求不高的一般工件时，平口钳可用定位键安装，如图2-20所示。

实训步骤及操作方法：

第一步：将平口钳搬至工作台上，使平口钳底座上的定位键放入工作台的中央T形槽内。

第二步：双手推动钳体，两定位键的同一侧面靠在中央T形槽的一侧面上，使其与T形槽的同一侧靠紧。

第三步：拧紧两侧的螺母，然后固定钳座。

第四步：利用钳体上的零刻线与底座上的刻线相配合，转动钳体，使固定钳口与铣床主轴轴线垂直或平行，也可以根据需要调整成所要求的角度。

图2-20 用定位键安装平口钳

1—T形槽；2—定位键；
3—键槽

2) 百分表校正平口钳

加工有较高相对位置精度要求的工件时，钳口与主轴轴线要求有较高的垂直度或平行度，这时应对固定钳口进行校正。校正固定钳口常用的方法有用划针校正、用90°角尺校正和用百分表校正。校正平口钳时，应先松开平口钳的紧固螺母，校正后再将紧固螺母旋紧。

利用百分表校正平口钳时，将平口钳搬至工作台上并用螺母轻微固定，百分表座吸在主轴上，使百分表的表头接触固定钳口的一端，移动工作台使百分表移至固定钳口的另一端，此时百分表的表针摆动范围应在 0.01 mm 以内，然后交替地将两边的螺母拧紧，如图 2-21 所示。

(1) 用百分表准确校正固定钳口与铣床主轴轴线平行。实训步骤及操作方法：

第一步：先目测粗略校正，再用百分表准确校正固定钳口与铣床主轴轴线平行。

第二步：校正时，将磁力表座吸在主轴（床身导轨面）上，并将万能表架安装其上。

第三步：安装百分表，并使百分表的测量杆与固定钳口测量面垂直，表的测量触头接触在固定钳口平面上（并要在移动过程中避开螺孔位置，以免测量杆弯曲，损坏百分表），压缩测量杆 0.3~0.5 mm，旋转表盘，让指针指向"0"位。

图 2-21 平口钳的校正

第四步：移动纵向工作台，观察百分表上数字是否有变化，若百分表上的数字有变化，则从表上可看出偏差的大小和方向。若在钳口全长范围内的偏差值超过规定要求，则稍微松开钳体与底座的螺栓，然后转动钳体来纠正。钳体转动的方向从指针旋转的方向来判断，并且转动的数字是全长范围内偏差值的一半（校正时指针按顺时针方向转动了 +0.2 mm，就需转动钳体使指针往逆时针方向转动 +0.1 mm），然后将松开的螺栓稍加紧固。

第五步：移动纵向工作台，若还有偏差值，则反复操作、检查、纠正，直到符合规定要求后（例：一般要求 0.02 mm）再紧固钳体，进行复验。

第六步：复验合格，用力紧固钳体，校正完毕后先将百分表取下，再取表座。

(2) 用百分表准确校正固定钳口与机床工作台垂直。找正时最好用一块表面磨得很平、很光滑的平行垫铁，以光洁平整的一面紧贴固定钳口，并在活动钳口处放置一圆棒或铜条，将平行垫铁夹牢。用指示表检验贴牢固定钳口的一面，使主轴做上下移动，在上下移动 100 mm 的长度上，指示表读数的变动应在 0.03 mm 以内，如图 2-22 所示。

用平行垫铁进行辅助的目的是增加幅度，使偏差显著，容易找正。若发现指示表上的读数变动范围超过要求，则可把固定钳口上的钳口铁拆下来，根据差值的方向进行修磨；也可在钳口铁与固定钳口之间垫薄钢片（图 2-23），视钳口铁的倾斜方向垫上方或下方，钢片的厚度可按比例计算。钳口铁经修磨或垫薄钢片并装好后，需进行重复检验，直到准确为止，钳口只允许略有内倾（用同样的方法，可找正活动钳口）。这种找正的方法，经一次找正，可使用很长一段时间。

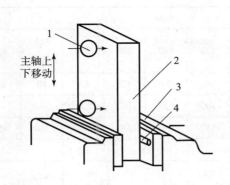 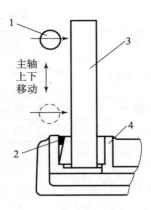

图 2-22 校正固定钳口的垂直度（一）　　　　图 2-23 校正固定钳口的垂直度（二）
1—百分表；2—平行垫铁；3—平口钳；4—圆棒　　　1—百分表；2—薄钢片；3—平行垫铁；4—平口钳

知识拓展一

1) 机用虎钳的结构

机用虎钳是铣床上常用的附件。常用的机用虎钳主要有回转式和非回转式两种，其结构基本相同，主要由钳体、固定钳口、活动钳口、丝杠、螺母和底座等组成，如图 2-24 所示。回转式机用虎钳底座设有转盘，可以扳转任意角度，适应范围广；非回转式机用虎钳底座没有转盘，钳体不能回转，但刚度较好。

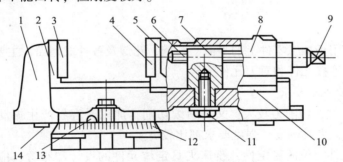

图 2-24 机用虎钳的结构
1—钳体；2—固定钳口；3，4—钳口铁；5—活动钳口；6—丝杠；7—螺母；8—活动座；
9—方头；10—压板；11—紧固螺钉；12—回转底盘；13—钳座零线；14—定位键

2) 机用虎钳的规格

机用虎钳有多种规格，其规格和主要参数见表 2-8。

注意事项：

（1）在铣床上安装平钳口时，应擦干净铣床工作台台面、钳座底面并去除底座的毛刺。

（2）在安装百分表时，测量杆移动的位置要平整，即要在移动过程中避开固定钳口的沉头螺孔和凹凸不平的地方。

（3）在使用百分表时，被测表面应擦干净，并且不可使触头突然接触被测表面。

（4）当校正平口钳，百分表上的测量杆超出被测面时，应让测量杆与被测面接触后才能移动工作台，以免测量杆弯曲，导致百分表损坏。

表 2-8　机用虎钳的规格和参数　　　　　　　　　　　单位：mm

参数		规格							
钳口宽度 B		63	80	100	125	160	200	250	315（320）	400
钳口高度 H（≥）		20	25	32	40	50	63	63	80	80
钳口最大张开度 L（≥）	型式Ⅰ	50	65	80	100	125	160	200	—	—
	型式Ⅱ	—	—	—	140	180	220	280	360	450
定位键槽宽度 A	型式Ⅰ	12		14		18		22		
	型式Ⅱ	—		—	14（12）	14		18		22
螺栓直径 d	型式Ⅰ	M10		M12		M16		M20	—	—
	型式Ⅱ	—		—	M12（M10）	M12		M16		M20
螺栓间距 p	型式Ⅱ				160（180）	200（240）		250（240）		160（180）

（5）当固定百分表时，一定要夹持在百分表的套筒上，不要夹持在测量杆上，并且夹紧力不要过大，以免套筒变形而使测量受阻。

知识拓展二

铣床夹具主要用于加工零件上的平面、凹槽、花键及各种成型面，主要由定位装置、夹紧装置、夹具体、连接元件和对刀元件组成。

1）铣床夹具的基本要求

（1）铣削加工时，切削力较大，又是断续切削，加工时容易产生振动，因此铣床夹具的夹紧力要求较大，夹具刚度、强度要求都比较高。

（2）为保证工件定位的稳定性，铣床夹具定位元件的设计和布置，应尽量使用面积较大的面作为主要支撑面，导向定位的两个支撑要尽量相距远一些。

（3）夹紧装置的夹紧力要足够大且自锁性能要好，以防止夹紧机构因振动而松动。夹紧力的作用方向和作用点要恰当，必要时可采用辅助支撑或浮动夹紧机构等，以提高夹紧刚度。

（4）为了保持夹具相对于机床的准确位置，铣床夹具底面应设置定位键。

（5）为方便找正工件与刀具的相对位置，通常应设置对刀块。

（6）铣削加工时，产生的切屑量较大，因此，铣床夹具应有足够的排屑空间。

（7）重型的铣床夹具在夹具体上要设置吊环，以便于搬运。

2）夹具的分类

（1）通用夹具。使用时无须调整或稍加调整就能适应多种工件的装夹，如三爪卡盘、平口虎钳（图2-25）、分度头和回转工作台（图2-26）及电磁吸盘等。

图 2-25 平口虎钳

（a） （b）

图 2-26 分度头和回转工作台
（a）分度头；（b）回转工作台

（2）专用夹具。专用夹具是为某一特定工件的特定工序专门设计制造的，因而不必考虑通用性。

（3）通用可调夹具与成组夹具。通用可调夹具与成组夹具都是把加工工艺相似、形状相似、尺寸相近的工件进行分类或分组，然后将同类或同组的工件统筹考虑而设计夹具，其结构上应有可供更换或调整的元件，以适应同类或同组内的不同工件。

（4）组合夹具。组合夹具是由一套预先制造好的标准元件组装而成的专用夹具。这套标准元件及由其组成的合件包括基础件、支撑件、定位件、导向件、夹紧件和紧固件等，如图 2-27 和图 2-28 所示。

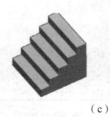

（a） （b） （c）

图 2-27 标准元件
（a）压板；（b）T形螺栓；（c）阶梯垫铁

 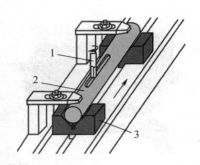

图 2-28　V 形垫铁

1—铣刀；2—工件；3—V 形垫铁

3) 常用铣床通用夹具介绍

(1) 机用虎钳（平口钳）。常用的机用虎钳分为非回转式（图 2-29）和回转式（图 2-30），二者的结构基本相同，但回转式的机用虎钳底部设有转盘，可以 360°任意旋转。

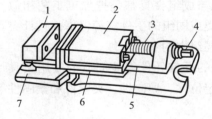

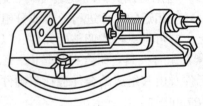

图 2-29　机用虎钳（非回转式）

1—固定钳口；2—活动钳口；3—丝杠；
4—方头；5—导轨；6—压板；7—钳体

图 2-30　机用虎钳（回转式）

(2) 圆转台。圆转台分手动和机动两种进给类型，按转台直径其规格有 500 mm、400 mm、320 mm、200 mm 等，主要的功用是圆周分度、周向进给铣圆弧及加工型面工件。常用的圆转台为手动圆转台，如图 2-31 所示。

(3) 万能分度头（图 2-32）。在铣削加工中，常会遇到铣六方、齿轮、花键和刻线等工作，这时就需要利用分度头分度。因此，分度头是万能铣床上的重要附件。

① 分度头的功用。

a. 能将工件做任意圆周等分或利用配换挂轮将分度头和工作台纵向丝杠连接进行直线移动。

图 2-31 手动圆转台

b. 利用分度头主轴上的卡盘夹持工件，使被加工工件的轴线相对于铣床工作台在向上 90°和向下 10°的范围内倾斜成需要的角度，以加工各种位置的沟槽和平面等（如铣圆锥齿轮）。

c. 配以相应挂轮，将分度头和工作台纵向丝杠连接起来，使分度头主轴（工件）随工作台纵向移动的同时做连续转动，可分别铣螺旋槽、斜齿轮和等速凸轮等。

万能分度头由于具有广泛的用途，故在单件小批量生产中应用较多。

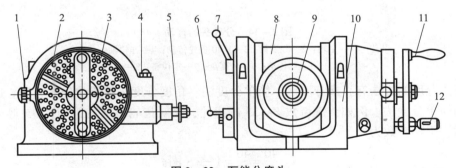

图 2-32 万能分度头

1—分度盘紧固螺钉；2—分度叉；3—分度盘；4—螺母；5—交换齿轮轴；6—蜗轮蜗杆离合手柄；
7—主轴锁紧手柄；8—回转体；9—主轴；10—基座；11—分度手柄；12—定位销

②分度头的结构。分度头的主轴是空心的，两端均为锥孔，前锥孔可装入顶尖（莫氏4号），后锥孔可装入心轴，以便在差动分度时挂轮把主轴的运动传给侧轴，以带动分度盘旋转。主轴前端外部有螺纹，用来安装三爪卡盘。万能分度头的外形如图2-33所示。

③分度方法。分度头内部的传动系统如图2-34（a）所示，可转动分度手柄，通过传动机构（传动比1∶1的一对齿轮，1∶40的蜗轮蜗杆），使分度头主轴带动工件转动一定角度。手柄转一圈，主轴带动工件转1/40圈。

如果要将工件的圆周等分为 Z 等份，则每次分度工件应转过 $1/Z$ 圈。设每次分度手柄的转数为 n，则手柄转数 n 与工件等分数 Z 之间有以下关系：

$$1:40 = \frac{1}{Z} : n$$

$$n = \frac{40}{Z}$$

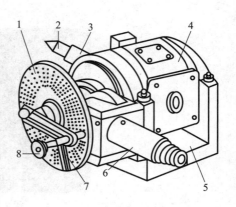

图 2-33 万能分度头外形
1—分度盘；2—顶尖；3—主轴；4—转动体；
5—底座；6—挂轮轴；7—扇形叉；8—手柄

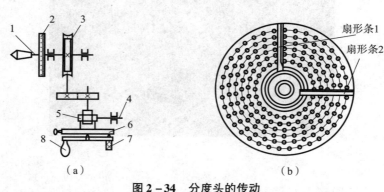

图 2-34 分度头的传动
1—主轴；2—刻度盘；3—1∶40 涡轮传动；4—挂轮轴；
5—1∶1 斜齿轮传动；6—分度盘；7—定位销；8—手柄

分度头分度的方法有直接分度法、简单分度法、角度分度法和差动分度法等。这里仅介绍常用的简单分度法。例如：铣齿数 $Z=35$ 的齿轮，需对齿轮毛坯的圆周作35等分，每一次分度时，手柄转数为

$$n = \frac{40}{Z} = \frac{40}{35} = 1\frac{1}{7} \text{（圈）}$$

3. 选择合适的铣刀

铣刀的种类很多，可以用来加工各种平面、沟槽、斜面和成形面。铣刀的分类方法很多，常用的分类方法如下。

1) 按铣刀切削部分的材料分类

按铣刀切削部分的材料分类，可分为高速工具钢铣刀和硬质合金铣刀，如图2-35和图

2-36所示。高速工具钢铣刀一般形状较复杂,有整体式和镶齿式两种;硬质合金铣刀大多不是整体式的,而是将硬质合金铣刀片以焊接或机械夹固的方式镶装在铣刀刀体上,如硬质合金端面铣刀等。

图2-35　高速工具钢铣刀　　　　　　图2-36　整体式硬质合金铣刀

2)按铣刀的结构分类

按铣刀的结构分类,可分为整体式铣刀、镶齿式铣刀和机械夹固式铣刀等类型,如图2-37~图2-39所示。

图2-37　整体式铣刀　　　　　　　　图2-38　镶齿式铣刀

图2-39　机械夹固式铣刀

3)按铣刀用途分类

按铣刀用途分类可分为平面铣刀、沟槽铣刀、成形面铣刀等类型。平面铣刀主要有端铣刀、圆柱铣刀;沟槽铣刀主要有立铣刀、三面刃铣刀、键槽铣刀、锯片铣刀、T形槽铣刀、燕尾槽铣刀和角度铣刀等;成形面铣刀是根据成形面的形状而专门设计的铣刀。

(1)铣平面用铣刀。如图2-40所示,图2-40(a)所示为圆柱铣刀,用于卧式铣床;图2-40(b)所示为套式端铣刀,用于卧式铣床或立式铣床;图2-40(c)所示为机夹铣刀,用于立式铣床。

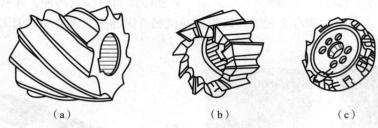

图 2-40　铣平面用铣刀
(a) 圆柱铣刀；(b) 套式端铣刀；(c) 机夹铣刀

(2) 铣沟槽用铣刀。如图 2-41 所示，键槽铣刀、立铣刀多用于立式铣床加工；盘形槽铣刀、三面刃铣刀和锯片铣刀多用于卧式铣床加工。除此之外，还有铣成形沟槽用铣刀，如图 2-42 所示，常用于铣削 T 形槽、燕尾槽、半圆键槽等。

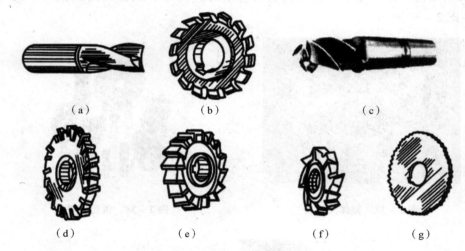

图 2-41　铣沟槽用铣刀
(a) 键槽铣刀；(b) 盘形槽铣刀；(c) 立铣刀；(d) 镶齿三面刃铣刀；
(e) 直齿三面刃铣刀；(f) 错齿三面刃铣刀；(g) 锯片铣刀

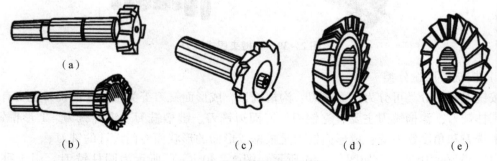

图 2-42　铣成形沟槽用铣刀
(a) T 形槽铣刀；(b) 燕尾槽铣刀；(c) 半圆键槽铣刀；(d) 单角铣刀；(e) 双角铣刀

（3）铣成形面用铣刀。如图2-43所示，用来铣削半圆、齿轮或其他成形面等。

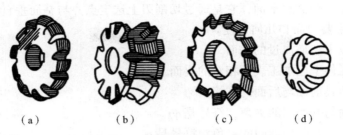

图2-43 铣成形面用铣刀

(a) 凸半圆铣刀；(b) 凹半圆铣刀；(c) 齿轮铣刀；(d) 叶片内弧成形铣刀

知识拓展

1）铣刀切削部分的材料要求

（1）高的硬度。铣刀切削部分材料的硬度必须高于工件材料的硬度。其常温下硬度一般要求在60 HRC以上。

（2）良好的耐磨性是材料抵抗磨损的能力。具有良好的耐磨性，铣刀才不易磨损，并能延长使用时间。

（3）具有足够的强度和韧性。具有足够的强度，以保证铣刀在承受很大切削力时不致断裂和损坏；具有足够的韧性，以保证铣刀在受到冲击与振动时不会产生崩刃和碎裂。

（4）良好的热硬性。热硬性是指切削部分材料在高温下仍能保持切削正常进行所需的硬度、耐磨性、强度和韧性的能力。

（5）良好的工艺性。一般指材料的可锻性、焊接性、切削加工性、可刃磨性、高温塑性、热处理性能等。工艺性越好越便于制造，其对形状比较复杂的铣刀尤其重要。

2）常用的铣刀材料

铣刀常用的材料主要有硬质合金钢和高速工具钢（HSS）两大类。其中硬质合金钢有钨钴类K、钨钛类P、钨钛钽（铌）钴类M。

3）铣刀的组成部分及作用

铣刀是多刃刀具，每一个刀齿相当于一把简单的刀具（如车刀）。刀具上起切削作用的部分称为切削部分（多刃刀具有多个切削部分），它是由切削刃、前面及后面等组成的。

（1）铣削时工件上形成的表面。图2-44所示为最简单的单刃刀具的切削情形。

①待加工表面：工件上有待切除的表面。

②已加工表面：工件上经刀具切削后产生的表面。

（2）辅助平面。

①基面是一个假想的平面，它是通过切削刃上选定

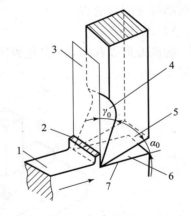

图2-44 切刀切削时各部分的名称和几何角度

1—待加工表面；2—切屑；3—基面；4—前面；5—后面；6—已加工表面；7—切削平面

点并与该点的切削速度方向垂直的平面。

②切削平面是一个假想平面,它是通过切削刃上选定点并与基面垂直的平面。

(3) 铣刀的主要刀面和几何角度。

①前面:刀具上切屑流过的表面。

②后面:与工件上已加工表面相对的表面。

③切削刃:刀具前面与后面的连接。

④前角:前面与基面间的夹角,符号是 γ_0。

⑤后角:后面与切削平面间的夹角,符号是 α_0。

4) 三面刃铣刀

三面刃铣刀可以看成是由几把简单的切刀均匀分布在圆周上而形成的,如图 2-45 (b) 所示。三面刃铣刀铣削的情形如图 2-45 (a) 所示。

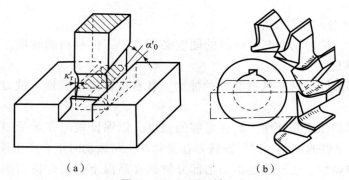

图 2-45 三面刃铣刀

三面刃铣刀圆柱面上的切削刃是主切削刃。主切削刃有直齿和斜齿(螺旋齿)两种,斜齿三面刃铣刀的刀齿间隔地向两个方向倾斜,故称错齿三面刃铣刀。三面刃铣刀两侧面上的切削刃是副切削刃。

5) 端铣刀

端铣刀可以看成是由几把外圆切刀平行于铣刀轴线沿圆周均匀分布在刀体上而形成的,如图 2-46 所示。

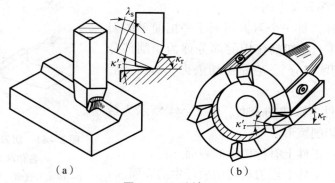

图 2-46 端铣刀

6) 圆柱形铣刀

圆柱形铣刀可以看成是由几把切刀均匀分布在圆周上而形成的,如图 2-47 (a) 所示。

由于铣刀呈圆柱形,所以铣刀的基面是通过切削刃上选定点和圆柱轴线的平面。铣刀各部分的名称和几何角度如图2-47(b)所示。在切削过程中,工件上会形成三种表面,即待加工表面、已加工表面和过渡表面。

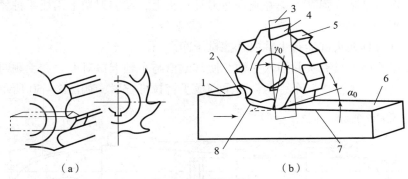

图2-47 圆柱形铣刀
(a) 圆柱形铣刀;(b) 圆柱形铣刀的组成
1—待加工表面;2—切屑;3—基面;4—前面;5—后面;
6—已加工表面;7—切削平面;8—过渡表面

4. 铣刀装卸
1) 带柄铣刀的安装
铣刀柄的左端是7:24的圆锥,用来与铣床主轴锥孔配合,锥体尾端有内螺纹孔,通过拉紧螺杆将铣刀杆拉紧在主轴锥孔内,如图2-48所示。

图2-48 铣刀柄

(1) 直柄铣刀的安装。直柄铣刀常用弹簧夹头来安装,如图2-49(a)所示。安装时,收紧螺母,使弹簧套做径向收缩而将铣刀的柱柄夹紧。

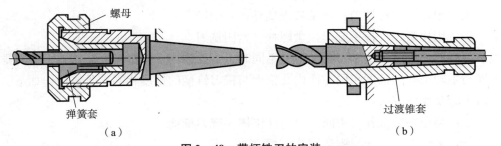

图2-49 带柄铣刀的安装
(a) 直柄铣刀的安装;(b) 锥柄铣刀的安装

实训步骤及操作方法：

第一步：将弹簧夹头从刀具夹头中取出，用布将弹簧夹头、铣刀柄擦干净。

第二步：将弹簧夹头装入刀具夹头前端的螺母内。

第三步：将刀具装入弹簧夹头并旋合在刀具夹头上，在装刀架上用扳手拧紧，注意刀具伸出的长度适当。

第四步：将刀具夹头锥柄和主轴内孔擦拭干净。

第五步：左手握刀具夹头并插入主轴，使其键槽与主轴卡口对准，右手顺时针旋转机床顶部的拉杆，之后左手拉住刹车手柄，右手用扳手将拉杆拧紧，如图 2-50 所示。

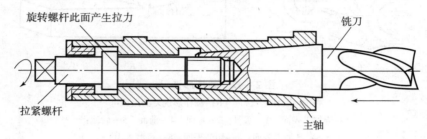

图 2-50 直柄铣刀装夹

（2）锥柄铣刀的装卸。当铣刀锥柄尺寸与主轴端部锥孔相同时，可直接装入锥孔，并用拉杆拉紧，否则锥柄铣刀要用过渡锥套进行安装，如图 2-49（b）和图 2-51 所示。

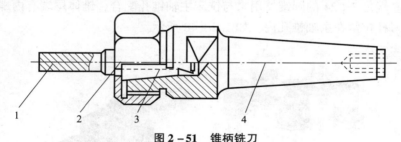

图 2-51 锥柄铣刀
1—铣刀；2—螺母；3—卡簧；4—锥柄

当铣刀柄部的锥度和主轴锥孔锥度相同时，锥柄铣刀安装的具体操作如下。

实训步骤及操作方法：

第一步：擦净主轴锥孔和铣刀锥柄。

第二步：用左手握住铣刀，将铣刀锥柄穿入主轴锥孔。

第三步：用拉紧螺杆扳手旋紧拉紧螺杆，紧固铣刀。

当铣刀柄部的锥度和主轴锥孔的锥度不同时，需要借助中间锥套安装铣刀。中间锥套的外径锥度与主轴锥孔的锥度相同，而内孔锥度与铣刀锥柄的锥度相同，具体操作如下。

实训步骤及操作方法：

第一步：擦净主轴锥孔、中间锥套内外锥体和铣刀锥柄。

第二步：将铣刀插入中间锥套锥孔。

第三步：将中间锥套连同铣刀一起穿入主轴锥孔，旋紧拉紧螺杆，紧固铣刀。

拆卸锥柄铣刀。当锥柄铣刀柄部的锥度与铣床主轴的锥度相同时，具体操作如下。

实训步骤及操作方法：

第一步：将主轴转速调至最低或将主轴锁紧。

第二步：用拉紧螺杆扳手旋松拉紧螺杆。

第三步：当螺杆上阶台端面上升到贴平主轴端部背帽下端后，继续用力旋转拉紧螺杆，直至取下铣刀。

注意：当锥度不同时，需要借助中间锥套安装锥柄铣刀，在卸下铣刀后，若中间锥套仍留在主轴锥孔内，则用扳手将中间锥套取下。

2）带孔铣刀的安装

圆柱铣刀和三面刃铣刀等带孔铣刀的刀杆结构如图 2-52 所示。

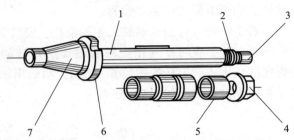

图 2-52 带孔铣刀的刀杆结构

1—光轴；2—螺纹；3—支承轴颈；4—紧固螺母；
5—垫圈；6—凸缘；7—锥柄

实训步骤及操作方法：

第一步：擦干净铣刀杆、垫圈和铣刀。

第二步：将垫圈和铣刀装入刀杆，适当分布垫圈，确定铣刀在铣刀杆上的位置，并用手旋入紧固螺母。

第三步：擦净挂架轴承孔和铣刀杆的支承轴颈，将挂架装在横梁导轨上，并注入适量的润滑油。

第四步：将铣床主轴锁紧或调整在最低的转速上，用扳手将铣刀杆紧固螺母旋紧，使铣刀被夹紧在铣刀杆上。

3）铣刀杆和带孔铣刀安装

带孔铣刀借助于刀轴安装在铣床主轴上。铣刀杆主轴的直径与带孔铣刀的孔径相应有多种规格，常用的有 22 mm、27 mm 和 32 mm 三种，刀轴上配有垫圈和紧固螺母，如图 2-52 所示。刀轴左端是 7:24 的锥度，与铣床主轴锥孔配合，锥度的尾端有内螺纹孔，通过拉紧螺杆，将刀轴拉紧在主轴锥孔内。其安装步骤如下。

实训步骤及操作方法：

第一步：根据铣刀孔的直径选择相应直径的铣刀杆。在满足安装铣刀不影响铣削正常进行的前提下，铣刀杆长度应选择短一些的，以增强铣刀的强度。

第二步：松开铣床横梁的紧固螺母，适当调整横梁的伸出长度，如图 2-53 所示，使其与铣刀杆的长度相适应，然后将横梁紧固。

第三步：擦净铣床主轴锥孔和铣刀杆的锥柄，以免因脏物而影响铣刀杆的安装精度，如图 2-54 所示。

  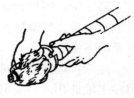

图2-53　调整横梁的伸出长度　　　　　图2-54　擦净主轴锥孔和刀杆锥柄

第四步：将铣床主轴转速调至最低或将主轴锁紧。

第五步：安装铣刀杆。右手将铣刀杆的锥柄装入主轴锥孔，安装时铣刀杆凸缘上的缺口（槽）应对准主轴端部的凸键，左手顺时针（由主轴后端观察）转动主轴锥孔中的拉紧螺杆，使拉紧螺杆前端的螺纹部分旋入铣刀杆的螺纹6～7圈，然后用扳手旋紧拉紧螺杆上的紧固螺母，将铣刀杆拉紧在主轴锥孔内，如图2-55所示。

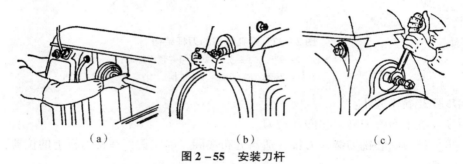

图2-55　安装刀杆
(a) 装入刀杆；(b) 旋入拉紧螺杆；(c) 拉紧刀杆

第六步：安装垫圈和铣刀。安装时，先擦净刀杆、垫圈和铣刀，再确定铣刀在刀杆上的位置。装上垫圈和铣刀，用手顺时针旋紧螺母，如图2-56所示。安装时，注意刀杆配合轴颈与挂架轴承孔应有足够的配合长度。

第七步：安装并紧固挂架，擦净挂架轴承孔和刀杆配合轴颈，适当注入润滑油，调整挂架轴承，双手将挂架装在横梁导轨上，如图2-57所示。适当调整挂架轴承孔和刀杆配合轴颈的配合间隙，使用小挂架时用双头扳手调整，使用大挂架时用开槽圆螺母扳手调整，如图2-58所示，然后用双头扳手紧固挂架，如图2-59所示。

图2-56　安装垫圈、铣刀　　　　　　　图2-57　安装挂架

  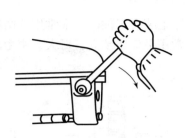

图 2-58　调整挂架轴承间隙　　　　　图 2-59　紧固挂架

注意事项：

（1）在刀杆上安装铣刀时，一般紧固挂架后再紧固铣刀；反之，松开。

（2）挂架轴承孔与铣刀杆支承轴颈应保证足够的配合长度，并提供充足的润滑油。

（3）拉紧螺杆的螺纹应与铣刀螺孔有足够的旋合长度。

（4）装卸铣刀时应注意安全。

（5）安装铣刀前，应先擦净各接合表面，防止因附有脏物而影响铣刀的安装精度。

4）套式端铣刀的安装

套式端铣刀有内孔带键槽和端面带键槽两种结构形式，安装时分别采用带纵键的铣刀杆和带端键的铣刀杆。

铣刀杆的安装方法与前面相同。安装铣刀时，擦净铣刀内孔、端面和铣刀杆圆柱面，使铣刀内孔的键槽对准铣刀杆的键，或使铣刀端面上的键槽对准铣刀杆上凸缘端面上的凸键，装入铣刀，然后旋入紧固螺钉，并用叉形扳手将铣刀紧固。

5）铣刀和刀杆的拆卸

实训步骤及操作方法：

第一步：将铣床主轴转速调到最低。

第二步：用扳手将螺母扳松，将铣刀取下。

第三步：将挂架间隙调大，松开并取下挂架。

第四步：取下垫圈和铣刀。

第五步：用扳手松开拉紧螺杆上的拉杆螺母，再将其旋出一周。用锤子轻轻敲击拉紧螺杆，使铣刀杆锥柄从主轴孔中松脱。用右手握住铣刀杆，左手旋出拉紧螺杆，并取下铣刀杆。

第六步：将铣刀杆擦净、涂油，然后垂直放置在专用的支架上。

6）钻头的装卸

实训步骤及操作方法：

第一步：左手握钻夹头并伸入主轴，使其键槽与主轴卡口对准。

第二步：右手顺时针旋转机床顶部的拉杆，之后左手拉住刹车手柄，用扳手将拉杆拧紧。

第三步：将钻头伸入钻夹头，用钻夹钥匙将其拧紧。

注意：拆卸步骤与安装时相反。

5. 工件的装夹

在铣床上装夹工件时，最常用的两种方法是用平口钳和用压板装夹工件，对较小型的工件，一般常用平口钳装夹，对大、中型的工件则多是在铣床工作台上用压板装夹，如图2-60所示。

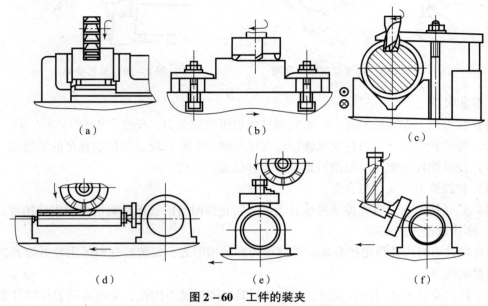

图 2-60 工件的装夹

(a) 平口钳；(b) 压板螺钉；(c) V形铁；(d) 分度头顶尖；
(e) 分度头卡盘（直立）；(f) 分度头卡盘（倾斜）

1) 平口钳工件装夹

铣削一般长方体工件的平面、斜面、台阶或轴类工件的键槽时，都可以用平口钳来进行装夹。用机用虎钳装夹工件具有稳固简单、操作方便等优点，但如果装夹方法不正确，会造成工件变形等问题。为避免此类问题的出现，可以采用以下几种方法。

(1) 加垫铜皮。用加垫铜皮的机用虎钳装夹毛坯工件的方法如图2-61所示。装夹毛坯工件时，应选择大而平整的面与钳口铁平面贴合。为防止损伤钳口和装夹不牢，最好在钳口铁和工件之间垫放铜皮。毛坯件的上面要用划针进行校正，使之与工作台台面尽量平行。校正时，工件不宜夹得太紧。

(2) 加垫圆棒。为使工件的基准面与固定钳口铁平面密合，保证加工质量，在装夹时，应在活动钳口与工件之间放置一根圆棒，如图2-62所示。圆棒要与钳口的上平面平行，其位置应在工件被夹持部分高度的中间偏上。

(3) 加垫平行垫铁。为使工件的基准面与水平导轨面密合，保证加工质量，在工件与水平导轨面之间通常要放置平行垫铁，如图2-63所示。工件夹紧后，可用铝棒或铜锤轻敲工件上平面，同时用手试着移动平行垫铁，当垫

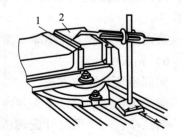

图 2-61 加垫铜皮装夹毛坯工件

1—铜皮；2—工件

铁不能移动时,表明垫铁与工件及水平导轨面密合。敲击工件时,用力要适当且逐渐减小,用力过大会因产生较大的反作用力而影响装夹效果。

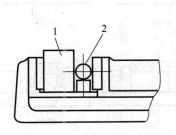

图 2-62 加垫圆棒装夹工件
1—工件;2—圆棒

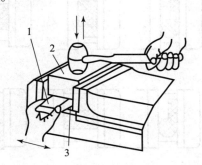

图 2-63 加垫平行垫铁装夹工件
1—平行垫铁;2—工件;3—钳体导轨面

2) 技术技能点

(1) 应将工件的基准面紧贴于固定钳口或钳体的导轨面上,并使固定钳口承受铣削力,如图 2-64 所示。

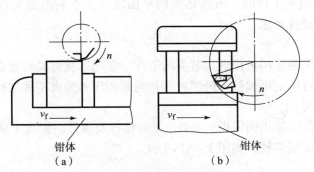

图 2-64 由固定钳口承受铣削力
(a) 钳体与工作台平行安装;(b) 钳体与工作台垂直安装

(2) 工件的装夹高度以铣削尺寸高出钳口平面 3~5 mm 为宜,如装夹位置不合适,应在工件下面垫上适当厚度的平行垫铁。垫铁应具有合适的尺寸、表面粗糙度和平行度。

(3) 为使工件基准面紧贴固定钳口,可在活动钳口与工件之间垫一圆棒,如图 2-65 所示。

(4) 为保护钳口及避免夹伤已加工工件表面,应在工件与钳口间垫一块钳口铁(如铜皮)。

(5) 夹紧工件时,应将工件向固定钳口方向轻轻推压,工件轻轻夹紧后可用铜锤等轻轻敲击工件,以使工件紧贴于底部垫铁上,最后再将工件夹紧。图 2-66 所示为使用机用平口虎钳装夹工件的几种情况。

注意事项:

(1) 安装平口钳时,应擦净钳座底面、工作台面;安装工件时,应擦净钳口铁平面、钳体导轨面及工件表面。

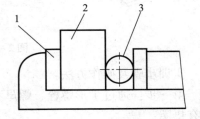

图 2-65 垫圆棒夹紧工件
1—固定钳口;2—工件;3—圆棒

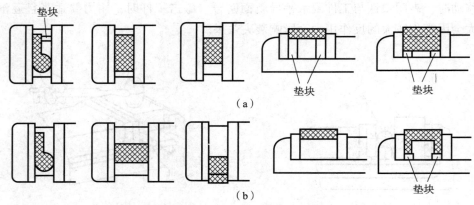

图 2-66 机用平口虎钳的正确使用

(a) 正确；(b) 不正确

（2）工件在平口钳上装夹时，放置的位置应适当，夹紧后钳口的受力应均匀。

（3）工件在平口钳上装夹时，待铣去的余量层应高出钳口上平面，高出的高度以铣削时铣刀不接触钳口上平面为宜。

（4）用平行垫铁装夹工件时，所选垫铁的平面度、上下表面的平行度以及相邻表面的垂直度应具有一定的精度要求。

3）压板装夹工件

对于尺寸较大或不便于用机用虎钳装夹的工件，常用压板将其安装在铣床工作台台面上进行加工。当在卧式铣床上用端铣刀铣削时，普遍采用压板装夹工件进行铣削加工。

压板的结构和装夹。

压板装夹工件主要需要用到压板、垫铁、T形螺栓及螺母。但为了满足装夹不同形状工件的需要，压板也做成很多种，如图2-67所示。

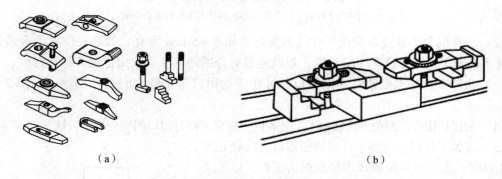

图 2-67 压板及其装夹工件的形式

实训步骤及操作方法：

第一步：通过T形螺栓、螺母和台阶垫铁将工件压紧在工作台面上，螺母和压板之间应垫有垫圈。

第二步：使用压板装夹工件时，应选择两块以上的压板。压板的一端搭在垫铁上，另一端搭在工件上，如图2-68所示。

第三步：垫铁的高度应等于或略高于工件被压紧部位的高度。T形螺栓略接近于工件一侧，并使压板尽量接近加工位置。在螺母与压板之间必须加垫垫圈。压板位置应适当，以免压紧力不当而影响铣削质量或造成事故。

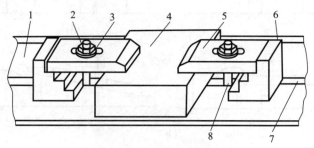

图2-68　用压板装夹工件
1—工作台面；2—螺母；3—垫圈；4—工件；5—压板；
6—台阶垫铁；7—T形槽；8—T形螺栓

用压板装夹尺寸较大的工件时，可用螺栓、压板直接将工件装夹于工作台上，压板的使用方法如图2-69所示。

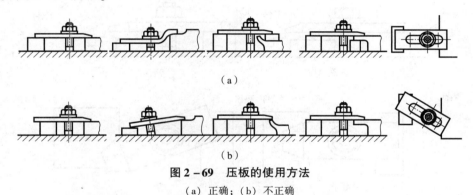

图2-69　压板的使用方法
(a) 正确；(b) 不正确

注意事项：

(1) 如图2-70 (a) 所示，压板螺栓应尽量靠近工件，使螺栓到工件的距离小于螺栓到垫铁的距离，这样可增大夹紧力。

(2) 如图2-70 (b) 所示，垫铁的选择要正确，高度要与工件相同或高于工件，否则会影响夹紧效果。

(3) 如图2-70 (c) 所示，压板夹紧工件时，应在工件和压板之间垫放铜皮，以避免损伤工件的已加工表面。

(4) 压板的夹紧位置要适当，应尽量靠近加工区域和工件刚度较好的位置。若夹紧位置有悬空，应将工件垫实，如图2-70 (d) 所示。

(5) 如图2-70 (e) 所示，每个压板的夹紧力大小应均匀，并逐步以对角压紧，不应以单边重力紧固，以防止压板夹紧力偏移而使压板倾斜。

(6) 夹紧力的大小应适当，过大会使工件变形，过小则达不到夹紧效果，夹紧力大小严重不当时会造成事故。

(7) 在铣床工作台面上，不允许拖拉表面粗糙的工件。

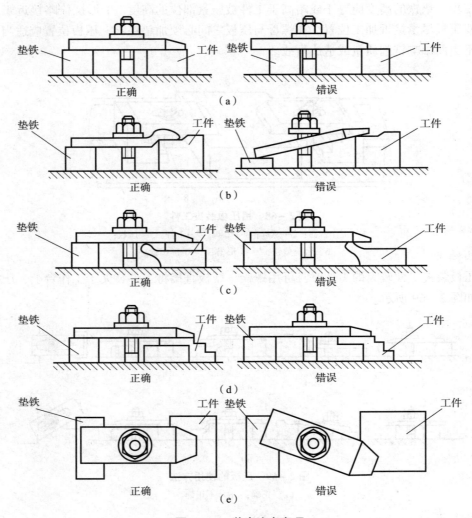

图 2-70 装夹注意事项

(8) 螺栓要拧紧,尽量不使用活扳手。
(9) 装夹工件的基本要求:
① 夹紧力的大小应能保证加工过程中工件位置不发生变化。
② 夹紧力不应破坏工件定位时所处的正确位置。
③ 夹紧机构应能调节夹紧力的大小。
④ 因夹紧力所产生的工件变形和表面损伤不应超过所允许的范围。
⑤ 应有足够的夹紧行程。
⑥ 夹紧机构应具有动作快、操作方便、体积小和安全等优点,并具有足够的强度和刚度。

6. 铣削运动及其选择铣削用量

1) 铣削的基本运动

铣削是以铣刀的旋转运动为主运动,而以工件的直线或旋转运动或铣刀的直线运动为进给运动的切削加工方法,即铣削时工件与铣刀的相对运动称为铣削运动,它包括主运动和进给运动。

(1) 主运动。主运动是形成机床切削速度或消耗主要动力的运动。铣削运动中，铣刀的旋转运动是主运动。

(2) 进给运动。进给运动是使工件切削层材料相继投入切削，从而加工出完整表面所需要的运动。铣削运动中，工件的移动或转动、铣刀的移动等都是进给运动。另外，进给运动按运动方向可分为纵向进给、横向进给和垂直进给三种。

在整个切削过程中，工件上有3个不断变化着的表面，如图2-71所示。

① 待加工表面。
② 已加工表面。
③ 过渡表面。

2) 铣削用量

铣削用量是指在铣削过程中所选用的切削用量，是衡量铣削运动大小的参数。铣削用量包括4个要素，即铣削速度、进给量、铣削深度和铣削宽度，如图2-72所示。在保证被加工工件能获得所要求加工精度和表面粗糙度的情况下，根据铣床、刀具、夹具的刚度和使用条件，适宜地选择铣削速度、进给量、铣削深度和铣削宽度。

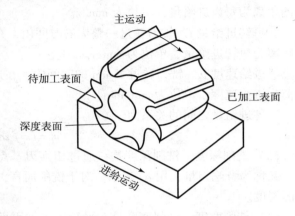

图2-71 铣削运动

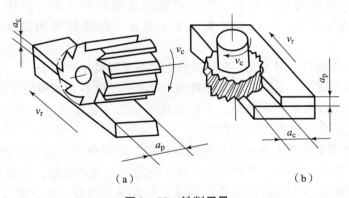

图2-72 铣削用量
(a) 周铣; (b) 端铣

(1) 铣削速度。主运动的线速度即为铣削速度，也就是铣刀刀刃上离中心最远的一点1 min内在被加工表面所走过的长度，用符号v_c表示，单位为m/min。在实际工作中，应先选好合适的铣削速度，然后根据铣刀直径计算出转速。它们的相互关系为

$$n = \frac{1\,000 v_c}{\pi d}$$

式中：v_c——铣削速度，m/min；
d——铣刀直径，mm；

n——转速，r/min。

如果在铣床主轴转速盘上找不到所计算出的转速，则应根据选低不选高的原则近似确定。

（2）进给量。进给量是指刀具在进给运动方向上相对于工件的位移量。根据具体情况的需要，在铣削过程中有三种表示方法和度量方式。

①每齿进给量 f_z。铣刀转过一个刀齿的时间内，在进给运动方向上工件相对于铣刀所移动的距离为每齿进给量，单位为 mm/z。

②每转进给量 f。铣刀转过一整周的时间内，在进给运动方向上工件相对于铣刀所移动的距离为每转进给量，单位为 mm/r。

③进给速度 v_f。铣刀转过 1 min 的时间内，在进给运动方向上工件相对于铣刀所移动的距离为进给速度，单位为 mm/min。

三种进给量之间的关系为

$$v_f = f = f_z z n$$

（3）铣削深度。铣削深度是在通过切削刃基点并垂直于工件平面的方向上测量的吃刀量，又称为背吃刀量，用 a_p 表示。对于铣削而言，其是沿铣刀轴线方向测量的刀具切入工件的深度。

（4）铣削宽度。铣削宽度是在平行于工件平面并垂直于切削刃基点的进给运动方向上测量的吃刀量，又称为侧吃刀量，用 a_e 表示。对于铣削而言，侧吃刀量是沿垂直于铣刀轴线方向测量的工件被切削部分的尺寸。

3）铣削用量的选择

（1）选择铣削用量的基本要求。铣削用量的选择是否合理将直接关系到铣削效果的好坏，即能否达到高效、低耗及优质的加工效果。选择铣削用量应满足以下基本要求。

①保证铣刀有合理的使用寿命，能够提高生产率及降低生产成本。

②保证铣削加工质量，主要是保证铣削加工表面的精度和表面粗糙度达到图纸要求。

③不超过铣床允许的动力和转矩，不超过铣削加工工艺系统（刀具、工具、机床）的刚度和强度，同时又充分发挥它们的潜力。

（2）选择铣削用量的基本方法。在铣削过程中，如果能在一定的时间内切除较多的金属，就有较高的生产率。显然，增大背吃刀量、铣削速度和进给量，都能增加金属切除量。但是，影响刀具寿命最显著的因素是铣削速度，其次是进给量，而背吃刀量对刀具影响最小。为了保证合理的刀具寿命，应当优先采用较大的背吃刀量，其次选择较大的进给量，最后才是根据刀具的寿命要求选择合适的铣削速度。

①选择背吃刀量。在铣削加工中，一般根据工件切削层的尺寸来选择铣刀。例如，用面铣刀铣削平面时，铣刀直径一般应大于切削层宽度。若用圆柱铣刀铣削平面，则铣刀长度一般应大于切削层宽度。当加工余量不大时，应尽量一次进给铣去全部加工余量。只有当工件的加工精度要求较高时，才分粗铣和精铣两步进行。

②选择进给量。应视粗、精加工要求分别选择进给量。

a. 粗加工时，影响进给量的主要因素是切削力。进给量主要根据铣床进给机构的强度、刀柄刚度、刀齿强度以及机床—夹具—工件系统的刚度来确定。在强度和刚度许可的情况下，进给量应尽量选得大一些。

b. 精加工时，影响进给量的主要因素是表面粗糙度。为了减小工艺系统的振动，降低已加工表面的残留表面积的高度，一般应选择较小的进给量。

常见铣刀加工的每齿进给量见表2-9。

表2-9 常见铣刀加工的每齿进给量 单位：mm

刀具名称	高速钢铣刀		硬质合金铣刀	
	铸铁	钢件	铸铁	钢件
圆柱铣刀	0.12~0.2	0.1~0.15	0.2~0.5	0.08~0.20
立铣刀	0.08~0.15	0.03~0.06	0.2~0.5	0.08~0.20
套式面铣刀	0.15~0.2	0.06~0.10	0.2~0.5	0.08~0.20
三面刃铣刀	0.15~0.25	0.06~0.08	0.2~0.5	0.08~0.20

③选择进给速度。在背吃刀量 a_p 与每齿进给量 f_z 确定后，可在保证合理的铣刀寿命的前提下确定铣削速度 v_c。

a. 粗铣时，确定铣削速度必须考虑到机床的允许功率。如果超过允许功率，则应适当降低铣削速度。

b. 精铣时，一方面应考虑合理的铣削速度，以抑制积屑瘤的产生，提高表面的质量；另一方面，由于刀尖磨损往往会影响加工精度，因此应选择耐磨性较好的刀具材料，并应尽可能使之在最佳的铣削速度范围内。

常见铣刀的铣削速度见表2-10。

表2-10 常见铣刀的铣削速度

工作材料	铣削速度 v_c/（m·min^{-1}）		说明
	高速钢铣刀	硬质合金铣刀	
20钢	20~45	150~190	
45钢	20~35	120~150	
40Cr	15~25	60~90	1. 粗铣时取小值，精铣时取大值； 2. 工件材料强度和硬度较高时取小值，反之取大值； 3. 刀具材料耐热性好时取大值，反之取小值
HT150	14~22	70~100	
黄铜	30~60	120~200	
铝合金	112~300	400~600	
不锈钢	16~25	50~100	

技能计算实施：

例2-1 用一把直径为100 mm的铣刀，以80 m/min的铣削速度进行铣削。问铣床主轴转速应调整到多少？

解： 已知 $D = 100$ mm，$v_c = 80$ m/min。

根据公式计算：

$$n = \frac{1\,000 v_c}{\pi D} = \frac{1\,000 \times 80}{\pi \times 100} \approx 255 \text{ (r/min)}$$

例 2-2 用一把直径为 40 mm、齿数为 4 的锥柄立铣刀铣削 45 钢，每齿进给量 f_z 为 0.05 mm/z，铣削速度 v_c 采用 30 m/min，求铣床的转速和进给量。

解： 已知 $v_c = 30$ m/min，$f_z = 0.05$ mm/z，$D = 40$ mm。

根据公式计算：

$$n = \frac{1\,000 \times 30}{\pi \times 40} \approx 239 \text{ (r/min)}$$

$$f = 0.05 \times 4 \times 235 = 47 \text{ (mm/min)}$$

7. 利用圆柱铣刀铣削平面

1）对刀调整背吃刀量的方法

实训步骤及操作方法：

第一步：机床各部分调整完毕，工件装夹校正后，开动机床，使铣刀旋转，然后手摇各个进给手柄，使工件处于旋转的铣刀下面。

第二步：手摇垂直进给手柄上升工作台，使铣刀轻轻划着工件。

第三步：手摇纵向进给手柄使工件离开铣刀，向上垂直进给调整好背吃刀量，将横向进给紧固。

第四步：手摇纵向进给手柄便工件接近铣刀，扳动纵向进给手柄，自动走刀铣去工件余量，如图 2-73 所示。走刀完毕，停止主轴旋转，降落工作台，将工件退回原位并卸下。

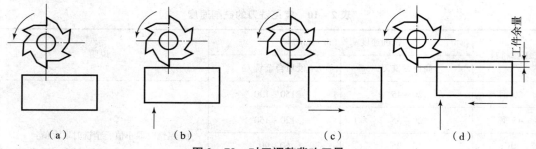

图 2-73 对刀调整背吃刀量

(a) 工件处于旋转的铣刀下；(b) 铣刀划着工件；(c) 工件离开铣刀；
(d) 调整背吃刀量切削工件

2）对刀方法

(1) 划线对刀。在工件上划出沟槽的尺寸、位置线，安装校正工件后，调整机床，使铣刀两侧刃对准工件所划的沟槽宽度线，将不使用的进给机构紧固，铣出沟槽。

(2) 侧面对刀。安装校正工件后，适当调整机床，使铣刀侧面轻轻与工件侧面接触，降落工作台，横向进给一个铣刀宽度，并使工件侧面到沟槽侧面的距离之和为 A（图 2-74），将横向进给紧固，调整切削深度并铣出沟槽。

用三面刃铣刀铣削精度要求较高的直角沟槽时，应选择小于直角沟槽宽度的铣刀，先铣好槽深，再扩铣出槽宽，如图2-75所示。

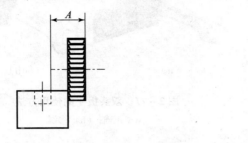

图2-74 侧面对刀　　　　　图2-75 铣好槽深后扩铣出槽宽

3）平面铣削方式

（1）顺铣与逆铣。顺铣时，铣刀对工件作用力的分力压紧零件，铣削较平稳，适于不易夹紧的工件及细长薄板零件的铣削。但是顺铣时，切削刃切入工件，工件表面的硬皮与杂质易加速刀具的磨损和损坏。同时，由于铣削分力与工件进给方向相同，当工作台间隙较大时，工作台会产生间断性窜动，导致刀齿损坏、刀杆弯曲，使工件与夹具产生位移。

（2）圆周逆铣的优缺点。逆铣时，切削刃沿已加工表面切入工件，零件表面硬皮对切削刃损坏较小。在铣床上进行圆周铣时，多采用逆铣。

（3）端铣。根据铣刀与工件之间的相对位置不同，可分为对称铣与非对称铣。

①对称铣。对称铣时，工件的中心处于铣刀中心，一半为逆铣，一半为顺铣。

②非对称铣。按切入边和切出边所占侧吃刀量的比例分为非对称顺铣与非对称逆铣。

注意事项：

①开机前应注意铣刀盘和刀头是否与工件、平口钳相撞。

②铣刀旋转后应检查铣刀旋转方向是否正确。

③切屑应飞向床身一侧，以免伤到操作者。

④进给结束，工件不能立即在旋转的铣刀下面退回，应先降落工作台，然后再退出工件。

任务四　鲁班锁工艺品零件质量检验及质量分析

（一）常用工具及检具

1. 铣工常用工具

1）双头扳手

双头扳手及其使用方法如图2-76和图2-77所示。

2）活络扳手

活络扳手结构及其使用方法如图2-78和图2-79所示。

图 2-76 双头扳手

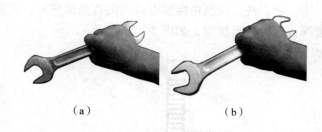

图 2-77 双头扳手的使用方法
(a) 正确；(b) 错误

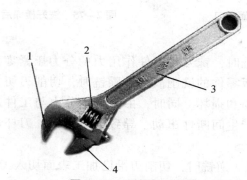

图 2-78 活络扳手结构
1—扳体；2—蜗杆；3—扳手体；4—扳口

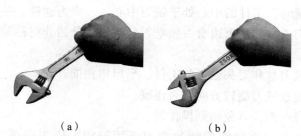

图 2-79 活络扳手的使用方法
(a) 正确；(b) 错误

3) 内六角扳手

内六角扳手实物如图 2-80 所示。

4) 月牙扳手

月牙扳手实物如图 2-81 所示。

5) 拉紧螺杆扳手

拉紧螺杆扳手实物如图 2-82 所示。

图 2-80 内六角扳手

2. 百分表

百分表是在零件加工或机器装配时检验尺寸精度和形状精度的一种量具。其测量精度为 0.01 mm，有 0~3 mm、0~5 mm 和 0~10 mm 三种规格。

图 2-81 月牙扳手

图 2-82 拉紧螺杆扳手

1）百分表的结构和用途

百分表的结构如图 2-83 所示，其主要由测量头、测量杆、指针、表盘和表圈等组成。常用的百分表有钟表式和杠杆式两种。百分表用于测量工件的形状误差、位置误差以及位移量，也可用比较法测量工件的长度。

2）刻线原理与读数

如图 2-84 所示，百分表测量杆上齿条的齿距为 0.625 mm，当测量杆上升 1 mm 时（上升 1 齿/0.625 = 1.6 齿），16 个齿的小齿轮 1 正好转过 1/10 周，而与其同轴的 100 个齿的大齿轮 1 也转过 1/10 周，与大齿轮 1 啮合的 10 个齿的小齿轮 2 连同大指针就转过了 1 周。

由此可知，测量杆上升 1 mm，大指针转过了 1 周。由于表盘上共刻有 100 个小格的圆周刻线，因此，大指针每转过 1 个小格，表示测量杆移动了 0.01 mm，故百分表的测量精度为 0.01 mm。

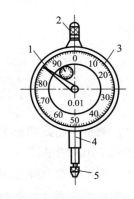

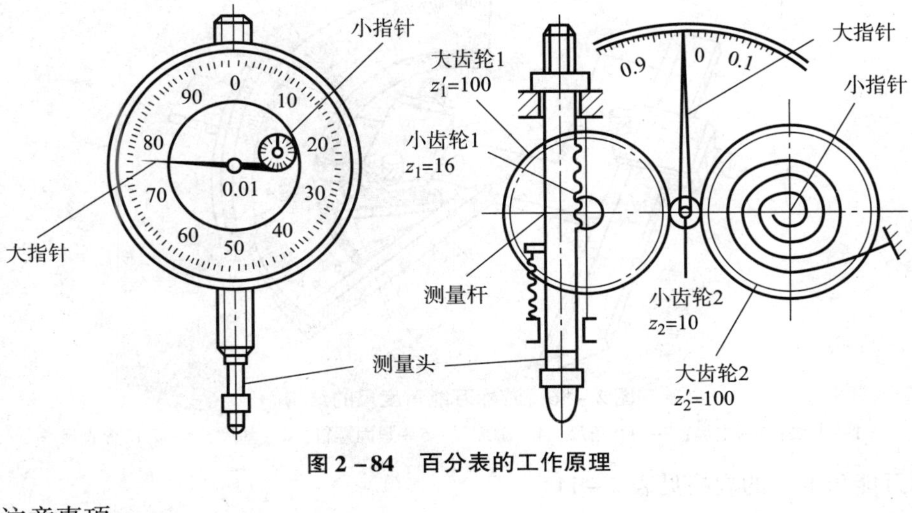

图 2-83 百分表的结构
1—指针；2—表圈；3—表盘；
4—测量杆；5—测量头

图 2-84 百分表的工作原理

3）注意事项

（1）百分表要装夹在百分表架或磁性表架上使用，如图 2-85 所示。通过表架上的接头即伸缩杆，可以调节百分表的上下、前后和左右位置。

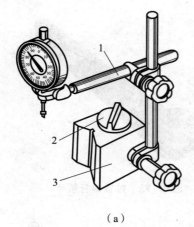
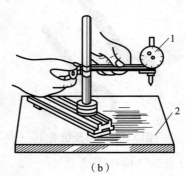

(a) (b)

图 2-85 百分表的安装方法
(a) 安装在磁性表架上；
1—表架；2—磁性开关；3—磁性表座
(b) 安装在万能表架上
1—百分表；2—平板

（2）测量平面或圆形工件时，百分表的测量头应与平面垂直或与圆柱形工件中心线垂直，否则百分表测量杆移动不灵活，测量的结果不准确。

（3）测量杆的升降范围不宜过大，以减少由于存在间隙而产生的误差。

3. 游标万能角度尺介绍

游标万能角度尺用来测量工件和样板内的内、外角度。

1）结构和规格

游标万能角度尺的结构如图 2-86 所示，主要由主尺、90°角尺、游标尺、制动器、基尺、紧固螺钉、刀口形直尺和卡块等组成。

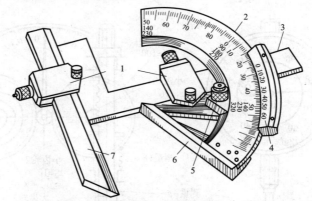

图 2-86 游标万能角度尺的结构
1—卡块；2—主尺；3—90°角尺；4—游标尺；5—紧固螺钉；6—基尺；7—刀口形直尺

游标万能角度尺的规格见表 2-11。

表 2-11 游标万能角度尺的规格

型式	测量精度	测量范围	公称长度		
			直尺测量面	附加直尺测量面	其他测量面
Ⅰ型	2′, 5′	0°~320°	≥150 mm	—	≥50 mm

2) 刻线原理与读数方法

游标万能角度尺的测量精度有 2′和 5′两种。下面以 2′精度为例,介绍游标万能角度尺的刻线原理。主尺刻线每格 1°,游标刻线将主尺上 29°所占的弧长等分为 30 格,每格所对应的角度为 (29/30)°,因此游标 1 格与主尺 1 格相差 2′。游标万能角度尺的读数方法与游标卡尺的读数方法相似,即先从主尺上读出游标零线左边的刻度整数,然后在游标上读出分数的数值(格数×2′),两者相加就是被测量工件的角度数值,如图 2-87 所示。

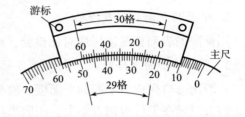

图 2-87 游标万能角度尺的刻线原理

3) 测量范围

Ⅰ型游标万能角度尺的测量范围为 0°~320°,共分四段,即 0°~50°、50°~140°、140°~230°、230°~320°,各测量段的 90°角尺、直角位置配置和测量方法如图 2-88 所示。

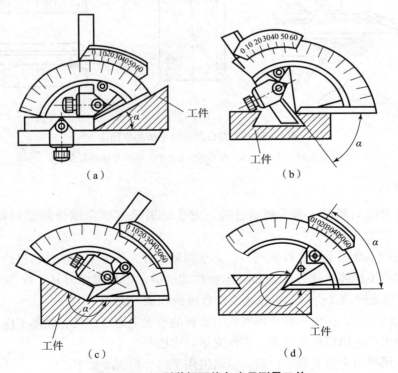

图 2-88 Ⅰ型游标万能角度尺测量工件
(a) 0°~50°;(b) 50°~140°;(c) 140°~230°;(d) 230°~320°

4)注意事项

(1) 根据测量工件的角度不同,正确选用直尺和90°角尺。

(2) 使用前要检查尺身和游标的零线是否对齐、基尺和直尺是否漏光。

(3) 测量时,工件应与角度尺的两个测量面接触良好,以减小误差。

(二) 零件平面的检测与质量分析

1. 平面检验量具

(1) 钢直尺。

(2) 游标卡尺。

2. 平面的表面粗糙度检验

用标准的表面粗糙度样块对比检验,或者凭经验用肉眼观察得出结论。

3. 平面的平面度检验

一般用刀口尺检验平面的平面度。检验时,手握刀口尺的尺体,向着光线强的地方,使尺子的刀口贴在工件被测表面上,用肉眼观察刀口与工件平面间的缝隙大小,确定平面是否平整。检测时,移动尺子,分别在工件的纵向、横向、对角线方向进行检测,如图2-89所示,最后测出整个平面的平面度误差。

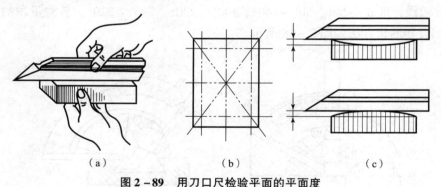

图2-89 用刀口尺检验平面的平面度

(a) 检测时的情况;(b) 在不同位置检测;(c) 平面凸起或凹下

4. 注意事项

(1) 调整背吃刀量时,若手柄摇过头,应注意消除丝杠和螺母间隙对移动尺寸的影响。

(2) 铣削中不准用手摸工件和铣刀,不准测量工件,不准变换工作台进给量。

(3) 铣削中不能停止铣刀旋转和工作台自动进给,以免损坏刀具、咬伤工件。若因故必须停机,则应先降落工作台,再停止工作台进给和铣刀旋转。

(4) 进给结束后,工件不能立即在铣刀旋转的情况下退回,应先降落工作台再退刀。

(5) 不使用的进给机构应紧固,工作完毕后应松开。

(6) 用机用平口虎钳夹紧工件后,应将机用平口虎钳扳手取下。

5. 零部件检验报告及分析

按照零部件检验报告完成鲁班锁零件的初检与复检,具体见表2-12。

表 2-12 零部件检验报告

编号：							
检验类别： □加工检验 □复查验证							
小组名称					抽检数		
零部件名称					图号		
勾选	检验项目	技术要求	检验规则	实测记录		合格勾选	备注
				Ac	Re		
	材质	材质应符合图纸要求的材质及状态	材质检测报告				
	印字	字形及大小、颜色应符合图纸技术要求	目测				
	零件外观	表面应光洁，无划痕、污渍等，表面处理应符合图纸技术要求的外观等级	目测				
	外形尺寸	外形尺寸应符合图纸要求	精密游标卡尺检测				
	装配质量	零部件应满足装配图纸技术要求	全检				
	表面粗糙度	加工表面粗糙度的公差要符合图纸要求	目测比对				
	关键孔径	关键孔径要符合图纸公差要求	精密游标卡尺检测				
	关键轴径	关键轴径要符合图纸公差要求	精密游标卡尺检测				
	关键线性尺寸	关键线性尺寸要符合图纸公差要求	精密游标卡尺检测				
结论：本零部件产品经检验符合要求，是□否□准予合格。							
检验：		审核：		指导教师：			

零件检测结束后,针对不合格项目进行分析,填写质量分析表。

1) 平面的表面粗糙度不符合要求

平面的表面粗糙度不符合要求,其原因如下:

(1) 铣刀刃口不锋利,铣刀刀齿圆跳动过大、进给过快。

(2) 不使用的进给机构没有紧固,挂架轴承间隙过大,切削时产生振动,加工表面出现波纹。

(3) 进给时中途停止主轴旋转和工作台自动进给,导致加工表面出现刀痕。

(4) 没有降落工作台,铣刀在旋转情况下退刀,咬伤工件加工表面。

2) 平面的平面度不符合要求

平面的平面度不符合要求,其原因如下:

(1) 圆柱铣刀的圆柱度不好,使铣出的平面不平整。

(2) 立铣时,立铣头零位不准;端铣时,工作台零位不准,铣出凹面。

找出产生原因,制定预防措施,其质量分析见表2-13。

表2-13 质量分析

序号	废品种类	产生原因	预防措施

四、项目评价考核

项目教学评价

项目组名					小组负责人		
小组成员					班级		
项目名称					实施时间		
评价类别	评价内容	评价标准	配分	个人自评	小组评价	教师评价
学习准备	课前准备	笔记收集、整理,自主学习	5			
学习过程	信息收集	能收集有效的信息	5			
	图样分析	能根据项目要求分析图样	10			
	方案执行	以加工完成的零件尺寸为准	35			
	问题探究	能在实践中发现问题,并用理论知识解释实践中的问题	10			
	文明生产	服从管理,遵守校规校纪和安全操作规程	5			
学习拓展	知识迁移	能实现前后知识的迁移	5			
	应变能力	能举一反三,提出改进建议或方案	5			
	创新程度	有创新建议提出	5			
学习态度	主动程度	主动性强	5			
	合作意识	能与同伴团结协作	5			
	严谨细致	认真仔细,不出差错	5			
总计			100			
教师总评 (成绩、不足及注意事项)						
综合评定等级(个人30%,小组30%,教师40%)						

项目三　东方明珠塔制作

一、项目导入

由图3-1可见："大珠小珠落玉盘"的东方明珠广播电视塔在白天很难给人珠圆玉润的感觉，这座上海的建筑比较适合拍夜景照片，白天则很像那些随处可见的铝合金城市雕塑，而且放大了几千倍。上海东方明珠广播电视塔位于浦东陆家嘴金融贸易区，高468 m，亚洲第一，世界第三[仅次于加拿大的加拿大国家电视塔（CN Tower）553 m及俄罗斯的莫斯科奥斯坦金诺电视塔540 m]。该建筑于1991年7月兴建，1995年5月投入使用，承担上海6套无线电视发射业务，覆盖半径80 km。塔体可供游览之处有：下球体及环廊，上球体及仓等。下球顶高118 m，设有观光环廊和梦幻太空城等；上球顶高295 m，有旋转茶室、餐厅和可容纳1 600人的观光平台；上下球之间有5个小球，是5套高空豪华房间。

图3-1　东方明珠广播电视塔

东方明珠广播电视塔结构复杂，由桩基、地下室、3组直筒体、3组斜筒体、7组环梁、单筒体和桅杆天线及11个球体组成，采用的是多筒结构，以风力作用作为控制主体结构的主要因素，主干是3根直径9 m、高287 m的空心擎天大柱，大柱间由6 m高的横梁连接；在93 m标高处，有3根直径7 m的斜柱支撑着，斜柱与地面呈60°交角。该建筑有425根基桩入地12 m，3个钢结构圆球分别悬挂在塔身112 m、295 m和350 m的高空，另有钢筋混凝土的建筑加3根近百米高的斜撑。整个建筑造型壮观独特，是名副其实的"东方明珠"。

二、项目描述

1. 项目目标

（1）根据给定样图编制轴套配合零件的加工工艺。
（2）根据工艺方案加工轴套配合零件。
（3）零件加工质量检验及质量分析。

2. 项目重点和难点

（1）轴套配合零件精度及技术要求分析。
（2）零件加工精度和配合精度的保证方法。
（3）软爪的正确使用。

3. 相关知识要点

（1）数控加工中应用刀具补偿保证尺寸精度的方法。
（2）软爪的镗削方法。
（3）轴套配合零件精度的保证方法及装配尺寸链的计算。

4. 项目准备

1）设备资源

所用机床为 CK6136 普及型数控车床 FANUC Oi Mate–TB，学生 30 人，每 3 人配 1 台，共 10 台机床，各种常用数控车刀若干把，通用量具及工具若干，如图 3-2 和图 3-3 所示。

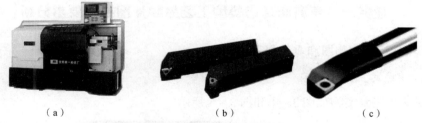

图 3-2　数控车床及车刀

(a) 数控车床；(b) 机夹式螺纹车刀；(c) 机夹式内孔车刀

刀片	铝加工刀片	车刀和镗刀片	金属陶瓷刀片

螺纹车刀刀片	切断刀和切槽刀	可焊式刀片	

图 3-3　常用车刀刀片及外形

2）原材料准备

LY12、45 钢、黄铜等。

3）相关资料

《机械加工手册》《金属切削手册》和《数控编程手册》。

4）项目小组及工作计划

（1）分组：每组学员为3~4人，注意强弱组合。

（2）编写项目计划（包括任务分配及完成时间），见表3-1。

表3-1 项目计划安排表

任务	内容	零件	时间安排/h	人员安排/人	备注
任务一	东方明珠塔模型工艺品零件图技术要求分析	零件1	1	1	任务可以同时进行，人员可以交叉执行
任务二	东方明珠塔模型工艺品的加工工艺	零件1	4	2	
任务三	东方明珠塔模型工艺品塔身零件螺纹加工内容及操作	零件1	8	3	
任务四	东方明珠塔模型工艺品塔身零件螺纹质量检验及质量分析	零件1	2	1	

三、项目工作内容

任务一 东方明珠塔模型工艺品零件图技术要求分析

（一）项目三维实物图和零件加工

1. 东方明珠塔三维实物图

东方明珠塔三维实物如图3-4和图3-5所示。

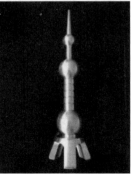

图3-4 东方明珠塔

2. 东方明珠塔零件图

东方明珠塔装配图如图3-6所示，其零件图如图3-7~图3-9所示。

项目三 东方明珠塔制作

（a）

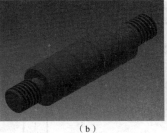
（b）

（c）

图 3-5 东方明珠塔分解图
（a）塔顶；（b）连接部分；（c）底座

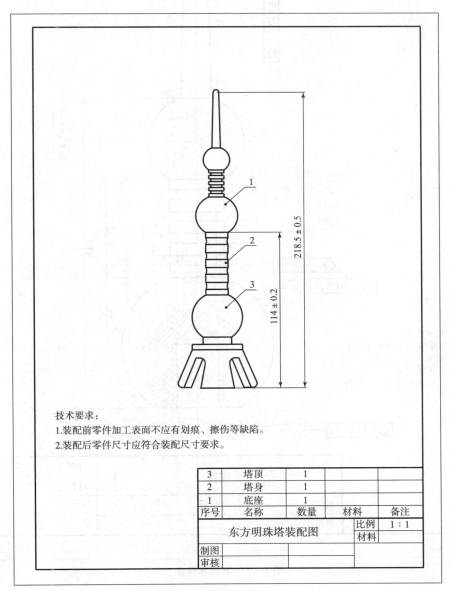

技术要求：
1.装配前零件加工表面不应有划痕、擦伤等缺陷。
2.装配后零件尺寸应符合装配尺寸要求。

3	塔顶	1		
2	塔身	1		
1	底座	1		
序号	名称	数量	材料	备注
东方明珠塔装配图			比例	1:1
			材料	
制图				
审核				

图 3-6 东方明珠塔装配图

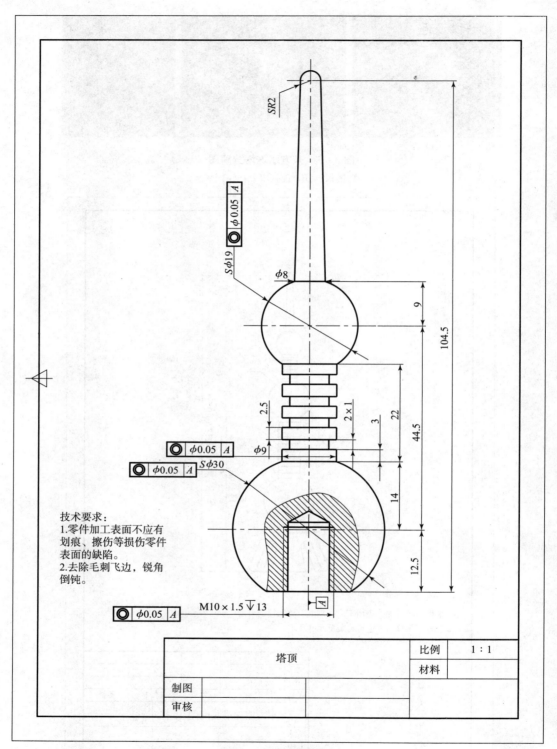

图 3-7 塔顶零件图

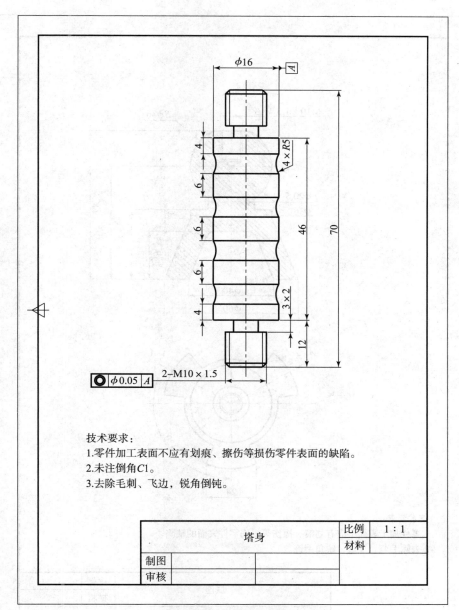

图3-8 塔身零件图

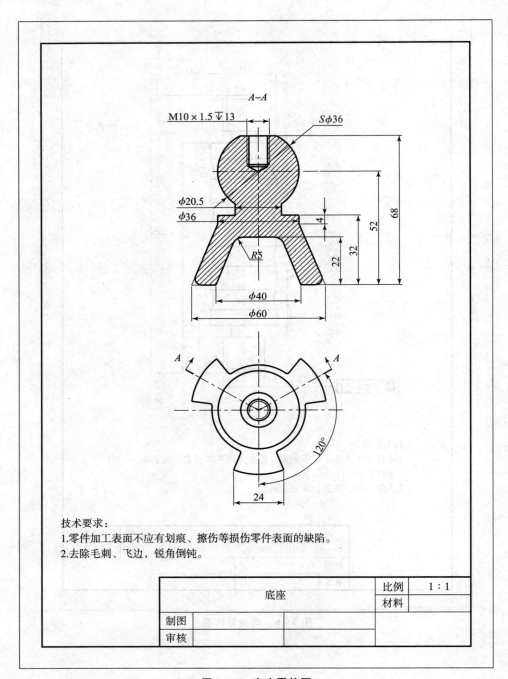

图 3-9 底座零件图

(二) 技术要求分析

东方明珠塔模型是轴类零件，件1、件2、件3组装后外圆接合处的间隙均为 0～0.05 mm。要保证该项精度，各零件加工后其螺纹及外圆面必须与外圆中心线有一定同轴度要求，各零件图样上的同轴度要求为 ϕ0.05 mm。因此，加工中只要保证零件的加工要求，该项精度就能保证。

三件组装后外圆接合面的错位应小于 0.04 mm。该项精度取决于配合面中心与外圆中心的同轴度以及外圆的尺寸精度。零件图样上的同轴度要求为 $\phi 0.05$ mm，外圆的尺寸公差为一般公差。因此，该项精度能够保证。

三件组装后的总长尺寸为 218 mm ± 0.5 mm。要保证该项装配的精度要求，必须重新确定各零件相关的尺寸精度。

任务二　东方明珠塔模型工艺品的加工工艺

(一) 相关知识准备

1. 按加工工艺方法分类的机床设备

1) 车床

常用的车床有普通车床和数控车床，如图 3-10 ~ 图 3-12 所示。

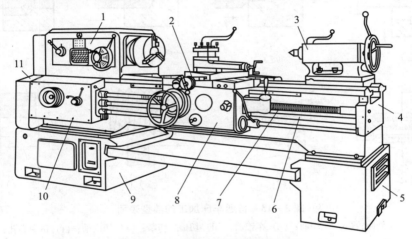

图 3-10　CA6140 型普通卧式车床

1—主轴箱；2—刀架；3—尾座；4—床身；5，9—床腿；6—光杠；7—丝杠；8—溜板箱；
10—进给箱；11—挂轮变速机构

图 3-11　CK6136 数控卧式车床

图 3-12　立式数控车床

车床主要用于加工回转体表面（图3-13），加工的尺寸公差等级为IT11～IT6，表面粗糙度 Ra 值为 $12.5～0.8\ \mu m$。车床种类很多，其中卧式车床应用最为广泛。

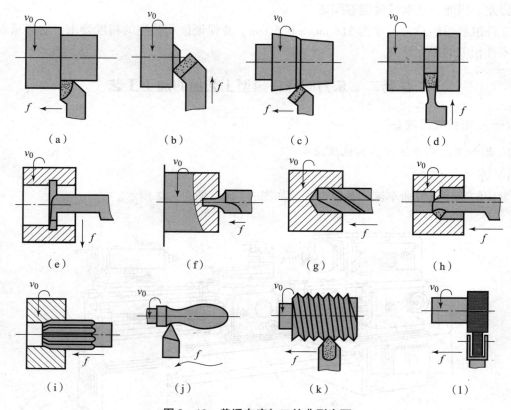

图3-13 普通车床加工的典型表面

(a) 车外圆；(b) 车端面；(c) 车锥面；(d) 切槽、切断；(e) 切内槽；(f) 钻中心孔；
(g) 钻孔；(h) 镗孔；(i) 铰孔；(j) 车成形面；(k) 车外螺纹；(l) 滚花

2）铣床

常用的铣床有升降台式铣床、龙门铣床和数控铣床（图3-14）等。

铣床可以铣削平面、台阶面、沟槽面、角度面、成形面及切断等，使用附件和工具还可以铣削齿轮、花键、螺旋槽、凸轮和离合器等复杂零件，也可以钻孔、镗孔或铰孔。铣削的加工范围如图3-15所示。

2. 夹具的分类

1）按使用特点分类

按使用特点，夹具可分为通用夹具、专用夹具、组合夹具和成组夹具。

(1) 通用夹具。通用夹具是指与通用机床配套并作为其附件的夹具，如车床的三爪自定心卡盘（图3-16）、四爪单动卡盘（图3-17），铣床的机用平口虎钳（图3-18）、圆转台（图3-19）、分度头（图3-20）等。

图3-14 数控铣床

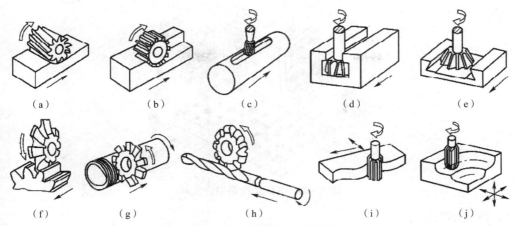

图 3-15　铣削的加工范围
(a),(b) 铣平面；(c) 铣键槽；(d) 铣T形槽；(e) 铣燕尾槽；(f) 铣齿形；
(g) 铣沟槽；(h) 铣螺旋槽；(i) 铣曲面；(j) 铣型腔

图 3-16　三爪自定心卡盘

图 3-17　四爪单动卡盘

图 3-18　机用平口虎钳

图 3-19　圆转台

图 3-20　分度头

(2) 专用夹具。专用夹具是指为某一工件的某道工序专门设计制造的夹具。专用夹具适用于产品固定、工艺相对稳定、批量大的工件的加工。

(3) 组合夹具。组合夹具指在夹具零部件标准化的基础上，针对不同的加工对象和加工要求，拼装组合而成的夹具。组合夹具组装迅速，周期短，能重复使用，特别适用于多品种、小批量生产或新产品试制，如图 3-21 所示。

(4) 成组夹具。成组夹具是指在成组加工中，适用于一组同类零件的夹具。经过调整（如更换、增加一些元件），可用来定位、夹紧一组零件。

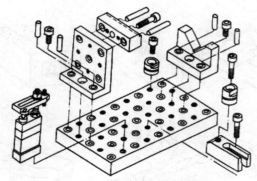

图 3-21　KD 型孔系组合夹具

2）按使用机床分类

按使用机床，夹具可分为车床夹具、铣床夹具、钻床夹具（又称钻模）、镗床夹具（又称镗模）和磨床夹具等。

3）按动力源分类

按动力源，夹具可分为手动夹具、气动夹具、液压夹具、电动夹具、电磁夹具和真空夹具等。

3. 机床夹具的作用

机床夹具具有以下几个作用。

1）保证加工精度

夹具的基本作用是保证工件定位面与加工面之间的位置精度，且有利于保证加工精度的一致性。

2）提高生产率、降低成本

快速地将工件定位和夹紧，可以缩短安装工件的辅助时间，同时保证稳定的加工质量和高成品率。使用机床夹具，还可降低对工人技术水平的要求，有利于降低生产成本。

3）减轻劳动强度

如电动、气动、液压夹紧等，可以减轻劳动强度。

4）扩大机床的工艺范围

如铣床上加一转台或分度头，就可加工有等分要求的工件；车床上加镗夹具，可代替镗床完成镗孔等。

4. 车床夹具介绍

车床夹具与其他夹具最大的不同是，夹具装在车床主轴上并与工件一起旋转，故要保证工件的回转轴线位置以及平衡和安全性要求等。

1）车床夹具的类型

车床上可选用的通用夹具较多，当工件形状比较复杂或生产率要求很高，通用夹具不适用时，才需要设计专用车床夹具。根据工件形状、结构和加工要求的不同，车床夹具有多种形式。

安装在车床主轴上的夹具：各种卡盘、顶尖及各种心轴或其他专用夹具。加工时夹具随机床主轴一起旋转，切削刀具做进给运动。三爪自定心卡盘、四爪单动卡盘、拨动顶尖、心轴及双顶尖装夹工件示意图分别如图 3-22～图 3-26 所示。

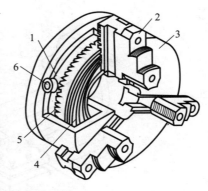

图 3-22 三爪自定心卡盘

1—小锥齿轮；2—卡爪；3—卡盘体；4—平面螺纹；5—大锥齿轮；6—方孔

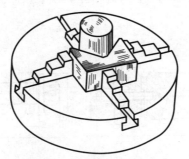

图 3-23 四爪单动卡盘

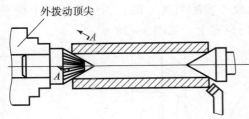
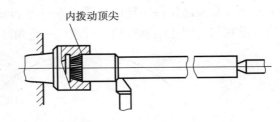

图 3-24 拨动顶尖

对于某些形状不规则及尺寸较大的工件，常常把夹具安装在车床滑板上，刀具则安装在车床主轴上，刀具做旋转运动，而夹具做进给运动。加工回转成形面的靠模即属于安装在车床滑板上的夹具。

2) 车床专用夹具的典型结构

(1) 心轴类车床夹具。心轴类车床夹具多用于工件以内孔作为定位基准，加工外圆柱面的情况。常见的车床心轴有锥柄式心轴、顶尖式心轴等，如图 3-27 所示。

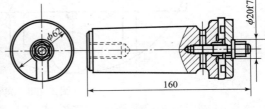

图 3-25 心轴

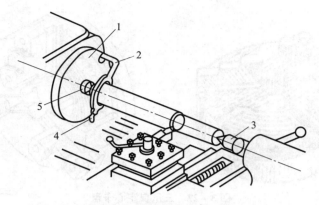

图 3-26 双顶尖装夹工件

1—拨盘；2—卡头；3—后顶尖；4—夹紧螺钉；5—前顶尖

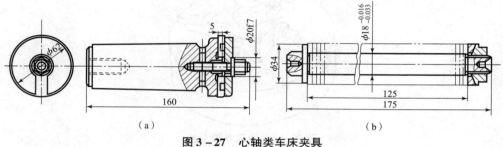

图 3-27 心轴类车床夹具

（a）锥柄式心轴；（b）顶尖式芯轴

（2）角铁式车床夹具。角铁式车床夹具是类似角铁的夹具体，它常用于加工壳体、支座及接头类零件上的圆柱面及端面。当被加工工件的主要定位基准是平面，被加工面的轴线对主要定位基准面保持一定的位置关系（平行或成一定的角度）时，相应地夹具上的平面定位件设在与车床主轴轴线相平行或成一定角度的位置上，如图 3-28 所示。

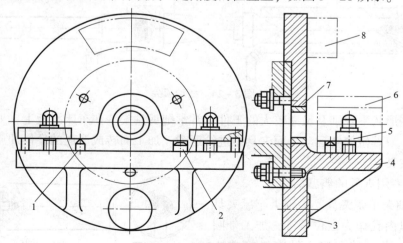

图 3-28 角铁式车床夹具

1—削边销；2—圆柱销；3—夹具体；4—支承板；5—压板；6—工件；7—导向套；8—手衡铁块

(3) 花盘式车床夹具。花盘式车床夹具的夹具体为圆盘形。在花盘式夹具上加工的工件一般形状都比较复杂,多数情况下工件的定位基准为圆柱面及与其垂直的端面。夹具上的平面定位件与车床主轴的轴线相垂直,如图3-29所示。

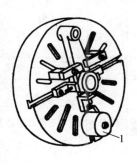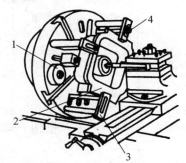

图3-29 花盘式车床夹具
1—平衡块;2—工件;3—压板;4—螺栓

(4) 安装在拖板上的车床夹具。通过机床改装(拆去刀架、小拖板)使其固定在大拖板上,工件做直线运动,刀具则转动。这种方式扩大了车床的用途,以车代镗,解决了大尺寸工件无法安装在主轴上或转速难以提高的问题。

(二)东方明珠塔模型零件结构特点

1. 东方明珠塔模型的结构特点及技术要求分析

东方明珠塔模型是车削加工中常见的轴类典型零件模型,零件由内、外圆柱面,内沟槽,内螺纹,平面及圆弧等组成,结构复杂,加工部位多,且对配合精度和表面粗糙度有较高要求,适合数控车削加工,其中外圆直径尺寸精度和表面粗糙度要求最高。加工表面由端面、外圆面、外轮廓、螺纹等组成,尺寸标注完整,轮廓描述清晰。该类零件通常需经车端面、钻孔、扩孔、镗孔或铰孔、车螺纹及车外轮廓等工步才能完成。按编写工艺设计说明书,制定轴套配合零件的工艺规程,加工零件并进行质量检验及质量分析。下面介绍其加工工艺。

2. 东方明珠塔模型加工工艺编制

东方明珠塔模型单件加工的工艺过程见表3-2~表3-4。

表3-2 东方明珠塔模型—塔顶数控加工工艺过程

数控加工工艺过程综合卡片		产品名称	零件名称	零件图号	材料
厂名(或院校名称)		东方明珠塔模型工艺品	塔顶		45钢
序号	工序名称	工序内容及要求	工序简图	设备	工夹具
05	下料	棒料 φ36 mm×110 mm(留夹持量)	略	锯床	略

续表

数控加工工艺过程综合卡片			产品名称	零件名称	零件图号	材料	
厂名（或院校名称）			东方明珠塔模型工艺品	塔顶		45钢	
序号	工序名称	工序内容及要求	工序简图			设备	工夹具
10	加工塔顶外圆	车削外形和 $S\phi19$ mm 及 $S\phi30$ mm 的圆球部分				CAK3675	三爪自定心卡盘
15	加工塔顶内孔	掉头装夹，车削 $\phi30$ mm 外圆面，钻孔，攻丝 M10×1.5	略			CAK3675	三爪自定心卡盘
20	加工塔顶球头	车削加工 $S\phi30$ mm 左半球	略			CAK3675	螺纹心轴

表3-3 东方明珠塔模型—塔身数控加工工艺过程

数控加工工艺过程综合卡片			产品名称	零件名称	零件图号	材料	
厂名（或院校名称）			东方明珠塔模型工艺品	塔身		45钢	
序号	工序名称	工序内容及要求	工序简图			设备	工夹具
05	下料	棒料 $\phi20$ mm×72 mm（留夹持量）	略			锯床	略
10	加工连接杆件	装夹毛坯 $\phi20$ mm，车削外圆 $\phi16$ mm×60 mm 及车螺纹 M10×1.5、沟槽 3 mm×2 mm 及圆弧 4×$R5$ mm	略			CAK3675	三爪自定心卡盘
15	加工连接杆件	掉头，装夹 $\phi16$ mm 外圆，车削螺纹 M10×1.5 和沟槽 3 mm×2 mm	略			CAK3675	三爪自定心卡盘

表 3-4　东方明珠塔模型—塔座数控加工工艺过程

数控加工工艺过程综合卡片			产品名称	零件名称	零件图号	材料	
厂名（或院校名称）			东方明珠塔模型工艺品	塔座		45钢	
序号	工序名称	工序内容及要求	工序简图			设备	工夹具
05	下料	棒料 φ65 mm×100 mm（留夹持量）	略			锯床	略
10	加工塔座外圆	装夹毛坯外圆，车削 φ60 mm 至长度 25 mm，以外圆作为装夹面	略			CAK3675	三爪自定心卡盘
15	加工塔座	夹 φ60 mm 外圆，车削 Sφ36 mm 半球、φ36 mm 外圆及圆锥体，钻孔，加工内螺纹 M10	略			CAK3675	三爪自定心卡盘
20	加工塔座	掉头，装夹 φ36 mm 外圆，镗孔	略			CAK3675	三爪自定心卡盘
25	加工塔座	切 φ20.5 mm 槽，车削 Sφ36 mm 半球	略			CAK3675	螺纹心轴
30	铣削塔座	等分铣削塔座三面	略			X6136	螺纹心轴、分度头

以东方明珠塔顶为例：加工路线及加工工艺安排见表 3-5 ~ 表 3-8。

表 3-5　东方明珠塔顶加工路线单

机械加工路线单			产品型号		文件编号		共1页
					版本号		第1页
零件名称	塔顶零件	零件图号			生产车间		
工序	工种	作业内容	制造单位		机床		备注
					名称	型号	
05		下料			下料机		
10	数控车工	按第10道序加工			数控车床	CAK3675	
15	数控车工	按第15道序加工			数控车床	CAK3675	

续表

机械加工路线单			产品型号			文件编号			共1页
						版本号			第1页
零件名称		塔顶零件	零件图号			生产车间			
工序	工种	作业内容		制造单位		机床			
						名称	型号		备注
20	数控车工	按第20道序加工				数控车床	CAK3675		
25	检验	按零件图检验							
							编写	校对	审批
标记	处数	更改文件号	更改者	日期	标记	处数	更改文件号	更改者	日期

表3-6 东方明珠塔顶加工工艺安排表（一）

零件名称	塔顶零件		工序号	10	机床名称	数控车床	文件编号		共3页
零件图号		机械加工作业指导书	工种	数车	机床型号	CAK3675	版本号		第1页
加工车间			材料	尼龙	工装名称		工装编号		
工步号	工步内容		切削用量			夹具	刀具	检验量具	检验频次
			切削深度 /mm	转速 /(r·min^{-1})	进给量 /(mm·r^{-1})				
1	夹毛坯外圆，车端面		1.0	800	0.2	三爪自定心卡盘	90°外圆车刀		
2	车$\phi 8$ mm 锥体、$SR2$ mm 至长度要求		1.0	800	0.1		90°外圆车刀	0~150 mm 游标卡尺	
3	车圆球 $S\phi 19$ mm 右半球			800	0.1		90°外圆车刀		
4	车左侧外圆槽$\phi 9$ mm 至长度 22 mm		1	800	0.08		3 mm 切槽刀		
5	车圆球 $S\phi 19$ mm 左半球		0.5	800	0.08		3 mm 切槽刀	0~150 mm 游标卡尺	

续表

零件名称	塔顶零件	机械加工作业指导书	工序号	10	机床名称	数控车床	文件编号		共3页
零件图号			工种	数车	机床型号	CAK3675	版本号		第1页
加工车间			材料	尼龙	工装名称		工装编号		
工步号	工步内容		切削用量			夹具	刀具	检验量具	检验频次
			切削深度/mm	转速/(r·min^{-1})	进给量/(mm·r^{-1})				
6	车圆球 Sϕ30 mm 右半球及外圆至长度要求		1.0	1 200	0.2		30°外圆车刀		
								编写	校对	审批
标记	处数	更改文件号	更改者	日期	标记	处数	更改文件号	更改者	日期

表 3-7 东方明珠塔顶加工工艺安排表（二）

零件名称	塔顶零件	机械加工作业指导书	工序号	15	机床名称	数控车床	文件编号		共3页
零件图号			工种	数车	机床型号	CAK3675	版本号		第2页
加工车间			材料	尼龙	工装名称		工装编号		
工步号	工步内容		切削用量			夹具	刀具	检验量具	检验频次
			切削深度/mm	转速/(r·min^{-1})	进给量/(mm·r^{-1})				
1	夹 ϕ30 mm 外圆，车端面，保证总长 104.5 mm		1.0	800	0.2	三爪自定心卡盘	90°外圆车刀	0~150 mm 游标卡尺	
2	钻孔，攻丝 M10×1.5 至长度要求		600（钻孔），100（攻丝）		0.1	三爪自定心卡盘	ϕ8.5 mm 钻头，攻丝 M10×1.5		
								编写	校对	审批
标记	处数	更改文件号	更改者	日期	标记	处数	更改文件号	更改者	日期

表 3-8 东方明珠塔顶加工工艺安排表（三）

零件名称	塔顶零件	机械加工作业指导书	工序号	20	机床名称	数控车床	文件编号		共 3 页
零件图号			工种	数车	机床型号	CAK3675	版本号		第 3 页
加工车间			材料	尼龙	工装名称		工装编号		

工步号	工步内容	切削用量			夹具	刀具	检验量具	检验频次
		切削深度 /mm	转速 /(r·min^{-1})	进给量 /(mm·r^{-1})				
1	车削 Sϕ30 mm 左半球	0.5	800	0.08	螺纹心轴	3 mm 切槽刀	0~150 mm 游标卡尺	
							编写	校对	审批
标记	处数	更改文件号	更改者	日期	标记	处数	更改文件号	更改者	日期

3. 东方明珠塔顶模型加工的工艺过程分析

（1）东方明珠塔顶内螺纹轴图 3-7 为典型的带有内螺纹孔及成形面的轴类零件，结构比较简单，但精度要求高，适合在数控车床上加工。各外圆、球体尺寸分别为 Sϕ30 mm、Sϕ19 mm、ϕ8 mm、SR2 mm，螺纹内孔与外圆及球体的同轴度要求为 0.05 mm。

（2）根据技术要求，零件外圆曲面过渡应光滑、无接刀痕，且尺寸精度和表面粗糙度要求较高。因此，外圆面需一次装夹加工完成，并按粗车、半精车、精车三个工步进行车削。这样，毛坯料需留出夹持量，并车出工艺台作为定位基准。

（3）东方明珠塔顶内螺纹孔与外圆的同轴度要求及大端面与外圆中心线的垂直度要求都很高。因此，以 ϕ30 mm 外圆为基准，加工大端面及内螺纹时，必须采用软爪装夹工件，并用百分表找正，才能保证加工要求。另外，车端面时要保证总长尺寸，并在软爪内设置轴向定位装置。

4. 刀具及切削用量的选择

根据上述对塔顶模型零件特点及要求进行分析，选择刀具，见表 3-9。

表 3-9 刀具切削参数

序号	加工面	刀具号	刀具规格		主轴转速 n/(r·min^{-1})	进给速度 v/(mm·min^{-1})
			类型	材料		
1	外圆粗车	T0101	90°外圆车刀（机夹式）	涂层刀	800	0.2
2	外圆精车	T0202	30°外圆车刀（机夹式）		1 200	0.1
3	切槽	T0303	3 mm 硬质合金刀		800	0.08
4	钻孔	T0404	ϕ8.5 mm 钻头		1 600	0.1

5. 东方明珠塔模型数控加工的参考程序

塔顶模型的加工程序。

数控车床,系统为:FANUC 系统。

注:T0101 为 90°外圆车刀,T0202 为 30°外圆车刀(机夹式),T0303 为 3 mm 硬质合金刀,T0404 φ8.5 m 钻头。

O0001;	程序号
G97 G99 G40 G21;	取消刀具补偿,初始化
T0101 M03 S800;	换 1 号刀,主轴正转,转速 800 r/min
G00 X35.0 Z2.0;	快速进刀至循环起点
G71 U1.0 R1.0;	定义 G71 粗车循环,吃刀量 1.0 mm,退刀量 1.0 mm
G71 P1 Q2 U0.2 W0.1 F0.2;	精车路线由 N1、N2 指定,X 方向精车余量 0.2 mm,Z 方向精车余量 0.1 mm,进给量 0.2 mm/r
N1 G00 X0;	
G01 Z0;	
G03 X4.0 Z-2.0 R2.0;	N1 至 N2 精加工轮廓循环
N2 G01 X8.0 Z-38;	
G70 P1 Q2 F0.1 S1200;	
G00 X38.0 Z-36.0;	更换循环起始点
G71 U1.0 R1.0;	
G71 P3 Q4 U0.2 F0.2;	
N3 G00 X8.0;	
G01 Z-38.0;	
G03 X19.0 W-9.0 R9.5;	
N4 G01 W-30.0;	
G70 P3 Q4 F0.1 S1200;	定义 G70 精车循环,精车各外圆面
G00 X150 Z150;	快速退刀至换刀点
T0303 M03 S800;	换 3 号刀,主轴正转,转速 800 r/min
G00 X25.0 Z-60.0;	
G75 R0.8;	
G75 X9.0 Z-77.0 P1000 Q2500 F0.08;	
G00 X25.0 Z-60.0;	
G72 W1.0 R1.0;	
G72 P5 Q6 U0.2 F0.08;	
N5 G00 Z-51.0;	Z 方向进刀
G01 X19.0;	X 方向进刀
N6 G03 X9.0 Z-59.0 R9.5;	车削 $S\phi$19 mm 左半球
G70 P5 Q6 F0.1;	精车循环
G00 X100.0;	X 方向退刀

```
G00 Z150.0;                    快速退刀至换刀点
T0404 M03 S800;
G00 X25.0 Z-61.0;
G01 X8.0 F0.08;
G00 X12.0;
W-4.5;
G01 X8.0 F0.08;
G00 X12.0;
W-4.5;
G01 X8.0 F0.08;
G00 X12.0;
W-4.5;
G01 X8.0 F0.08;
G00 X150.0;
Z150.0;
T0202 M03 S1200;               换2号刀
G00 X35.0 Z-75.0;
G71 U1.0 R1.0;
G71 P7 Q8 U0.2 F0.2;
N7 G00 X9.0;
G01 Z-77.0;
G03 X30.0 W-14.5 R15.0;        车削 S$\phi$30 右半球
N8 G01 Z-105.0
G70 P7 Q8 F0.1 S1200;
G00 X150.0 Z150.0;
M05;
M30;
```

任务三　东方明珠塔模型工艺品塔身零件螺纹加工内容及操作

（一）相关数控车刀介绍

1. 数控车削刀具的基本要求

（1）粗车时为了提高效率，需要吃刀大、走刀快，要求粗车刀具强度高、耐用度好。

（2）精车时为保证精加工质量，要求精车刀具精度高。

（3）为减少换刀时间和方便对刀，应尽可能多地采用机夹刀。

（4）刀片应能可靠地断屑或卷屑。

（5）寿命长，切削性能稳定、可靠，或刀片耐用度的一致性好，以便于使用刀具寿命管理功能。

2. 常用车刀的种类、形状和用途

常用车刀的种类、形状和用途如图3-30和图3-31所示。

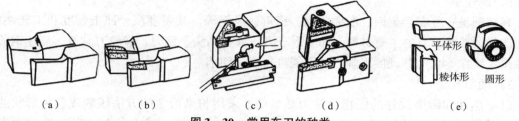

图3-30 常用车刀的种类
(a) 整体式；(b) 焊接式；(c) 机夹式；(d) 可转位式；(e) 成形车刀

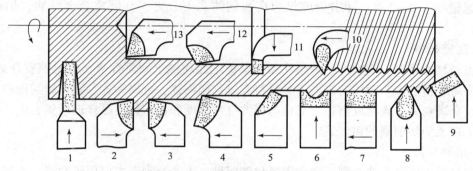

图3-31 常用车刀的形状和用途
1—切断刀；2—90°左偏刀；3—90°右偏刀；4—弯头车刀；5—直头车刀；
6—成形车刀；7—宽刃精车刀；8—外螺纹车刀；9—端面车刀；
10—内螺纹车刀；11—内槽车刀；12—通孔车刀；13—盲孔车刀

3. 机夹可转位车刀的类型

机夹可转位车刀的类型如图3-32所示。

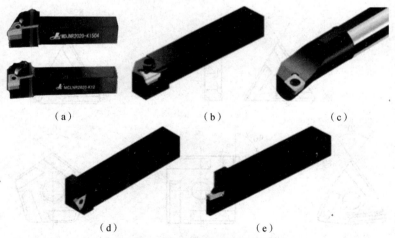

图3-32 机夹可转位车刀的类型
(a) 外圆、端面车刀；(b) 外圆车刀；(c) 内孔车刀；
(d) 螺纹车刀；(e) 切断、切槽刀

4. 常用刀具材料

目前，车刀常用刀具材料有高速钢、硬质合金、陶瓷材料和超硬材料四大类。

1）高速钢

高速钢是一种高合金钢，俗称白钢、锋钢、风钢等。其强度高、冲击韧度和工艺性好，是制造复杂形状刀具的主要材料，如成形车刀、麻花钻头、铣刀、齿轮刀具等。高速钢的耐热性差，约在640 ℃其硬度下降，故不能进行高速切削。

2）硬质合金

以耐热性和耐磨性好的碳化物钴为黏结剂，采用粉末冶金的方法压制成各种形状的刀片，然后用铜钎焊的方法焊在刀头上作为切削刀具的材料。硬质合金的耐磨性和硬度比高速钢高得多，硬质合金刀具允许的切削速度比高速钢刀具大5～10倍。但它的抗弯强度只有高速钢的1/2～1/4，冲击韧度仅为高速钢的几十分之一。硬质合金性脆，怕冲击和振动。

3）陶瓷材料

陶瓷材料的硬度、耐磨性、耐热性和化学稳定性均优于硬质合金，但比硬质合金更脆，目前主要用于精加工。现用的陶瓷刀具材料有氧化铝陶瓷、金属陶瓷、碳化硅陶瓷和复合陶瓷四种。金属陶瓷、碳化硅陶瓷与复合陶瓷的抗弯强度和冲击韧度已接近硬质合金，可用于半精加工以及加切削液的粗加工。

4）超硬材料

超硬材料主要有人造金刚石和立方氮化硼两种。人造金刚石主要用于磨料，磨削硬质合金，也可用于有色金属及其合金的高速精细车削和镗削；立方氮化硼适于精加工脆硬钢、高温合金、热喷涂材料、硬质合金及其他难加工材料。

5. 机夹可转位车刀片

可转位车刀刀片的类型有T型、F型、W型、S型、P型、D型、R型和C型等，如图3-33所示。图3-34所示为两种典型机夹车刀片的几何参数。

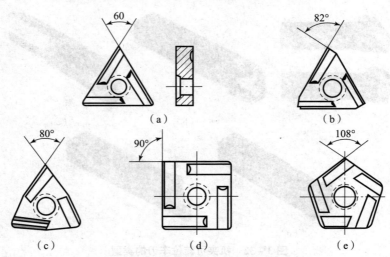

图3-33 常见可转位车刀刀片形状
(a) T型；(b) F型；(c) W型；(d) S型；(e) P型

图 3-33 常见可转位车刀刀片形状（续）

(f) D 型；(g) R 型；(h) C 型

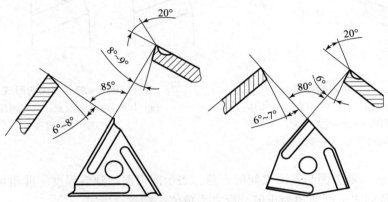

图 3-34 两种典型机夹车刀的几何参数

6. 刀片夹紧方式

刀片夹紧方式如图 3-35 所示。

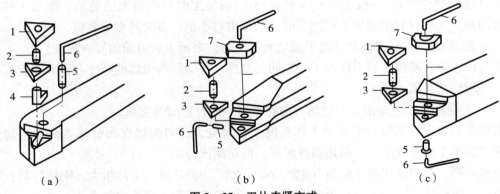

图 3-35 刀片夹紧方式

(a) 杠杆式；(b) 楔块式；(c) 楔块上压式

1—刀片；2—销；3—刀垫；4—杠杆；5—螺钉；6—扳手；7—楔块

7. 车刀组成及车刀角度

车刀是形状最简单的单刃刀具，其他各种复杂刀具都可以看作车刀的组合和演变，有关车刀角度的定义，均适用于其他刀具。

1) 车刀的组成

车刀由刀头（切削部分）和刀体（夹持部分）两部分组成。车刀的切削部分是由三面、二刃、一尖所组成的,即一点、二线、三面,如图3-36和图3-37所示。

2) 车刀角度

车刀的主要角度有前角 γ_0、后角 α_0、主偏角 κ_r、副偏角 κ_r' 和刃倾角 λ_s。

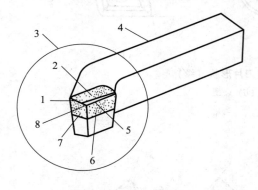  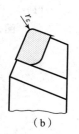 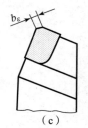

图3-36 车刀的组成
1—副切削刃;2—前刀面;3—刀头;4—刀体;
5—主切削刃;6—主后刀面;
7—副后刀面;8—刀尖

图3-37 刀尖的形成
(a) 切削刃的实际交点;(b) 圆弧过渡刃;
(c) 直线过渡刃

(1) 前角 γ_0。前刀面与基面之间的夹角,表示前刀面的倾斜程度。前角可分为正、负、零,前刀面在基面之下则前角为正值,反之为负值,相重合为零。

前角的作用:增大前角,可使刀刃锋利、切削力降低、切削温度降低,并可减小刀具磨损,且表面加工质量高。但过大的前角会使刃口强度降低,容易造成刃口损坏。

选择原则:用硬质合金车刀加工钢件(塑性材料等),一般选取 $\gamma_0 = 10° \sim 20°$;加工灰口铸铁(脆性材料等),一般选取 $\gamma_0 = 5° \sim 15°$。精加工时可取较大的前角,粗加工时应取较小的前角。工件材料的强度和硬度大时,前角取较小值,有时甚至取负值。

(2) 后角 α_0。主后刀面与切削平面之间的夹角,表示主后刀面的倾斜程度。

后角的作用:减少主后刀面与工件之间的摩擦,并会影响刃口的强度和锋利程度。选择原则:一般后角可取 $\alpha_0 = 6° \sim 8°$。

(3) 主偏角 κ_r。主切削刃与进给方向在基面上的投影间的夹角。

主偏角的作用:影响切削刃的工作长度、切深抗力、刀尖强度和散热条件。主偏角越小,则切削刃工作长度越长、散热条件越好,但切深抗力越大。

选择原则:车刀常用的主偏角有45°、60°、75°、90°几种。工件粗大、刚性好时,可取较小值。车细长轴时,为了减小径向力而引起工件弯曲变形,宜选取较大值。

(4) 副偏角 κ_r'。副切削刃与进给方向在基面上的投影间的夹角。

副偏角的作用:影响已加工表面的表面粗糙度,减小副偏角可减小已加工表面的表面粗糙度值。

选择原则:一般取 $\kappa_r' = 5° \sim 15°$,精车时可取 $5° \sim 10°$,粗车时取 $10° \sim 15°$。

(5) 刃倾角 λ_s。主切削刃与基面间的夹角,刀尖为切削刃最高点时为正值,反之为负值。

刃倾角的作用:主要影响主切削刃的强度和控制切屑流出的方向。以刀杆底面为基准,当刀尖为主切削刃最高点时,λ_s 为正值,切屑流向待加工表面;当主切削刃与刀杆底面平行时，$\lambda_s=0°$，切屑沿着垂直于主切削刃的方向流出；当刀尖为主切削刃最低点时，λ_s 为负值，切屑流向已加工表面。

选择原则：一般 λ_s 在 $0°\sim\pm5°$ 内选择。粗加工时常取负值，虽切屑流向已加工表面，但保证了主切削刃的强度。精加工时常取正值，使切屑流向待加工表面，从而不会划伤已加工表面。

（二）数控机床基本操作技能介绍

1. FANUC Oi Mate – TC 系统操作面板介绍

如图 3 – 38 所示，系统面板位于机床操作面板的上方、显示单元的右侧。

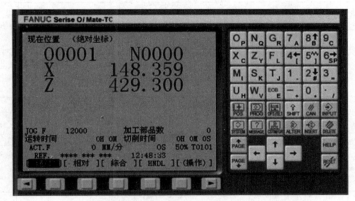

图 3 – 38 FANUC Oi Mate – TC 数控机床数控系统面板

系统操作面板按键功能见表 3 – 10。

表 3 – 10 系统操作面板按键功能

按键	名称	功能说明
POS	位置显示键	显示坐标位置画面
PROG	程序键	显示程序画面
OFS/SET	参数输入键	显示刀偏或设定画面
SYSTEM	系统参数键	显示系统画面
CUSTOM GRAPH	图形显示键	显示图形画面
MESSAGE	报警信息键	显示报警信息画面

续表

按键	名称	功能说明
 SHIFT	切换键	用于上下字母的切换
 CAN	取消键	用于取消输入区域内的数据
 INPUT	输入键	用于修改参数等操作
 ALTER	替换键	用输入的数据替代光标所在位置的数据
 INSERT	插入键	输入程序及把输入区域中的数据插入当前光标所在位置之后的位置
 DELETE	删除键	删除光标所在位置的数据或程序
 HELP	帮助键	用于查看帮助信息
 RESET	复位键	在自动方式下终止当前加工程序、机床的所有动作，停止和取消部分报警
 PAGE PAGE	翻页键	向上或向下翻页
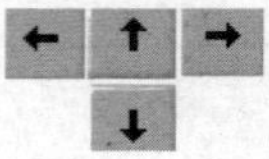 ← ↑ → ↓	光标移动键	上、下、左、右移动光标
 EOB E	换行键	分号";"，用于程序段的结束或换行
 O P	地址和数字键	按下这些键可以输入字母、数字或者其他字符
 ◄	软键	根据不同的画面，软键有不同的功能。软键功能显示在屏幕的底端

2. FANUC Oi Mate – TC 系统数控机床操作面板介绍

FANUC Oi Mate – TC 系统数控机床操作面板及各开关、按钮的功能与使用如图 3–39 和表 3–11 所示。

项目三 东方明珠塔制作

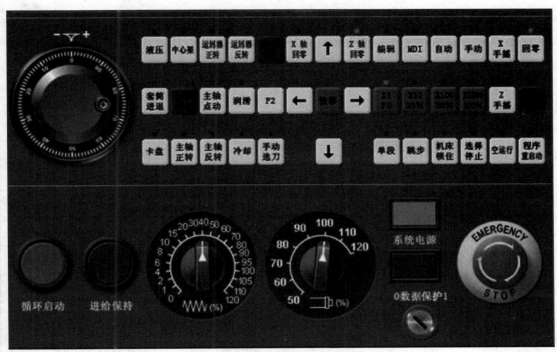

图 3-39 数控机床操作面板

表 3-11 操作面板上各开关及按钮的功能与使用

序号	类别	按钮	名称	功能说明
1	电源开关	OFF ON	机床总电源开关	机床总电源开关一般位于机床的背面，在使用时必须先将主电源开关置于"ON"
		系统电源 电源开	机床电源开	按下"电源开"按钮，机床处于自检状态，并向机床润滑、冷却等机械部分及系统供电
		电源关	机床电源关	"电源关"为关闭系统电源的开关

· 105 ·

续表

序号	类别	按钮	名称	功能说明
2	紧急按钮	 急停	紧急停止按钮	当出现紧急情况而按下该按钮时，机床及CNC装置随即处于急停状态。这时在屏幕上出现"EMG"字样，机床报警指示灯亮。 要消除急停状态，可顺时针转动"急停"按钮，使按钮向上弹起，并按下复位键"RESET"即可
3	模式选择按钮	 编辑	编辑	按下该按钮，可以对储存在内存中的程序数据进行编辑操作
		 MDI	手动数据输入	在该状态下，可以在输入了单一的指令或几条程序段后，立即按下"循环启动"按钮使机床动作，以满足操作需要。如开机后的指定转速"S800 M03；"
		 自动	自动执行	
		 MLK	机床锁住	按下该按钮后，刀具在自动运行过程中的移动功能将被限制执行，但能执行+M、S、T指令。系统显示程序运行时刀具的位置坐标
		 DRN	空运行	按下该按钮后，在自动运行过程中刀具按机床参数指定的速度快速运行。该功能主要用于检查刀具的运行轨迹是否正确
		 BDT	程序段跳跃	按下该按钮后，程序段前加"/"符号的程序段将被跳过执行
		 SBK	单段运行	按下该按钮后，每按一次"循环启动"按钮，机床将执行一段程序后暂停。再次按下"循环启动"按钮，则机床再执行一段程序后暂停。采用这种方法可对程序及操作进行检查

续表

序号	类别	按钮	名称		功能说明
3	模式选择按钮	 自动	自动执行	 选择停止	按下该按钮后，在自动执行的程序中出现有"M01"指令的程序段时，其加工程序将停止执行。此时主轴功能、冷却功能等也将停止。再次按下循环启动后，系统将继续执行"M01"以后的程序
		 手动	手动连续进给	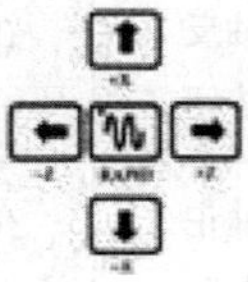 进给方向键	手动连续慢速进给。长按下"JOC"进给方向键，该指定轴即沿指定的方向进行进给。进给速率可通过调节范围为0%～150%的进给速度倍率旋钮进行调节。另外，对于在自动执行的程序中所指定的进给速度F，也可用其进给速度倍率旋钮进行调节
				 进给速度倍率旋钮	手动连续快速进给，在按下方向选择按钮后，同时按下中间位置的快速移动按钮，即可实现某一轴的自动快速进给。快速进给速率由系统参数确定其最大值，并有F0、25%、50%、100%四种快速倍率选择
		 HANDLE	手轮进给操作	  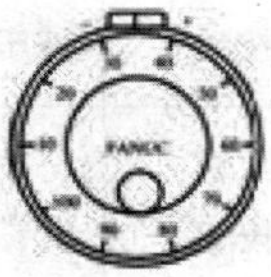	先选择进给轴，再选择"×1""×10""×100"的增量步长，转动手摇脉冲发生器即可移动滑板，每次只能移动一个坐标轴。手摇脉冲发生器顺时针旋转方向为正向进给方向，逆时针旋转方向为负向进给方向。 当选择"×1"增量步长时，表示手摇脉冲发生器转过一格（一周有100格），刀具移动距离为0.001 mm。同理，"×100"表示手摇脉冲发生器转过一格时，刀具移动0.1 mm
		 回零	手动返回参考点		在该状态下，可以执行返回参考点的功能。当相应轴返回参考点指令执行完成后，对应轴的返回参考点指示灯亮

续表

序号	类别	按钮	名称	功能说明
4	循环启动执行按钮		循环启动开始按钮	在自动运行状态下，按下"循环启动"按钮，机床自动运行加工程序
			循环启动停止按钮	在机床循环启动状态下，按下"循环停止"按钮，程序运行及刀具运动将处于暂停状态，其他功能如主轴转速、冷却等保持不变。再次按下"循环启动"按钮，机床重新进入自动运行状态
5	主轴功能按钮		主轴反转按钮	在"HANDLE"（手轮）模式或"JOG"（手动）模式下，按下该按钮，主轴将逆时针转动
			主轴正转按钮	在"HANDLE"（手轮）模式或"JOG"（手动）模式下，按下该按钮，主轴将顺时针转动
			主轴停转按钮	在"HANDLE"（手轮）模式或"JOG"（手动）模式下，按下该按钮，主轴将停止转动
			主轴点动按钮	按下主轴"点动"按钮，主轴旋转，松开该按钮，主轴则停止旋转
			主轴倍率修调旋钮	在主轴旋转过程中，可以通过主轴倍率修调按钮对主轴转速实现无级调速。每按一下主轴倍率修调按钮"＋"可使主轴转速增加10%，同样每按一下主轴倍率修调按钮"－"可使主轴转速减小10%。在加工程序执行过程中，也可对程序中指定的转速进行调节
6	液压系统功能按钮		液压启动按钮	"液压启动"按钮用于控制数控机床液压系统电源的开启与关闭
			液压尾座按钮	在液压系统开启的情况下，"液压尾座"按钮用于控制液压尾座的顶紧与松开
			液压卡盘按钮	在液压系统开启的情况下，"液压卡盘"按钮用于控制液压卡盘的夹紧与松开
7	手动冷却润滑功能按钮		间隙润滑按钮	按下"间隙润滑"按钮，将自动对机床进行间隙性润滑，间隙时间由系统参数设定
			手动冷却按钮	每按一次"手动冷却"按钮，机床即执行切削液冷却"开"功能，再次按下该按钮，则其冷却功能停止

续表

序号	类别	按钮	名称	功能说明
8	其他功能		手动转刀按钮	每按一次"刀架转位"按钮,刀架将依次转过一个刀位
			返回中断点按钮	按下该按钮,可以实现程序中断后的返回中断点操作
			刀具号显示与转速挡位数显示功能	"状态显示"用于显示当前机床的转速挡位数与刀具号。其中左边为转速挡位数,右边为刀具号数
			"G50T"位置存储功能按钮	G50T 功能可为每一把刀具设定一个工件坐标系
			程序保护	当程序保护开关处于"ON"位置时,即使在"EDIT"状态下也不能对 NC 程序进行编辑操作。只有当程序保护开关处于"OFF"位置,同时在"EDIT"状态下,才能对 NC 程序进行编辑操作
			超程解除按钮	当机床出现超程报警时,按下"超程解除"按钮不要松开,可使超程轴的限位挡块松开,然后用手摇脉冲发生器反向移动该轴,从而解除超程报警

3. 数控车床开、关机操作

1) 开机操作

实训步骤及操作方法:

第一步:打开机床总电源开关,接通机床电源(电源开关一般在机床左侧,顺时针旋转 90°)。

第二步:按下面板上的"系统启动"开关,系统上电,CRT 显示初始页面,系统进入自检状态。

第三步:打开"急停"开关,并按"复位"按钮解除报警。系统进入待机状态,可以进行操作。

注意事项:

(1) 系统在启动过程中,不能按到面板上的任何一个按键,否则会导致意想不到的后果并带来危险。

(2) 关机重新启动系统时,为了让伺服系统充分放电,关机时间不能少于 1 min,不要连续短时频繁开、关机。

(3) 如果开机后机床报警,应检查"急停"开关是否打开,或是超程。如果超程,则用手摇方式向超程相反的方向移动刀架,并离开参考点一定的距离,解除报警。

2）关机操作

实训步骤及操作方法：

第一步：按"复位"按钮复位系统。

第二步：按下"急停"按钮，以减少电流对系统硬件的冲击。

第三步：按下机床面板上的"系统停止"按钮，让系统断电。

第四步：关闭机床总电源（逆时针旋转机床左侧的电源开关）。

4. 回参考点操作

开机后，必须首先进行回参考点（回零）操作，但具有断电记忆功能绝对编码器的机床不用进行回参考点操作。

实训步骤及操作方法：

第一步：按下"回零"按钮，然后按"+X"键，刀架向 X 正方向移动，CRT 上的坐标参数显示变化。待 X 轴回零指示灯点亮后，表明该轴已回到参考点。

第二步：待 X 轴回零指示灯点亮后，方可按下"+Z"键，刀架向 Z 正方向移动，CRT 上的坐标参数显示变化。待 Z 轴回零指示灯点亮后，表明该轴已回到参考点。

第三步：回参考点结束后，方可进行其他操作。

注意事项：

（1）回参考点的目的：建立机床坐标系（机床坐标系：以机床原点为坐标原点建立起来的直角坐标系）。

（2）若不回参考点，则机床会产生意想不到的运动，如发生碰撞或伤害事故。机床开机重启后必须立即进行回参考点操作。在进行机床锁住、图形演示、空运行等操作后，必须重新进行回参考点操作。

（3）为了保证安全，回参考点时必须先回"+X"，再回"+Z"；如果先回"+Z"，则可能导致刀架电动机与尾座发生碰撞。

（4）回参考点时，如果刀架本来就接近参考点位置，则应该用手摇方式，用手轮把刀架往负方向移一段距离。开机后如果两个坐标都处于参考点位置，仍然按"回零"键会使机床坐标碰到正限位开关，机床会产生报警。

5. 手动方式操作

1）刀架连续或点运运行

实训步骤及操作方法：

第一步：按"手动"按钮，进入手动运行方式。分别按"－X""+X""－Z""+Z"键，可以使刀架按相应的方向运动。运动速度的快慢可以通过"进给倍率"开关调节，倍率为 0%~150%。

第二步：按住"快进"按钮，同时分别按住"－X""+X""－Z""+Z"键，则可以使刀架快速移动，移动的速度可以通过手摇倍率开关来选择（倍率有 F0、25%、50%、100%）。

注意事项：

在手动方式操作刀架移动时，应时刻注意刀架的位置，以防止刀架与工件、尾座发生碰撞。

2）手动选刀操作

（1）单个选刀。在"手动"方式下，按"手动选刀"按钮，后刀座逆时针转动90°，同时换过一把刀。

（2）连续选刀。一直按住"手动选刀"按钮，当刀座转动到所需要的刀位时，松开按键，即可进行连续选刀。

注意事项：

在刀座转动过程中，"手动选刀"指示灯是亮的，在指示灯没有熄灭之前，不能按面板上面的任何一个按钮，否则会使刀架一直转动。

在换刀之前必须先确认刀架转动时，刀具是否会与工件、尾座发生碰撞事故。

3）主轴正、反转及停止操作

在赋予系统转速后，方可进行主轴正、反转及停止操作。

（1）按"主轴正转"按钮即可让主轴以规定的转速正转。

（2）按"主轴停止"按钮即可让主轴停止。

（3）按"主轴反转"按钮即可让主轴以规定的转速反转。

在赋予系统一定转速后，还可以通过"主轴倍率"开关修调主轴转速，修调范围为50%~120%。

注意事项：

①当卡盘上未装夹工件（或毛坯）时，禁止让机床高速旋转（≤500 r/min），因为卡盘没有装夹工件时，卡爪处于松动状态，当卡盘高速转动时卡爪可能会因为离心力而脱离卡盘飞出。

②启动主轴前，必须确认工件是否夹紧，以免主轴转动时工件飞出发生事故。

③当主轴正转时，不能直接按"主轴反转"按钮，应先让主轴停止再按。

6. 手轮方式操作

刀架的运动可以通过手轮来实现，通常在微动、对刀、精确移动刀架等操作中使用此功能。通过"X手摇""Z手摇"按钮选择要移动的轴，通过手摇脉冲发生器的转动使刀架移动。

实训步骤及操作方法：

第一步：按下"X手摇"或"Z手摇"按钮，选择合适的倍率，转动手轮则刀架移动，移动的方向靠手轮的转动方向控制，顺时针旋转手轮，刀架向正方向移动；逆时针旋转手轮，刀架向负方向移动。

第二步：移动速度的快慢可以通过面板上"F0""25%""50%""100%"4个倍率按钮调节。

选择"F0"时，手轮每转动一格相应的坐标轴移动0.001 mm；

选择"25%"时，手轮每转动一格相应的坐标轴移动0.01 mm；

选择"50%"时，手轮每转动一格相应的坐标轴移动0.1 mm；

选择"100%"时，手轮每转动一格相应的坐标轴移动1 mm。

注意事项：

用手摇时动作要轻柔，并注意观察刀架的运动位置。当需要微动时，不要直接转动手轮，而应该通过手轮外圈控制运动速度。

7. MDI 方式操作

MDI 方式也称数据输入方式，它具有从操作面板输入一个程序段或指令并执行该程序段或指令的功能。常用于启动主轴、换刀和对刀等操作中。

实训步骤及操作方法：

第一步：按下"MDI"键，再按"程序"键进入程序页面，面板上显示"O××××"程序名。

第二步：输入所需要执行的程序段，按"循环启动"按钮后就可以运行所输入的程序。

注意事项：

MDI 方式中的程序不能储存，其可通过"单段方式"执行。

例：在"MDI"方式下使主轴正转，转速为 500 r/min。其操作如下：

在"MDI"方式下按"程序"键，输入"；"换行，然后输入"M03 S500；"，输完后把光标移到程序名上，按下"循环启动"按钮，这时如果转速倍率开关在"100%"挡，主轴就以 500 r/min 的速度正转。

按照"七步教学法"，学生操作训练：

(1) 在 MDI 方式下输入"G00 X0. Z0.；"试运行。

(2) 在 MDI 方式下输入"S1000 M03 T0101；"试运行。

8. 程序编辑方式操作

在"编辑"方式下，可以对程序进行编辑和修改。

1) 新建程序

实训步骤及操作方法：

第一步：按"编辑"键，进入编辑方式。

第二步：按"程序"键，输入新程序名，如"O0001"，如图 3-40 所示。

第三步：按下"EOB"键，再按"插入"键，屏幕上显示换行，依次往下输入程序即可，每输完一段程序后要按"EOB"键换行。

图 3-40 程序编辑画面

注意事项：

输入的程序名如果与内存中的程序名重复，则会产生报警。

2) 编辑程序

(1) 按"取消"键，可以取消输入区域内的内容。

(2) 按"删除"键，可以删除屏幕上光标所在位置的内容。

(3) 在输入区域内输入内容，按"替换"键，即可替换屏幕上光标所在位置的内容。

按照"七步教学法"，学生操作训练：

(1) 在编辑状态下输入下面程序内容进行练习：

N10 G54 X200.0 Z220.0;

N20 G00 X160.0 Z180.0 M03 S800;

N30 G71 U1.0 R1.0;
N40 G71 P50 Q110 U0.4 W0.2 F0.30 S500;
N50 G00 X40.0 S800;
N60 G01 W-40.0 F0.15;
N70 X60.0 W-30.0;
N80 W-20.0;
N90 X100.0 W-10.0;
N100 W-20.0;
N110 X140.0 W-20.0;
N120 G70 P50 Q110;
N130 G00 X200.0 Z220.0;
N140 M05;
N150 M30;

（2）在编辑状态下输入下面程序内容进行练习：
N10 G50 X200.0 Z350.0;
N20 S630 M03 T0101 M08;
N30 G00 X41.8 Z292.0;
N40 G01 X47.8 Z289.0 F0.15;
N50 U0 W-59.0;
N60 X50.0 W0;
N70 X62.0 W-60.0;
N80 U0 Z155.0;
N90 X78.0 W0;
N100 X80.0 W-1.0;
N110 U0 W-19.0;
N120 G02 U0 W-60.0 I63.25 K-30.0;
N130 G01 U0 Z65.0;
N140 X90.0 W0;
N150 G00 X200.0 Z350.0 M05 T0100 M09;
N160 X51.0 Z230.0 S315 M03 T0202 M08;
N170 G01 W0 F0.16;
N180 G04 X5.0;
N190 G00 X51.0;
N200 X200.0 Z350.0 M05 T0200 M09;
N210 G00 X52.0 Z296.0 S200 M03 T0303 M08;
N220 G92 X47.2 Z231.5 F1.5;
N230 X46.6;
N240 X46.2;
N250 X45.8;

```
N260 G00 X200.0 Z350.0 T0300;
N270 M30;
```

3）调用内存中的程序

实训步骤及操作方法：

第一步：在"编辑"方式下按"程序"键，直至出现加工程序列表页面。

第二步：通过"翻页"键进行翻页，查找系统中储存的所有程序，输入所要选择的程序名，如"O0001"。

第三步：按"［检索］"软键或"向下"方向键，该程序就会在屏幕上显示。

4）删除程序

（1）删除一个程序。

将系统中无用的程序删除，以释放系统内存空间。

实训步骤及操作方法：

第一步：在"编辑"方式下按"程序"键，进入程序名显示页面。

第二步：输入所要删除的程序名，如"O0001"。

第三步：按"删除"键，则该程序被删除。

（2）删除所有程序。

删除系统内存中的所有程序。

实训步骤及操作方法：

第一步：在"编辑"方式下按"程序"键。

第二步：输入 0～9999，按"删除"键即可删除系统内存中的所有程序。

9. 设定刀具补偿值操作

实训步骤及操作方法：

第一步：按"编辑"键，进入编辑运行方式。

第二步：按"偏置/设置"键，显示"工具补正/形状"界面。按"［补正］"软键，再按"形状"软键，然后再按"［操作］"软键，如图 3-41 所示。

图 3-41 刀具补偿值画面

第三步：按"［NO 检索］"软键，屏幕上出现刀具形状列表，输入一个值并按下"［输入］"软键，就完成了刀具补偿值的设定。

例如，我们要设定 W03 号的"X"值为 2。先用光标键中的  键将光标移到 W03，

输入数值 ，按"[输入]"软键，这时该值显示为新输入的数值，如图 3-42 所示。

10. 设定工件原点偏移值操作

实训步骤及操作方法：

第一步：按"编辑"键，进入编辑运行方式。

第二步：按下"偏置/设置"键，按下"坐标系"软键。

第三步：屏幕上显示工件坐标系设定界面，该界面包含两页，可使用"翻页"键翻到所需要的页面。

第四步：使用光标键将光标移动到想要改变的工件原点的偏移值上。例如，要设定"G54 X20. Z30. ;"，首先将光标移到 G54 的"X"值上，如图 3-43 所示。

图 3-42 刀具补偿值设置画面

图 3-43 工件坐标系设定画面

第五步：输入数值"20"，然后按"输入"键或者按"[输入]"软键，如图3-46所示。

第六步：将光标移到"Z"值上，输入数值"30"，然后按"输入"键或者按"[输入]"软键，如图3-44所示。

第七步：如果要修改输入的值，可以直接输入新值，然后按"输入"键或者按"[输入]"软键。如果键入一个数值后按"[+输入]"软键，那么当光标在"X"值上时，系统会将键入的值除2然后和当前值相加，而当光标在"Z"值上时，则系统直接将键入的值和当前值相加。

11. 程序检查与试切操作

为了保护机床及操作者的安全，在正式进行零件加工前，操作者都要进行零件程序的试运行操作。试运行是检测编制程序是否正确的快捷途径，其是在实际加工中防止机床产生危险碰撞极其重要的一种手段。

图 3-44 工件坐标系设定画面

1) 机床锁住

在试运行时,常用的方法是将机床锁住,让程序逐段执行,将进给速度倍率调低,并令快速移动倍率降至机床实际快速速度的 25% 或 50%。对于具有快速移动倍率的数控机床,可将快速移动倍率降至机床实际快速速度的 20%~40%。

2) 机床的空运行

空运行是刀具按参数指定的速度移动而与程序中指令的进给速度无关,该功能用来在机床不装工件时检查程序中的刀具运动轨迹。

操作步骤:在自动运行期间按下机床操作面板上的"空运行"键,刀具按参数中指定的速度移动,可以通过快速移动开关更改机床的移动速度。

3) 首件试切加工

检查完程序,在正式加工前,应进行首件试切,一般用单程序段运行工作方式进行试切。将工作方式选择旋钮打到"单段"方式,同时将进给速度倍率调低,然后按"循环启动"按钮,系统执行单程序段运行工作方式。加工时每加工一个程序段,机床停止进给后,都要看下一段要执行的程序,确认无误后再按"循环启动"按钮,执行下一程序段。要时刻注意刀具的加工状况,观察刀具、工件有无松动,是否有异常的噪声、振动、发热等,观察是否会发生碰撞。加工时,一只手要放在"急停"按钮附近,一旦出现紧急情况,随时按下该按钮。只有试切合格,才能说明程序正确、对刀无误。通常在重新调整后,再加工一遍即可合格。首件加工完毕后,即可进行正式加工。

12. 程序自动加工操作

1) 存储器运行

选择要运行的程序,先按"自动方式"按钮,再按"循环启动"按钮,循环启动指示灯点亮,自动运行开始。当自动运行结束时,该指示灯熄灭。

在程序自动运行中,按机床操作面板上的"进给保持"按钮,可使自动运行暂时停止,且进给保持指示灯点亮,循环启动指示灯熄灭,机床变为以下状态。

(1) 执行暂停中及停止暂停状态。

(2) 机床移动时,进给减速停止。

(3) 执行 M、S、T 指令的操作后停止。

2) MDI 运行

首先选择 MDI 方式,然后输入所需的数据及指令,按"循环启动"按钮,程序被启动。MDI 运行方式常用于换刀指令、主轴旋转指令等简单指令的执行。

注意:在"MDI"方式中建立的程序不能存储。

3) DNC 运行

可以利用串行通信接口将应用 CAM 自动编程系统生成的 NC 加工程序传输至机床数控系统,机床可以一边接收 NC 程序一边进行切削加工。

13. 机床安全操作

1) 紧急停止

当发生紧急情况需要机床停机时,按机床操作面板上的"紧急停止"按钮,机床会立即停止工作。紧急停止时,电动机的电源被切断。解除紧急停止的方法一般是沿顺时针方向旋转"急停"按钮，使该按钮跳起。

2）超程

当刀架超越机床限位开关规定的行程范围时会显示报警，刀架减速停止。用手动方式将刀架移至安全位置，按下系统操作面板上的"复位"键（RESET），解除报警。

3）报警处理

当机床不能正常运转时，一般可按以下情况确认。

（1）操作时发生故障，则在 CRT 屏幕上显示错误代码和报警信息，错误代码的含义可参照系统操作说明书及附录。

（2）当 CRT 不显示错误代码时，可能系统正在进行后台处理，而运行暂时停止；如长时间无反应，可参照有关故障情况调查及故障检测办法，查明故障原因，对症处理。

（三）螺纹相关知识

在各种机械产品中，带有螺纹的零件应用广泛，主要用作连接零件、传动零件、紧固件和测量用零件等，它是机械中的重要组成部分。

螺纹是在圆柱工件表面，沿着螺旋线所形成的、具有相同剖面的、连续凸起的沟槽。它的工作原理是：主轴带着工件一起运动，主轴的运动经挂轮传到进给箱，由进给箱变速后再传递给丝杠，由丝杠和溜板箱上的开合螺母配合带动刀架做直线运动。这样工件转动和刀具的移动都是通过主轴运动来实现的，从而保证了工件和刀具之间严格的运动关系。

当工件旋转时，车刀沿工件轴线方向做等速运动，在外圆上形成螺旋线。经多次吃刀后，该螺旋线就形成了具有相同剖面的连续凸起和沟槽，称为螺纹。凸起是指螺纹两侧面间的实体部分，又称作"牙"。沟槽是指相邻凸起间的凹陷部分。相邻两牙在中径线上对应两点间的轴向距离叫螺距。

1. 螺纹牙型的五要素

1）牙型

在通过螺纹轴线的剖面上，螺纹的轮廓形状称为牙型。相邻两牙侧面间的夹角称为牙型角。常用的普通螺纹的牙型为三角形，牙型角为 60°。

2）大径、小径和中径

大径是指和外螺纹的牙顶、内螺纹的牙底相重合的假想柱面或锥面的直径，外螺纹的大径用 d 表示，内螺纹的大径用 D 表示。小径是指和外螺纹的牙底、内螺纹的牙顶相重合的假想柱面或锥面的直径，外螺纹的小径用 d_1 表示，内螺纹的小径用 D_1 表示。在大径和小径之间，设想有一柱面（或锥面），在其轴剖面内，素线上的牙宽和槽宽相等，则该假想柱面的直径称为中径，用 d_2（或 D_2）表示，如图 3-45 所示。

3）线数

形成螺纹的螺旋线的条数称为线数，有单线和多线螺纹之分，多线螺纹在垂直于轴线的剖面内是均匀分布的。

4）导程

相邻两牙在中径线上对应两点的轴向距离称为螺距。在同一条螺旋线上，相邻两牙在中径线上对应两点的轴向距离称为导程。线数 n、螺距 P、导程 S 之间的关系为

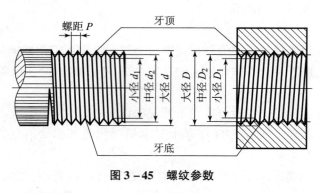

图 3-45 螺纹参数

$$S = n \cdot P$$

5) 旋向

沿轴线方向看，顺时针方向旋转的螺纹称为右旋螺纹，逆时针方向旋转的螺纹称为左旋螺纹。

螺纹的牙型、大径、螺距、线数和旋向称为螺纹五要素，只有五要素相同的内、外螺纹才能互相旋合。

2. 螺纹切削编程步骤

1) 螺纹底径的确定

为了解决编程中的螺纹切削深度，需先确定螺纹的底径（d），其简单算法如下（普通三角螺纹）：

$$d = D(\text{螺纹外径}) - 1.3 \times P(\text{螺距})$$

2) 螺纹切削加、减速空行程 δ_1 和 δ_2 的确定

螺纹切削时由于切削速度快，为了保证螺纹两端的精度不受影响，应在两端设置足够的升速进刀空行程 δ_1 和降速退刀空行程 δ_2。

一般取 $\delta_1 = 4 \sim 10$ mm；$\delta_2 = \delta_1/2 \sim 4$（$P$ 越大，则 δ_1 和 δ_2 就越大）。

3) 螺纹切削深度的确定

切削螺纹时往往需要分多次进刀，深度越深，进刀次数就越多，进刀次数及每次进刀的深度见表 3-12。

4) 编程径向尺寸的确定

根据每次进刀的深度查表，确定进刀径向尺寸（确定方法见后面编程举例）。

5) 编程

按零件图要求编程。

（四）工件的装夹与找正

1. 毛坯的选择

毛坯材料为 45 钢，强度、硬度、塑性等力学性能好，切削性能等加工工艺性能好，没有经过热处理，便于加工，能够满足使用性能要求。

表 3-12　常用螺纹切削的进刀次数及每次进刀深度　　　　　　单位：mm

螺距		1.0	1.5	2.0	2.5	3.0	3.5	4.0
牙深		0.649	0.974	1.299	1.624	1.949	2.273	2.598
背吃刀量及切削次数	1 次	0.7	0.8	0.9	1.0	1.2	1.5	1.5
	2 次	0.4	0.6	0.6	0.7	0.7	0.7	0.8
	3 次	0.2	0.4	0.6	0.6	0.6	0.6	0.6
	4 次		0.16	0.4	0.4	0.4	0.6	0.6
	5 次			0.1	0.4	0.4	0.4	0.4
	6 次				0.15	0.4	0.4	0.4
	7 次					0.2	0.2	0.4
	8 次						0.15	0.3
	9 次							0.2

2. 工件的装夹

实训步骤及操作方法：

数控机床一般使用三爪自定心卡盘（见图 3-46）装夹工件，应使三爪卡盘夹紧工件并有一定的夹持长度，工件中心线与主轴中心线重合，如图 3-47 所示。工件装夹仍需遵守普通车床的要求。对于圆棒料装夹时工件要水平安放，右手拿工件稍做转动，左手配合右手旋紧夹盘扳手，使用校正划针校正工件，经校正后再将工件夹紧，工件找正工作随即完成。

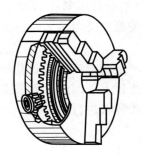
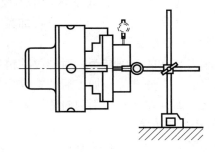

图 3-46　三爪自定心卡盘　　　　　图 3-47　工件找正

1）三爪卡盘装夹工件的找正

装夹轴向尺寸较小的工件时，还可以先在刀架上装夹一圆头铜棒，再轻轻夹紧工件，然后使卡盘低速带动工件转动。移动床鞍，使刀架上的圆头铜棒轻轻接触已粗加工的工件端面，观察工件端面大致与轴线垂直后即停止旋转，并夹紧工件。

2）数控车削工件夹持长度。

数控车削工件夹持长度见表 3-13。

表 3-13 数控车削工件夹持长度 单位：mm

使用设备	夹持长度	夹紧余量	应用范围
数控车床	5~10	7	用于加工直径较大、实心、易切断的零件
	15		用于加工套、垫片等零件，一次车好，不掉头
	20		用于加工有色薄壁管、套管零件
	25	7	用于加工各种螺纹、滚花及车圆球和反车退刀件等

3. 刀具的安装

根据工艺需要安装刀具，既要保证所用刀具刀尖与工件回转中心线等高，又要保证刀具几何与工件几何有正确的相互关系。车刀安装得正确与否，会直接影响车削能否顺利进行和工件的加工质量。

实训步骤及操作方法：

第一步：用扳手旋松压紧螺钉。

第二步：先放置好刀垫，再将刀具刀杆部分放置于夹持位置，然后用扳手旋紧螺钉。

第三步：调整好刀具刀尖位置和方向，再用力旋紧螺钉，完成刀具安装。

技术技能点：

1) 外圆车刀的装夹

装夹在刀架上的外圆车刀不宜伸出太长，否则刀杆的刚度降低，在切削时容易产生振动，直接影响加工工件的表面粗糙度，甚至有可能发生崩刃现象。车刀的伸出长度一般不超出刀杆厚度的 2 倍。车刀刀尖应与机床主轴中心线等高，如不等高，应用垫刀片垫高。垫刀片要平整，尽量减少垫刀片的片数，一般只用 2~3 片，以提高车刀的刚度。另外，车刀刀杆中心线应与机床主轴中心线垂直。车刀要用两个刀架螺钉压紧在刀架上，并逐个轮流拧紧。拧紧时应使用专用扳手，不允许再加套管，以免使螺钉受力过大而损伤。

2) 螺纹车刀的装夹

螺纹车刀装夹的正确与否，对螺纹的精度将产生一定的影响。若装刀有偏差，即使车刀的刀尖角刃磨得十分准确，加工后的螺纹牙型仍会产生误差。因此，要求装刀时刀尖与机床主轴中心线等高，左、右切削刃对称，即要用对刀螺纹样板进行对刀。

3) 刀片夹紧方式

刀片夹紧方式如图 3-38 所示。

（五）数控车床程序的编辑和运行

1. 程序的输入与编辑

实训步骤及操作方法：

第一步：选择"编辑"方式；

第二步：按"PROG"键显示程序画面。

第三步：键入地址"O"。

第四步：键入要求的程序号（如：0001）。

第五步：按"INSERT"键键入程序号。

第六步：按"EOB"键键入程序结束符号";"。
第七步：按"INSERT"键键入程序号。
后面用同样的方法，即可输入程序各段内容，如图3-48所示。

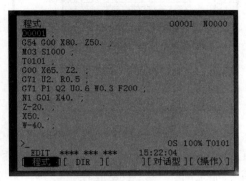

图3-48　程序输入画面

2. 程序的检查

对于已输入存储器中的程序必须进行检查，对检查中发现的程序指令错误、坐标值错误、几何图形错误等必须进行修改。待加工程序完全正确后，才能进行空运行操作。程序检查的方法是对工件图形进行模拟加工。在模拟加工中，逐段地执行程序，以便进行程序的检查。

实训步骤及操作方法：
第一步：按前面讲述的方法，进行手动返回机床参考点的操作。
第二步：在不装工件的情况下，使卡盘夹紧。
第三步：选择自动方式。
第四步：置"机床锁住"开关于"ON"位置；置"空运行"开关于"ON"位置。
第五步：按下"PROG"键，输入被检查程序的程序号，CRT显示存储器的程序。
第六步：将光标移到程序号下面，按"循环启动"按钮，机床开始自动运行，同时指示灯亮。
第七步：CRT屏幕上显示正在运行的程序。

3. 首件试切加工

1）机床的空运行

空运行是刀具按参数指定的速度移动，与程序中指令的进给速度无关，该功能用来在机床不装工件时检查程序中的刀具运动轨迹，如图3-49所示。

操作步骤：在自动运行期间按下机床操作面板上的"空运行"按钮，刀具按参数中指定的速度移动，快速移动开关可以用来更改机床的移动速度。

2）首件试切加工

检查完程序在正式加工前应进行首件试切，一般用单程序段运行工作方式进行试切。将工作方式选择旋钮打到"单段"方式，同时将进给倍率调低，然后按"循环启动"按钮，系统执行单程序段运行工作方式。加工时每加工一个程序段，机床停止进给后，都要看下一段要执行的程序，确认无误后再按"循环启动"按钮，执行下一程序段。

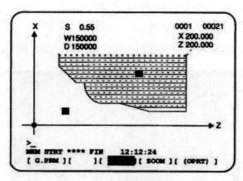

图3-49 加工轨迹画面

要时刻注意刀具的加工状况,观察刀具、工件有无松动,是否有异常的噪声、振动、发热等,观察是否会发生碰撞。加工时,一只手要放在"急停"按钮附近,一旦出现紧急情况,随时按下该按钮。只有试切合格,才能说明程序正确、对刀无误。

整个工件加工完毕后,用检测工具(如三针法螺纹)检查工件尺寸,如有错误或超差,应分析检查编程、补偿值设定、对刀等工作环节,有针对性地调整。通常在重新调整后,再加工一遍即可合格。首件加工完毕后,即可进行正式加工。

4. 自动运行

程序预先存在存储器中,当选定一个程序并按了机床操作面板上的"循环启动"按钮时,开始自动运行,而且循环启动灯(LED)点亮。

在自动运行期间,当按下机床操作面板上的"进给暂停"按钮时自动运行暂时停止,当再按一次"循环启动"按钮时自动运行恢复。

注意事项:

(1) 工件掉头装夹时应用铜皮裹住外圆,预防损坏已加工外圆表面。

(2) 安装内螺纹车刀,车刀刀尖要对准工件旋转中心,装得过高,车削时易振动;装得过低,刀头下部会与工件发生碰撞。

(3) 车削前,应调试内孔车刀及内螺纹车刀,以防刀体、刀杆和内孔发生干涉。

(4) 掉头装夹加工,所有刀具都应重新对刀。

(5) FANUC系统若使用内螺纹循环车刀,则应处于循环起点位置(在内孔直径以内)。

难点提示:

(1) 软爪要在与使用时相同的夹紧状态下加工,以免在加工过程中松动及由于反向间隙而引起定心误差。加工软爪内定位面时,要在软爪尾部夹紧一适当的棒料,以消除卡盘端面螺纹的间隙,如图3-50所示。

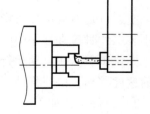

图3-50 软爪的镗削加工

(2) 当被加工工件以外圆定位时,最好使软爪的内圆直径等于或略小于所要加工工件的外径,以消除卡盘的定位间隙并增加软爪与工件的接触面积。图3-51(a)所示为理想的软爪内径,图3-51(b)所示的软爪内径过大,图3-51(c)所示的软爪内径过小。

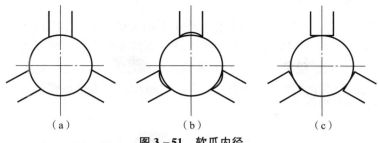

图 3–51　软爪内径

(a) 理想的软爪内径；(b) 软爪内径过小；(c) 软爪内径过大

任务四　东方明珠塔模型工艺品塔身零件螺纹质量检验及质量分析

(一) 常用零件检测量具介绍

1. 螺纹规 (图 3–52)

对于一般标准螺纹，通常采用螺纹塞规来测量。在测量外螺纹时，如果螺纹"过端"环规正好旋进，而"止端"环规旋不进，则说明所加工的螺纹符合要求；反之就不合格。测量内螺纹时，采用螺纹塞规，以相同的方法进行测量。利用通止法检验的常见的极限量规有螺纹塞规、螺纹环规和卡规等。除用螺纹环规或螺纹塞规进行测量外，还可以利用其他量具进行测量，如用螺纹千分尺测量螺纹中径、用齿厚游标卡尺测量梯形螺纹中径、采用量针根据三针测量法测量螺纹中径等。

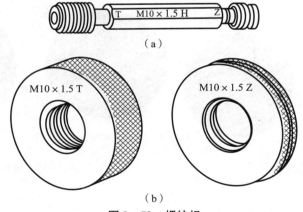

图 3–52　螺纹规

(a) 螺纹塞规；(b) 螺纹环规

螺纹规又称螺纹通止规、螺纹量规，通常用来检验和判定螺纹的尺寸是否合格。螺纹规根据所检验内外螺纹不同分为螺纹塞规和螺纹环规，其中螺纹塞规应用较多，如图 3–53 所示。

图 3–53　螺纹塞规

1) 螺纹规的种类

（1）螺纹塞规。螺纹塞规是测量内螺纹尺寸正确性的工具，包括直螺纹塞规（图3－54）和锥柄螺纹塞规（图3－55）。直螺纹塞规可分为普通粗牙、细牙和管子螺纹塞规三种。螺距为0.35 mm或更小的2级精度与高于2级精度的螺纹塞规和螺距为0.8 mm或更小的3级精度的螺纹塞规都没有止端测头。100 mm以下的螺纹塞规为锥柄螺纹塞规，100 mm以上的为双柄螺纹塞规。

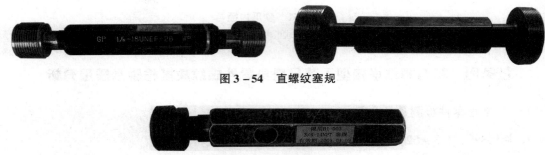

图3－54　直螺纹塞规

图3－55　锥柄螺纹塞规

（2）螺纹环规（直螺纹环规、一般锥牙环规、平面锥牙环规）。螺纹环规用于测量外螺纹中径尺寸的正确性，通端为一件，止端为一件。止端环规在外圆柱面上有凹槽，如图3－56所示。当尺寸在100 mm以上时，螺纹环规为双柄螺纹环规型式，规格分为粗牙、细牙、管子螺纹三种。螺距为0.35 mm或更小的2级精度及高于2级精度的螺纹环规和螺距为0.8 mm或更小的3级精度的螺纹环规都没有止端，如图3－57所示。

　　　　　　　　　　　　　　　　　　　　　（a）　　　　　　　　　（b）

图3－56　直螺纹环规　　　　　　　　　图3－57　锥牙环视

(a) 一般锥牙环规；(b) 平面锥牙环规

（3）卡规（公制60°、英制55°），如图3－58所示。

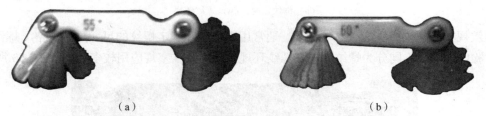

（a）　　　　　　　　　　　　　　　（b）

图3－58　卡规

(a) 卡规（英制55°）；(b) 卡规（英制60°）

2)螺纹规的使用方法

第一步:选择螺纹规时,应选择与被测螺纹相匹配的规格。

第二步:使用前,先清理干净螺纹规及被测螺纹表面的油污和杂质等。

第三步:要检查螺纹规是否有标识,使用时必须将标有箭头那一面首先旋进工件,如图3-59所示。

第四步:使用时,使螺纹规的通端(止端)与被测螺纹对正后,用大拇指与食指转动螺纹规或被测零件,使其在自由状态下旋转。

通常情况下(无被测零件的螺纹时),螺纹规(通端)的通规可以在被测螺纹的任意位置转动,通过全部螺纹长度则判定为合格,否则为不合格品,如图3-60所示;在螺纹规(止端)的止规与被测螺纹对正后,旋入螺纹长度在2个螺距之内止住为合格,不可强行用力通过,否则判为不合格品,如图3-61所示。

图3-59 将螺纹规旋进工件　　图3-60 通规通　　图3-61 止规止

第五步:检验工件时旋转螺纹规不能用力拧,应用三个手指自然顺畅地旋转,止住即可,螺纹规退出工件最后一圈时也要自然退出,不能用力拔出螺纹规,要轻拿轻放,不能有碰伤、生锈等情况出现,否则会影响产品的检验结果,甚至导致螺纹规损坏。

图3-62所示为螺纹规的操作方法,其中图3-62(a)所示是正确的,图3-62(b)所示是错误的。

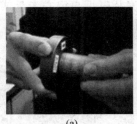

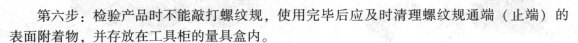

图3-62 螺纹规的操作方法
(a)正确;(b)错误

第六步:检验产品时不能敲打螺纹规,使用完毕后应及时清理螺纹规通端(止端)的表面附着物,并存放在工具柜的量具盒内。

3)注意事项

(1)避免跌落及与坚硬物体相互碰撞,且检验产品时不能敲打螺纹规。

(2)避免与水接触,防止生锈。

(3)严禁将螺纹规作为切削工具强制旋入螺纹。

(4)贴在螺纹规上的标识不能丢失,使用的螺纹规一定要在校验日期内。

(5) 被测件螺纹公差等级及偏差代号必须与塞规标识公差等级、偏差代号相同才可使用。

(6) 使用螺纹规时，力度要适中，即正常人用三个指头旋转牙规至不动为止，不可用力将螺纹规强制旋入，以免损坏牙规。

(7) 螺纹规用完后，要把螺纹规里面的铜屑清洁干净，并在螺纹规上涂一层防锈油，存放在规定的量具盒内。

4) 维护和保养

(1) 每月定期涂抹防锈油，以保证表面无锈蚀、无杂质。注：若螺纹规使用频繁且所处环境干净，则无须上油保护。

(2) 所有的螺纹规必须经计量校验机构校验合格并在校验有效期内，方可使用。

(3) 损坏或报废的螺纹规应及时反馈处理，不得继续使用。

(4) 经校对的螺纹规计量超差或者达到计量器具周检期的螺纹规，由计量管理人员收回并做相应处理。

2. 分度头

分度头是铣床的重要附件之一，常用来安装工件，以进行铣斜面、分度等工作，以及加工螺旋槽等，如图3-63所示。

1) 分度头的作用

(1) 用各种分度方法（简单分度、复式分度、差动分度）进行分度工作。

(2) 把工件安装成需要的角度，以便进行切削加工（如铣斜面等）。

(3) 铣螺旋槽时，将分度头挂轮轴与铣床纵向工作台丝杠用"交换齿轮"连接，当工作台移动时，分度头上的工件即可获得螺旋运动。

2) 分度头的结构

图3-64所示为常用的分度头结构，主要由底座、转动体、分度盘、主轴等组成。主轴可随转动体在垂直平面内转动。通常在主轴前端安装三爪自定心卡盘或顶尖，用它来装夹工件。转动手柄可使主轴带动工件转过一定角度，即分度。

图3-63 分度头

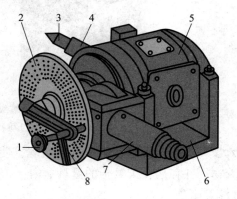

图3-64 分度头结构

1—分度手柄；2—分度盘；3—顶尖；4—主轴；5—转动体；
6—底座；7—挂轮输入轴；8—分度拨叉

（1）主轴。主轴为空心结构，两端均为莫氏4号锥孔。主轴前端可安装三爪自定心卡盘（顶尖）及其他装夹附件，用以夹持工件；主轴后端可安装锥柄挂轮轴，用作差动分度。

（2）本体。本体内安装主轴及蜗轮、蜗杆。本体在支座内可使主轴在垂直平面内由水平位置向上转动≤95°、向下转动≤5°，如图3-65所示。

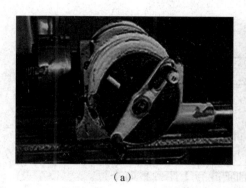

图3-65 主轴位置
(a) 主轴水平；(b) 主轴垂直

（3）底座。支撑本体部件，通过底面的定位键与铣床工作台中间的T形槽连接，用T形螺栓将其紧固在铣床工作台上。

（4）端盖。端盖内装有两对啮合齿轮及挂轮输入轴，可以使动力输入本体内。

（5）分度盘。分度盘两面都有多行沿圆周均布的小孔，如图3-66所示，用于满足不同的分度要求。

分度头一般备有两块分度盘。分度盘的正反面有许多孔圈，各圈孔数都不相等，但是同一孔圈上的孔距是相等的，见表3-14。

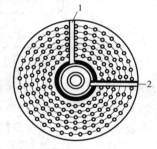

图3-66 分度盘
1—扇形条1；2—扇形条2

表3-14 分度盘上的孔圈与孔数

分度盘	分度盘上的孔圈与孔数	
	正面	反面
第一块分度盘	24，25，28，30，34，37	38，39，41，42，43
第二块分度盘	46，47，49，51，53，54	57，58，59，62，66

（6）蜗轮副间隙调整及蜗杆脱落机构。拧松蜗杆偏心套压紧螺母，操纵蜗杆脱落手柄使蜗轮与蜗杆脱开，直接转动主轴，利用调整间隙螺母可对蜗轮副间隙进行微调。

（7）主轴锁紧机构。用分度头对工件进行切削时，为防止振动，在每次分度后可通过主轴锁紧机构对主轴进行锁紧。

3）分度头的规格型号

分度头型号有 F1163、F1180、F11100、F11125、F111200 等。F11125 型是铣床上常用的一种万能分度头。

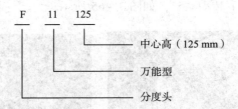

4）分度头安装与校正

（1）分度头主轴轴线与铣床工作台台面平行度的校正，如图 3-67 所示，将直径 40 mm、长 400 mm 的校正棒插入分度头主轴孔内，以工作台台面为基准，用百分表测量校正棒两端，当两端值一致时，则分度头主轴轴线与工作台台面平行。

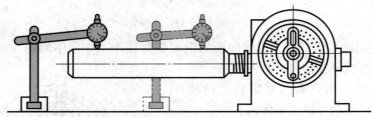

图 3-67　分度头平行度的校正

（2）分度头主轴与刀杆轴线垂直度的校正如图 3-68 所示，将校正棒插入主轴孔内，使百分表的触头与校正棒的内侧面（或外侧面）接触，然后移动纵向工作台，当百分表指针稳定时，则表明分度头主轴与刀杆轴线垂直。

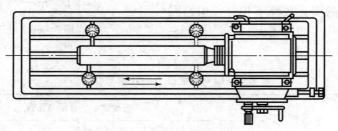

图 3-68　分度头垂直度的校正

（3）分度头与后顶尖同轴度的校正，先校正好分度头，然后将校正棒装夹在分度头与后顶尖之间，以校正后顶尖与分度头主轴等高，最后校正其同轴度，即两顶尖间的轴线平行于工作台台面且垂直于铣刀刀杆，如图 3-69 所示。

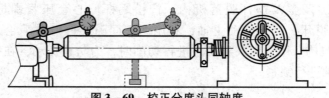

图 3-69　校正分度头同轴度

5) 分度头使用方法

根据图 3-70 所示的分度头传动图可知，其传动路线为：手柄→齿轮副（传动比为 1∶1）→蜗杆与蜗轮（传动比为 1∶40）→主轴，可算得手柄与主轴的传动比是 1∶1/40，即手柄转一圈，主轴转过 1/40 圈。

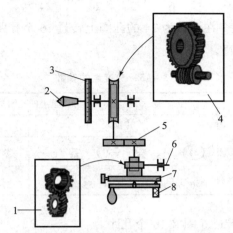

图 3-73　万能分度头的传动示意图

1—1∶1 螺旋齿轮传动；2—主轴；3—刻度盘；4—1∶40 蜗轮传动；
5—1∶1 齿轮传动；6—挂轮轴；7—分度盘；8—定位销

如要使工件按 z 等分，每次工件（主轴）要转过 $1/z$ 转，则分度头手柄所转圈数为 n，它们应满足以下比例关系：$1∶40 = n∶(1/z)$，即

$$n = \frac{40}{z}$$

式中：40——分度头的定数；
　　　n——分度手柄的转数；
　　　z——工件的等分数。

可见，只要把分度手柄转过 $40/z$ 转，就可以使主轴转过 $1/z$ 转。例：现要铣齿数 $z = 17$ 的齿轮，则每次分度时分度手柄的转数为

$$n = \frac{40}{z} = \frac{40}{17} = 2\frac{6}{17}$$

也就是说，每分一齿，手柄需转过 2 整圈再多转 6/17 圈。此处 6/17 圈是通过分度盘来控制的。

分度前，先在上面找到分母 17 倍数的孔圈（例如有 34、51），从中任选一个，如选 34。把手柄的定位销拔出，使手柄转过 2 整圈之后，再沿孔圈数为 34 的孔圈转过 12 个孔距，这样主轴就转过了 1/17 转，达到分度的目的。

例 3-1　在型分度头上铣削八边形工件，求每铣一面后分度手柄的转数。

解：将 $n = 8$ 代入公式 $n = \dfrac{40}{z}$，有

$$n = \frac{40}{8} = 5$$

答：每铣一面后，分度手柄应转过 5 转。

例 3－2 在型分度头上铣削六面体，求每铣一面后分度手柄的转数。

解： 将 $n=6$ 代入公式 $n=\frac{40}{z}$

$$n=\frac{40}{6}=6\ \frac{2}{3}=6\ \frac{16}{24}=6+\frac{16}{24}$$

答：选择第一块分度盘，在孔数为 24 的孔圈上转过 16 个孔距。

分度盘的参数见表 3－15。

表 3－15　分度盘的参数

分度盘	分度盘上的孔圈与孔数	
	正面	反面
第一块分度盘	㉔，25，28，㉚，34，37	38，39，41，42，43
第二块分度量	46，47，49，(51)，53，54	57，58，59，62，(66)

在孔数为 24 的孔圈上转过 6 圈又 16 个孔距。

（二）零件的检测与质量分析

1. 通止规判定

直螺纹规见表 3－16。

表 3－16　直螺纹规

名称	代号	功能	特征	判定规则
通端螺纹塞规	T	检查工件内螺纹的作用中径和大径	完整的外螺纹牙型	工件内螺纹旋合通过
止端螺纹塞规	Z	检查工件内螺纹的单一中径	截短的外螺纹牙型	只可旋入一牙或二牙
通端螺纹环规	T	检查工件外螺纹的作用中径和小径	完整的内螺纹牙型	工件外螺纹旋合通过
止端螺纹环规	Z	检查工件外螺纹的单一中径	截短的内螺纹牙型	只可旋入一牙或二牙

锥螺纹规见表 3－17。

表 3－17　锥螺纹规

名称	功能	特征	判定规则
锥螺纹塞规	检查工件锥形内螺纹的中径	下线、基准线、上线三个台阶	上、下线之间
一般锥牙环规	检查工件锥形外螺纹的中径	下线、基准线、上线三个台阶	上、下线之间
平面锥牙环规	检查工件锥形外螺纹的中径	完整内螺纹	旋入时有字的一面朝下，以牙规平面为标准，允许上下偏差一牙

零件检测结束后，针对不合格项目进行分析，填写质量分析表，见表 3－18。找出产生原因，指定预防措施。

表 3-18 质量分析

废品种类	产生原因	预防措施

2. 初检和复检

按照零部件检验报告完成零件初检与复检,具体见表 3-19。

表 3-19 零部件检验报告

零部件检验报告

编号:

检验类别: □加工检验 □复查验证

小组名称			抽检数		
零部件名称			图号		

勾选	检验项目	技术要求	检验规则	实测记录 Ac / Re	合格勾选	备注
	材质	材质应符合图纸要求的材质及状态	材质检测报告			
	印字	字形及大小、颜色应符合图纸技术要求	目测			
	零件外观	表面应光洁,无划痕、污渍等,表面处理应符合图纸技术要求的外观等级	目测			
	外形尺寸	外形尺寸应符合图纸要求	精密游标卡尺检测			
	螺纹质量	螺纹表面应清晰,无凹痕、无断牙、无缺牙等明显缺陷	目测、螺纹通止规			
	装配质量	零部件应满足装配图纸技术要求	全检			
	表面粗糙度	加工表面粗糙度的公差要符合图纸要求	目测比对			

续表

勾选	检验项目	技术要求	检验规则	实测记录 Ac	实测记录 Re	合格勾选	备注
	关键孔径	关键孔径要符合图纸公差要求	精密游标卡尺检测				
	关键轴径	关键轴径要符合图纸公差要求	精密游标卡尺检测				
	关键线性尺寸	关键线性尺寸要符合图纸公差要求	精密游标卡尺检测				

结论：本零部件产品经检验符合要求，是□否□准予合格。

检验：	审核：	指导教师：

四、项目评价考核

项目教学评价

项目组名				小组负责人	
小组成员				班级	
项目名称				实施时间	

评价类别	评价内容	评价标准	配分	个人自评	小组评价	教师评价
学习准备	课前准备	笔记收集、整理，自主学习	5			
学习过程	信息收集	能收集有效的信息	5			
	图样分析	能根据项目要求分析图样	10			
	方案执行	以加工完成的零件尺寸为准	35			
	问题探究	能在实践中发现问题，并用理论知识解释实践中的问题	10			
	文明生产	服从管理，遵守校规校纪和安全操作规程	5			
学习拓展	知识迁移	能实现前后知识的迁移	5			
	应变能力	能举一反三，提出改进建议或方案	5			
	创新程度	有创新建议提出	5			

续表

项目组名				小组负责人	
小组成员				班级	
项目名称				实施时间	
学习态度	主动程度	主动性强		5	
	合作意识	能与同伴团结协作		5	
	严谨细致	认真仔细,不出差错		5	
总　　　计				100	
教师总评 (成绩、不足及注意事项)					
综合评定等级(个人30%,小组30%,教师40%)					

项目四　运载火箭模型制作

一、项目导入

如图4-1所示,本项目主要讲述火箭模型工艺品的制作加工。火箭模型头部是由椭圆线所形成的内外回转曲面的薄壁件;火箭模型中部为薄壁套;火箭模型尾部为薄壁喇叭口。薄壁加工在此项目中占重要位置。

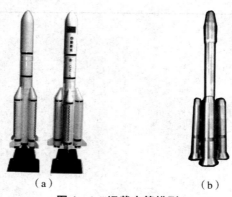

图4-1　运载火箭模型

薄壁套筒类零件是机械中常见的一种零件,它的应用范围很广,广泛应用于各工业部门。如支承旋转轴的各种形式的滑动轴承、夹具上引导刀具的导向套、内燃机气缸套、液压系统中的液压缸以及一般用途的套筒,由于其功用不同,套筒类零件的结构和尺寸有着很大的差别,但其结构上仍有共同点:零件的主要表面为同轴度要求较高的内外圆表面;零件壁的厚度较薄且易变形;零件长度一般大于直径等。同时它具有质量轻、节约材料、结构紧凑等特点。

二、项目描述

1. 项目任务

(1) 根据给定样图编制火箭模型工艺品的加工工艺规程。
(2) 根据工艺方案加工火箭模型工艺品,设计并制作所需专用刀具。
(3) 设计并制作加工火箭模型工艺品所需的专用夹具。
(4) 了解薄壁件加工的特点,掌握减少薄壁件变形的方法。
(5) 加工火箭模型工艺品组件。
(6) 火箭模型工艺品零件的质量检验及分析。

2. 项目重点和难点

(1) 薄壁件技术要求及工艺分析。

(2) 薄壁件加工精度和配合精度的保证方法。

(3) 宏程序的编制。

(4) 夹具的制作。

3. 相关知识要点

(1) 零件加工精度、装配精度的获得方法及工艺尺寸链的计算。

(2) 软爪的镗削方法。

4. 资源要求

普及型数控车床若干台（根据学生人数按平均两人一台配置）。

所用机床为 CK6136 数控车床 FANUC Oi Mate – TB，学生 20 人，每两人配一台，机床共有 10 台，各种常用数控车刀若干把，通用量具及工具若干。

5. 原材料准备

LY12、45 钢。

6. 相关资料

《机械加工手册》《金属切削手册》和《数控编程手册》。

7. 项目计划

1) 项目任务分析

(1) 本项目的特点。

(2) 本项目中的关键工作。

(3) 预计完成本项目所需时间。

2) 分工与进度计划

(1) 分组。每组学员为 3~4 人，应注意强弱组合。

(2) 编写项目计划（包括任务分配及完成时间）见表 4-1。

表 4-1 项目计划安排表

任务	内容	零件	时间安排/h	人员安排/人	备注
任务一	火箭模型工艺品组合件装配图技术要求分析	零件1~6	1	1	
任务二	火箭模型工艺品组合件（件1）的加工工艺	零件1	4	1	
任务三	火箭模型工艺品组合件（件2）的加工工艺	零件2	4	1	
任务四	火箭模型工艺品组合件（件3）的加工工艺	零件3	4	1	

续表

任务	内容	零件	时间安排/H	人员安排/人	备注
任务五	火箭模型工艺品组合件（件4）的加工工艺	零件4	4	1	任务可以同时进行，人员可以交叉执行
任务六	火箭模型工艺品组合件（件5）的加工工艺	零件5	4	1	
任务七	火箭模型工艺品组合件（件6）的加工工艺	零件6	4	1	
任务八	火箭模型零件质量检验及质量分析	零件1~6	8	1	

三、项目工作内容

任务一　火箭模型工艺品组合件装配图技术要求分析

（一）技术要求分析

（1）件1与件3、件4与件5组装后外圆接合处的间隙应最小，而且接合面应平整。要保证该项精度，各零件加工后其相应端面必须与外圆中心线有一定的垂直度要求。各零件加工时垂直度要求为0.05 mm，因此，加工中只要保证零件的加工要求，该项精度就能保证。

（2）组装后各件间的同轴度小于0.05 mm。要保证该项精度，同样注意各零件加工时的精度，故要保证同轴度小于0.05 mm或更小，这样该项精度就能保证。

（3）件4与件5、件5与件6处的螺纹配合要牢固，为保证该项要求，加工螺纹时需注意螺纹精度。

（二）项目三维实物和零件加工图

（1）火箭模型三维实物图，如图4-2所示。

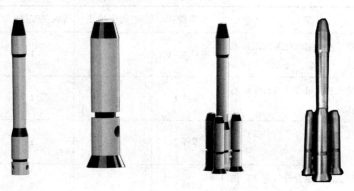

图4-2　火箭模型

（2）火箭模型装配图及各部分零件图，如图4-3~图4-9所示。

项目四 运载火箭模型制作

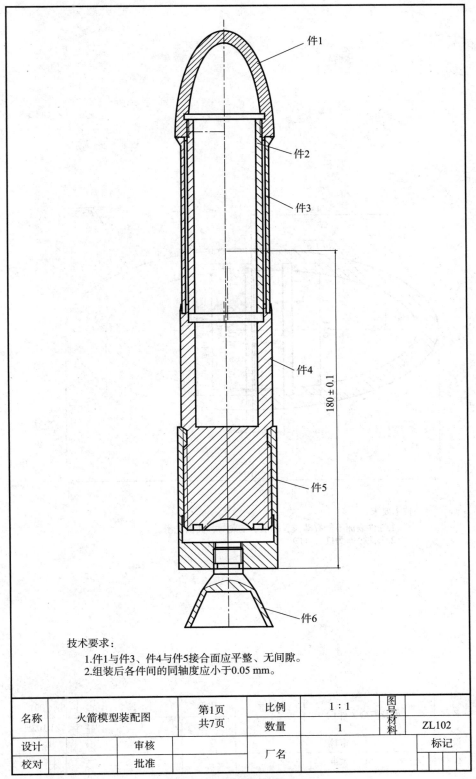

图4-3 火箭模型装配图

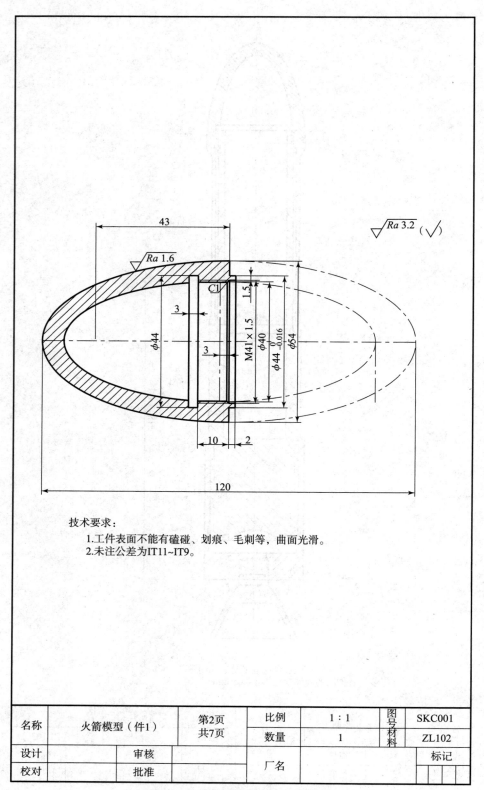

图 4-4 火箭模型（件1）零件图

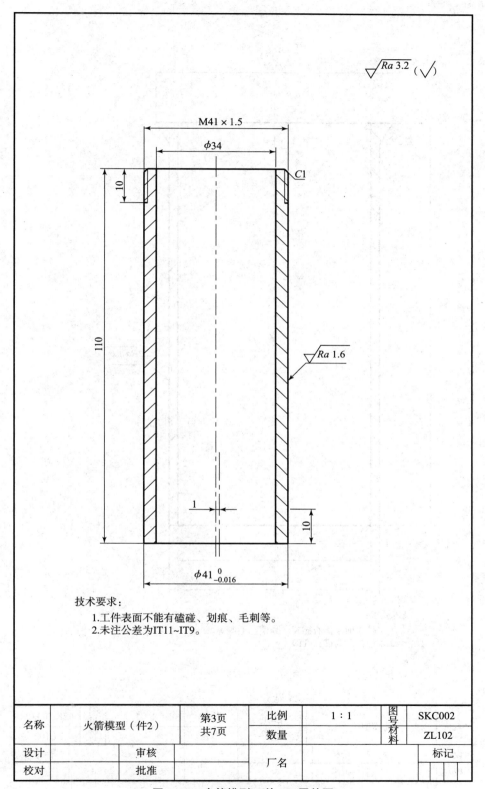

图4-5 火箭模型（件2）零件图

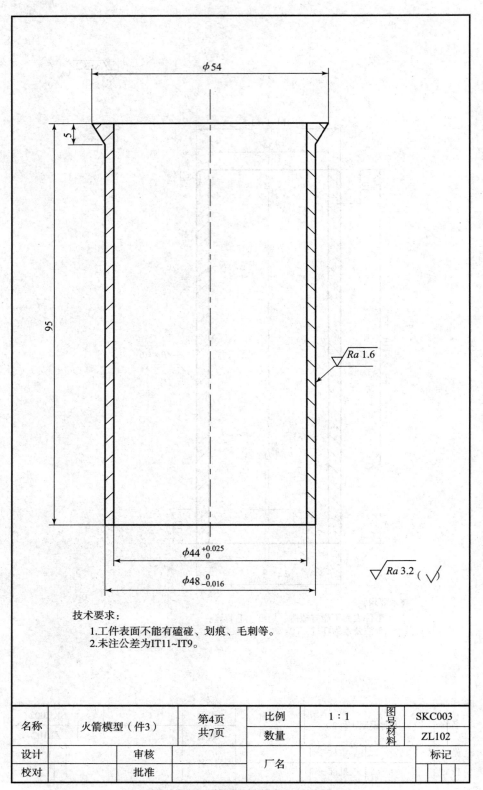

图 4-6 火箭模型（件 3）零件图

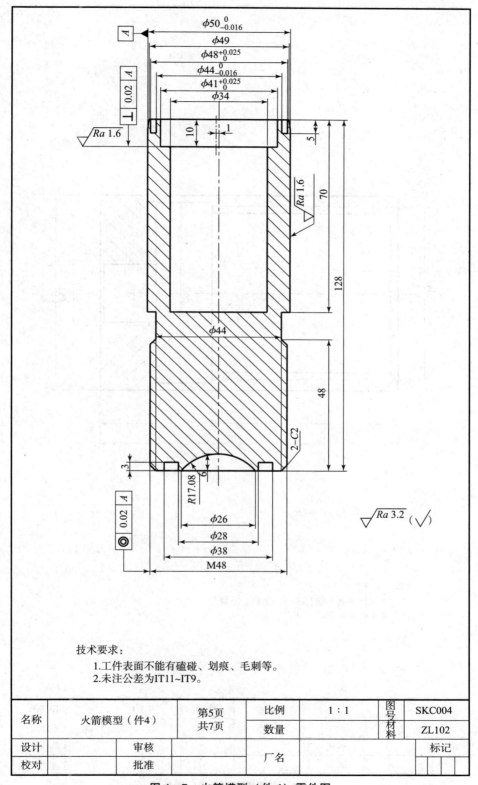

图4-7 火箭模型（件4）零件图

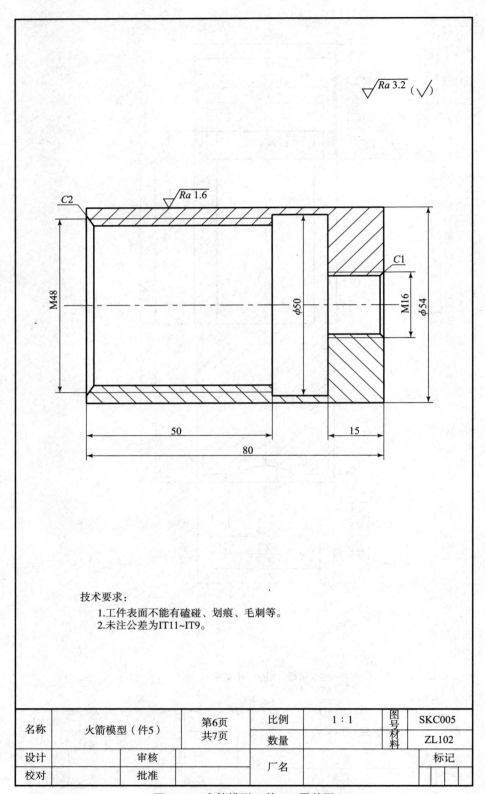

图 4-8 火箭模型（件 5）零件图

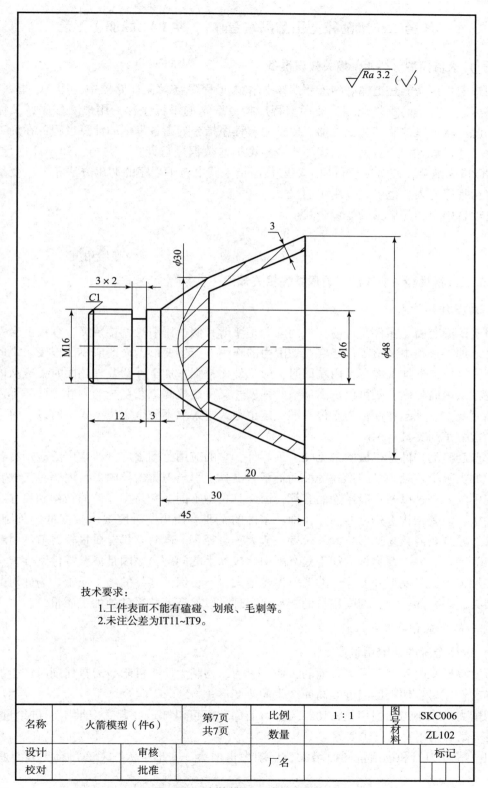

图 4-9 火箭模型（件6）零件图

任务二 火箭模型工艺品组合件（件1）的加工工艺

（一）火箭模型（件1）相关知识准备

用户宏指令功能是把编好的宏程序事先作为子程序登录在存储器中，用 NC 指令程序，随时都可以用简单的操作调用。使用宏程序指令登录的子程序称为用户宏程序，又称宏程序。因此，就可以按照某些工件加工要求用宏程序指令列出各坐标的计算过程，在加工时根据零件尺寸再输入相应数据，宏程序指令根据这些数据进行计算，并与已知条件进行比较，再与 NC 指令配合，使机床运行加工。宏程序指令调出与子程序的调出方法相同。变量的设定可以用程序输入，也可以采用 MDI 方式。

此项目中用的是椭圆的变量公式：

$$X = 2 \cdot b \cdot \sin\theta$$
$$Z = a \cdot \cos\theta - a \quad (\theta \text{ 为起始角度})$$

（二）火箭模型（件1）中的薄壁件相关知识

1. 薄壁件的特点

对于薄壁套筒类零件，普遍存在的问题是壁薄，假如用卡盘直接装夹，零件就会发生变形；另外加工过程中薄壁零件还会在切削力的作用下产生变形，而造成零件报废。因此必须采取补强措施，即加工内孔及内端面时，应从外侧补强；加工外圆及外端面时，应从内侧补强，往往从内向外胀，既可以提高薄壁的强度，又可以提高工艺系统的刚性。此类零件往往采用端面及内、外圆柱面作为定位基准，定位方式常采取不完全定位方式，所以有时会设计专用的数控车削夹具。

薄壁套筒类零件是机械中常见的一种零件，它的应用范围很广，通常广泛应用在各工业部门。如支承旋转轴的各种形式的滑动轴承、夹具上引导刀具的导向套、内燃机气缸套、液压系统中的液压缸以及一般用途的套筒，由于其功用不同，套筒类零件的结构和尺寸有着很大的差别，但其结构上仍有共同点，即：零件的主要表面为同轴度要求较高的内外圆表面；零件壁的厚度较薄且易变形；零件长度一般大于直径等。同时它具有质量轻、节约材料、结构紧凑等特点。但薄壁零件的加工是车削中比较棘手的问题，原因是薄壁零件刚性差、强度弱，在加工中极易变形，使零件的形位误差增大，不易保证零件的加工质量。为此对薄壁零件的装夹、刀具的选用、切削用量的选择要合理，以保证薄壁零件的加工质量。

2. 车削薄壁套筒零件对刀具的要求

1）选用合理的切削用量

薄壁零件车削时变形是多方面的，如夹紧力、切削力及工件阻碍刀具切削时产生的弹性变形和塑性变形；切削区温度升高而产生的热变形。

切削力的大小与切削用量密切相关，由前面我们可以知道：背吃刀量 a_p、进给量 f、切削速度 v 是切削用量的三个要素。

（1）背吃刀量和进给量同时增大，切削力也增大，变形也大，对车削薄壁零件极为不利。

（2）减少背吃刀量，增大进给量，切削力虽然有所下降，但工件表面残余面积增大，表面粗糙度值大,使强度不好的薄壁零件的内应力增加,同样也会导致零件的变形。所以,粗加工时,背吃刀量和进给量可以取大些;精加工时,背吃刀量一般为 0.2~0.5 mm,进给量一般为 0.1~0.2 mm/r,甚至更小,切削速度为 6~120 m/min,精车时应采用尽量高的切削速度,但不易过高。合理选用三要素就能减小切削力,从而减少变形。

2) 合理选择刀具的几何角度

在薄壁零件的车削中,合理的刀具几何角度对车削时切削力的大小、车削中产生的热变形、工件表面的微观质量都是至关重要的。刀具前角的大小,决定着切削变形与刀具前角的锋利程度。前角大,切削变形和摩擦力减小,切削力减小,但前角太大会使刀具的楔角减小、刀具强度减弱、刀具散热情况差、磨损加快。所以,一般车削钢件材料的薄壁零件时,刀具的后角大、摩擦力小,切削力也相应减小,但后角过大也会使刀具强度减弱。在车削薄壁零件时,精车时取较大的后角,粗车时取较小的后角。主偏角为 30°~90°、车薄壁零件的内外圆时,取大的主偏角。副偏角通常取 8°~15°,在精车时取较大的副偏角,在粗车时取较小的副偏角。

(三) 火箭模型(件1)工艺分析

1. 火箭模型(件1)的结构特点及技术要求分析

火箭模型(件1)是带有内螺纹孔及椭球面的薄壁类零件,结构比较简单,但精度要求高,加工比较困难,适合在数控车床上加工。其难点是内椭球面的加工和薄壁的加工。外圆精度较高的是端面上的伸出部分,长 2 mm,宽为 44.8 mm,公差是 0.016 mm,其他尺寸精度为未注公差,按照 IT11~IT9 加工。外椭球表面粗糙度为 $Ra1.6~\mu m$,内椭球面表面粗糙度为 $Ra3.2~\mu m$。螺纹内孔与外圆 54 的同轴度要求要高。内、外表面不能有磕碰、划痕、毛刺等,表面要光滑,而且内表面是实心的,加工时注意刀具的正确使用。

2. 火箭模型(件1)加工工艺编制

火箭模型(件1)数控加工工艺过程见表 4-2。

表 4-2 火箭模型(件1)数控加工工艺过程

数控加工工艺过程综合卡片			产品名称	零件名称	零件图号	材料
厂名(或院校名称)			火箭模型组合件工艺品	火箭模型(件1)	SKC001	ZL102
序号	工序名称	工序内容及要求	工 序 简 图		设备	工夹具
01	下料	毛坯棒料 φ60 mm × 65 mm(留夹持量)和辅助件棒料 φ60 mm × 40 mm	略		锯床	略
02	钻中心孔	夹持毛坯外圆打中心孔	略		CK6136	三爪自定心卡盘

续表

数控加工工艺过程综合卡片			产品名称	零件名称	零件图号	材料
厂名（或院校名称）			火箭模型组合件工艺品	火箭模型（件1）	SKC001	ZL102
序号	工序名称	工序内容及要求	工 序 简 图		设备	工夹具
03	钻孔	以毛坯外圆为夹持面，用 φ12 mm 的钻头钻 40 mm 深	（φ12）		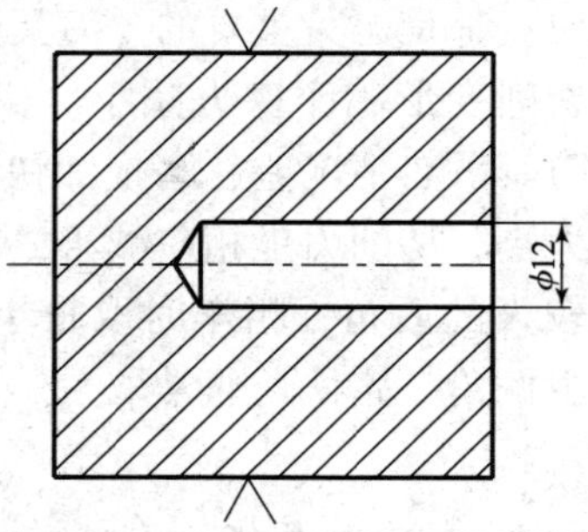 CK6136	三爪自定心卡盘
04	扩孔	以毛坯外圆为夹持面，用 φ20 mm 的钻头钻 30 mm 深	（φ12, φ20, 40）		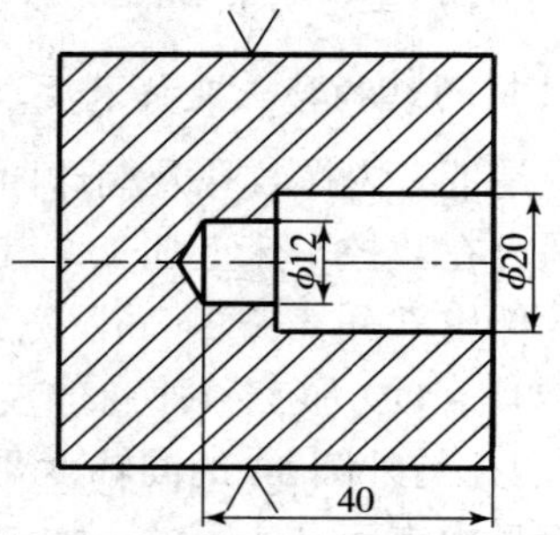 CK6136	三爪自定心卡盘
05	加工内轮廓	以毛坯外圆为夹持面加工： （1）端面和 φ44 mm 的外圆。 （2）加工 φ40 mm 的内孔和内椭圆面。 （3）加工 3 mm × 44 mm 的内螺纹退刀槽。 （4）加工 M41×1.5 的内螺纹	（C1, 3, 1.5, φ44, φ40, M41×1.5, φ44$_{-0.016}^{0}$, φ54, 10, 2）		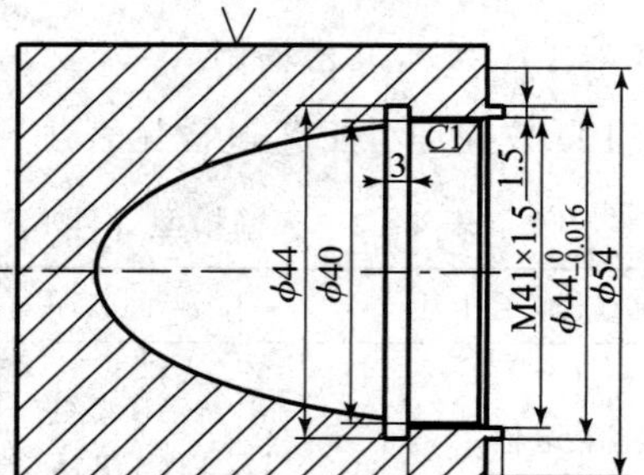 CK6136	三爪自定心卡盘
06	加工辅助件	以毛坯外圆为夹持面加工： （1）端面和 φ41 mm 的外圆。 （2）M41×1.5 的外螺纹	（φ60, M41×1.5, 12, 15, 40）		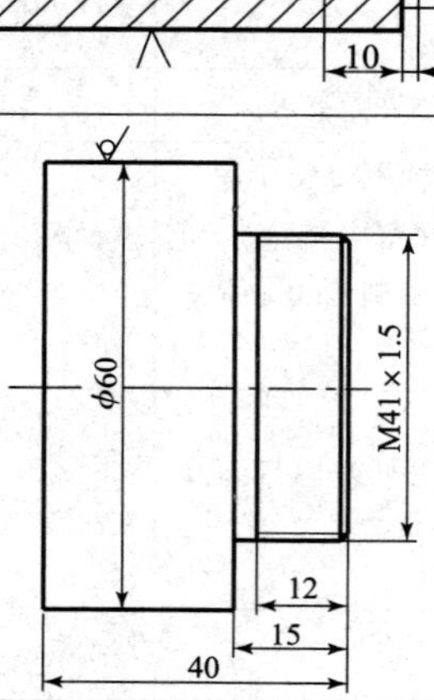 CK6136	三爪自定心卡盘

续表

数控加工工艺过程综合卡片			产品名称	零件名称	零件图号	材料
厂名（或院校名称）			火箭模型组合件工艺品	火箭模型（件1）	SKC001	ZL102
序号	工序名称	工序内容及要求	工 序 简 图		设备	工夹具
07	加工外椭球面	夹持辅助件的毛坯外圆，内、外螺纹旋合加工外椭球面			CK6136	三爪自定心卡盘
08	检验	通用量具检测各部分精度	略		CK6136	三爪自定心卡盘

3. 火箭模型（件1）加工的工艺过程分析

（1）根据技术要求，零件外圆曲面应光滑无刀痕、无毛刺，且尺寸精度和表面粗糙度要求较高。因此，外椭球面需一次装夹加工完成，并按粗车、精车两个工步进行车削，粗、精加工刀具应分开。

（2）外椭球面车削时无装夹的地方，但是内轮廓有内螺纹，因此可以想到用工艺辅助件配合加工外椭球面。

（3）内椭球面加工也有一定困难，相当于端面圆弧，因此注意刀具的选择，刀具的主、副偏角要大，而且刀尖应绝对对准工件回转中心线，如图4-10所示。

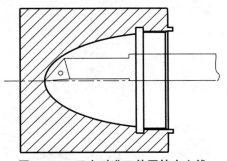

图4-10 刀尖对准工件回转中心线

（4）注意内螺纹孔与外圆的同轴度要求及端面与外圆中心线的垂直度要求都很高。因此，以毛坯外圆为基准，加工大端面及内螺纹时，必须减小工件的圆周跳动，并用百分表找正，才能保证加工要求。另外，车端面时要保证总长尺寸。

4. 刀具及切削用量的选择

根据上述对薄壁零件特点、刀具的要求进行分析,并选择刀具,见表 4-3。

表 4-3 刀具切削参数

序号	加工面	刀具号	刀具规格 类型	刀具规格 材料	主轴转速 $n/(r \cdot min^{-1})$	进给量 $f/(mm \cdot r^{-1})$
1	以内圆为基准粗车端面及外圆	T0101	90°外圆偏刀(机夹式)	涂层刀	600	0.2
2	粗车外椭球及端面	T0101			600	0.2
3	精车外椭球及端面	T0101			1 300	0.1
4	加工内三角螺纹	T0202	内三角螺纹刀(机夹式)		300	0.08
5	加工内沟槽	T0303	沟槽刀(机夹式)		600	—
6	粗车内轮廓面	T0404	内孔圆弧刀(机夹式)		600	0.2
7	精车内轮廓面	T0404			1 200	0.1

5. 火箭模型(件1)数控加工的参考程序

以 FANUC 系统为例程序:

O0001;   件1 内轮廓
M3 S600;   主轴正转 600 r/min
T0404;   镗孔刀 4 号刀
G0 X20 Z2;   快速定位
G71 U1.5 R0.5;   粗加工内孔
G71 P10 Q20 U-0.3 W0 F0.2;
N10 G0 X41 S1200;
G1 Z0 F0.1;
Z-2;
X39.5 Z-3;
Z-15;
N20 X20;
G0 Z200;
M05;   暂停测量
M00;

M3 S1200；	主轴正转 1 200 r/min
T0404；	
G0 X20 Z2；	
G70 P10 Q20；	内孔精加工
G0 Z200；	
M05；	暂停测量
M00；	
M3 S300；	
T0303；	沟槽刀加工内沟槽
G0 X38；	
Z-15；	
G1 X44 F0.1；	切槽
G4 X1；	暂停 1 s
G1 X38 F0.5；	退刀
G0 Z200；	快速退刀
M3 S600；	
T0202；	内三角螺纹刀
G0 X38 Z5；	
G92 X39.9 Z-13 F1.5；	加工螺纹
X40.3；	
X40.6；	
X40.9；	
X41.3；	
X41.45；	
G0 Z200；	退刀
M05；	主轴停止
M00；	
M3 S600；	
T0101；	90°外圆偏刀
#9=40；	
N40 G0 X38 Z[#9]；	
#1=90；	椭圆起始角度 90°
N30 #2=40*SIN[#1]；	直径方向的变量计算公式

```
    #3 = 50 * COS[#1] -5;              长度方向的变量计算公式
    G64 G1 X#2 Z[#3 + #9] F0.2;        椭圆变直线步进
    IF [#1 LE 180] GOTO30;             条件转移
    G0 Z[5 + #9];
    #9 = #9 -2;                         循环加工
    IF [#9 GE 0] GOTO40;               条件转移
    G0 Z200;                            退刀
    M30;                                程序结束


    O0002;
    M3 S600;                            粗加工件1外轮廓
    T0101;
    #9 = 60;                            设定毛坯φ60 mm
    #11 = 0.25;                         进给速度设定
    M98 P0002;                          调用子程序
    G0 X100 Z100;
    M05;
    M00;                                暂停测量
    M3 S1300;                           精加工件1外轮廓
    T0101;
    #9 = 0;
    #11 = 0.1;                          进给速度设定
    G0 X0 Z2;
    G1 Z0 F0.1;                         定位起点
    M98 P0002;
    G0 X100 Z100;                       快速退刀
    M30;                                程序结束


    O0002;                              椭圆轮廓加工子程序
    N20 G0 X62;
    Z5;
    X#10;
    #1 = 60;                            设定毛坯
```

```
#2 = 27;
#3 = 0;
N10 #4 = 2 * [#2] * SIN[#3] + #9;
#5 = #1 * COS[#3] - #1;
IF [#4 GT 60] GOTO30;          条件转移
G64 G1 X#4 Z#5 F#11;           连续进给
#3 = #3 + 0.8;                 角度累加
IF [#3 LE90] GOTO10;           条件转移
N30 #9 = #9 - 4;
IF [#9 GT 1] GOTO20;
M99;                           子程序结束
```

任务三 火箭模型工艺品组合件（件2）的加工工艺

（一）火箭模型（件2）的相关知识

1. 薄壁工件相关知识

1) 薄壁工件的加工特点

车削薄壁工件时，由于工件的刚度低，在车削过程中，可能产生以下现象。

(1) 因工件薄壁，在夹紧力的作用下容易产生变形，从而影响工件的尺寸精度和形状精度。

(2) 因工件壁较薄，切削热会引起工件热变形，使工件尺寸难以控制。

(3) 在切削力尤其是背向力的作用下，容易产生振动和变形，影响工件的尺寸精度、表面粗糙度、形状精度和位置精度。

针对以上车薄壁工件时可能产生的问题，下面介绍防止和减少薄壁工件变形的方法。

2) 防止和减少薄壁工件变形的方法

(1) 把薄壁工件的加工分为粗车和精车两个阶段。粗车时夹紧力稍大些，变形虽然也相应大些，但是由于切削余量比较大，故不会影响工件的最终精度；精车时夹紧力可稍小些，一方面夹紧变形小，另一方面精车时还可以消除粗车时因切削力过大而产生的变形。

(2) 合理选择刀具的几何参数。精车薄壁工件时，要求刀柄的刚度高，车刀的修光刀刃不宜过长（一般取0.2~0.3 mm），刃口要锋利。

(3) 增加装夹接触面积。使用开缝套筒或特制的软卡爪（图4-11），增大装夹时的接触面积，使夹紧力分布在薄壁工件上，因而夹紧时工件不易产生变形。

(4) 应用轴向夹紧夹具。车削薄壁工件时，尽量不使用径向夹紧，而优先选用轴向夹紧的方法（图4-12）。薄壁工件装夹在车床夹具体内，用螺母的端面来夹紧工件，使夹紧力F沿工件轴向分布，这样可以防止薄壁工件内孔产生夹紧变形。

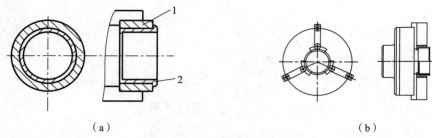

图 4-11 开缝套筒软卡爪
(a) 开缝套筒;(b) 扇形软卡爪
1—开缝套筒;2—工件

(5) 增加工艺肋。有些薄壁工件可以在其装夹部位特制几根工艺肋,以增强刚度,使夹紧力更多地作用在工艺肋上,以减少工件的变形。加工完毕后,再去掉工艺肋,如图 4-13 所示。

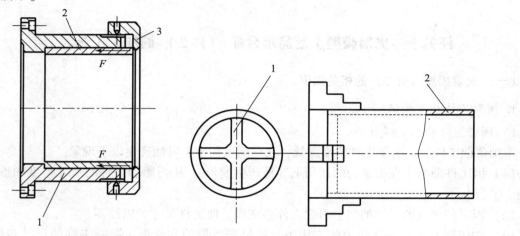

图 4-12 轴向夹紧夹具
1—夹具件;2—薄壁工件;3—螺母

图 4-13 增加工艺肋以防止薄壁工件变形
1—工艺肋;2—薄壁工件

(6) 浇注充分的切削液。浇注充分的切削液,可降低切削温度、减少工件热变形,是防止和减少薄壁工件变形的有效方法。

3) 车削薄壁工件时切削用量的选择

针对薄壁工件刚度低、易变形的特点,车薄壁工件时应适当降低切削用量。实践中,一般按照中速、小吃刀和快进给的原则来选择,具体参数可参考表 4-4。

表 4-4 车削薄壁工件时的切削用量

加工性质	切削速度 v_c /(mm·min^{-1})	进给量 f /(mm·r^{-1})	背吃刀量 a_p/mm
粗车	70~80	0.6~0.8	1
精车	100~120	0.15~0.25	0.3~0.5

2. 偏心工件的相关知识

1）偏心工件的特点

（1）在机械传动中，一般多采用曲柄滑块机构来实现运动形式的转换，使回转运动转变为往复直线运动或使往复直线运动转变为回转运动，偏心轴、曲柄、曲轴都是偏心工件的实例。

（2）偏心工件就是外圆与外圆、内孔与外圆的轴线平行但不重合的工件。其中，外圆与外圆的轴线偏心的工件，称为偏心轴；外圆与内孔的轴线相互平行但不重合的工件，称为偏心套；两轴线之间的距离称为偏心距 e。

（3）偏心轴、偏心套一般都在车床上加工。其原理基本相同，都是通过采取适当的装夹方法，将需要加工的偏心外圆或内孔的轴线校正到与机床主轴轴线重合的位置后，再进行车削。

（4）根据偏心工件的数量、形状、偏心距的大小和精度不同，偏心工件可以在车床上用三爪自定心卡盘、四爪单动卡盘和两顶尖装夹进行车削。在成批生产或偏心距精度要求较高时，则采用专用偏心夹具车削。

（5）三爪自定心卡盘上车削偏心工件垫片的厚度计算。

$$x = 1.5e + k, \quad k \approx 1.5\Delta e, \quad \Delta e = e - e_{测}$$

式中：x——垫片厚度，mm；

e——工件偏心距，mm；

k——偏心距修正值，其正负值按实测结果确定，mm；

Δe——试切后的实测偏心距误差值，mm；

$e_{测}$——试切后的实测偏心距，mm。

（6）偏心的基本原理。把所要加工偏心部分的轴线找正到与车床主轴轴线重合，在三爪自定心卡盘的任意一个卡爪与工件基准外圆柱面（已加工好）的接触部位之间，垫上一预先选好厚度的垫片，使工件的轴线相对车床主轴轴线产生等于工件偏心距 e 的位移，夹紧工件后，即可车削，垫垫片的卡爪应做好标记。

（7）偏心工件偏心距的检测。

①在两顶尖之间检测偏心距。两端有中心孔，偏心距较小，不易放在 V 形架上测量的偏心轴类工件，可以在两顶尖间检测偏心距。检测时，将百分表测量杆触头垂直轴线接触在偏心部位，用手均匀、缓慢转动一周，百分表指示的最大值与最小值之差的一半即为偏心距。

将偏心套套在心轴上，用两顶尖支承，可用同样的方法检测偏心套工件的偏心距。

②在 V 形架上检测偏心距。无中心孔或长度较短，偏心距 $e < 5$ mm 的偏心工件，可在 V 形架上检测偏心距。检测时，将工件基准圆柱放置在 V 形架上，百分表测量杆触头垂直基准轴线接触在工件偏心部位，用手均匀、缓慢转动一周，百分表指示的最大值与最小值之差的一半即为偏心距。

（8）偏心工件实践技巧。

①装夹工件时，工件轴线不能歪斜，以免影响加工质量。

②为保证偏心轴两轴线平行，装夹时应用百分表校正工件外圆，使外圆侧素线与车床主

轴轴线平行。

③选择具有足够硬度的材料做垫片，以防装夹时发生挤压变形。

④垫片与卡爪接触的一面应做成与卡爪圆弧相匹配的圆弧面，否则垫片与卡爪之间会产生间隙，造成偏心距误差。

⑤为防止因卡爪的同轴度误差而使找准偏心距困难，在调整垫片厚度、垫垫片时应认准同一个卡爪。

(9) 偏心工件加工注意的安全事项。

①由于工件偏心，在开车前车刀不能靠近工件，以防工件碰撞车刀。

②初学者车偏心工件时，建议采用高速钢车刀车削。

③为了保证偏心零件的工作精度，在车削偏心工件时，应注意控制轴线间的平行度和偏心距的精度。

(二) 火箭模型 (件2) 工艺分析

1. 火箭模型 (件2) 的结构特点及技术要求分析

火箭模型 (件2) 是典型的薄壁回转体零件，此零件的外圆尺寸为 $\phi 44$ mm (-0.016 mm~0)，表面粗糙度为 $Ra1.6$ μm，此外还在外径上加工一个 M41×1.5 的外三角螺纹，结构简单，精度要求严格。内孔为 $\phi 34$ mm，没有标注精度公差，按照 IT11~IT9 来加工，内孔与外圆的同轴度和端面与外圆的垂直度要高，总长尺寸为 110 mm。其中外圆偏心 1 mm，属于偏心轴加工，将来要与火箭模型 (件4) 内孔偏心形成偏心套配合，以增加配合的牢固性。整个工件表面不能有磕碰、划痕和毛刺等。

2. 火箭模型 (件2) 加工工艺编制

1) 火箭模型 (件2) 数控加工工艺过程

火箭模型 (件2) 数控加工的工艺过程见表 4-5。

表 4-5 火箭模型 (件2) 数控加工的工艺过程

数控加工工艺过程综合卡片		产品名称	零件名称	零件图号	材料
厂名（或院校名称）		火箭模型组合件工艺品	火箭模型（件2）	SKC002	ZL102
序号	工序名称	工序内容及要求	工 序 简 图	设备	工夹具
01	下料	棒料 $\phi 60$ mm × 130 mm（留夹持量）	略	锯床	略
02	钻中心孔	用一夹一顶的方式，在工件一端车工艺台阶，夹紧15 mm，钻中心孔	略	CK6136	三爪自定心卡盘

续表

数控加工工艺过程综合卡片			产品名称	零件名称	零件图号	材料
厂名（或院校名称）			火箭模型组合件工艺品	火箭模型（件2）	SKC002	ZL102
序号	工序名称	工序内容及要求	工 序 简 图		设备	工夹具
03	加工外轮廓	（1）夹工艺台阶外圆，顶住中心孔，粗、精车外圆至 $\phi41$ mm，长112 mm； （2）粗、精车外螺纹； （3）取下工件，夹 $\phi41$ mm 外圆； （4）切断，保证总长110 mm	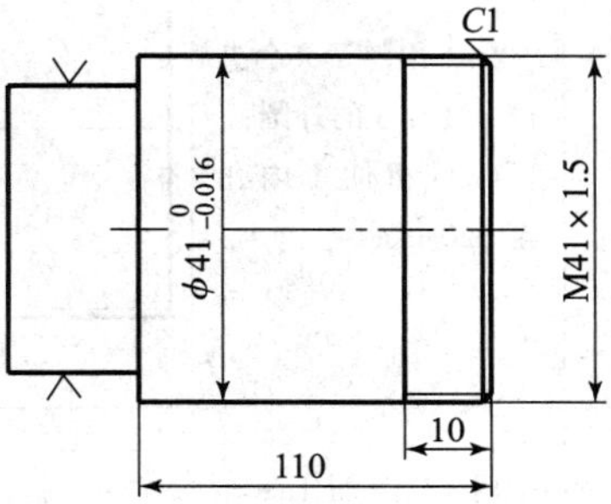 $\phi41_{-0.016}^{0}$，M41×1.5，C1，110，10		CK6136	三爪自定心卡盘
04	加工工艺夹具	用45钢件加工弹簧夹套，外圆 $\phi43.3$ mm，内孔 $\phi41.3$ mm，长为60 mm	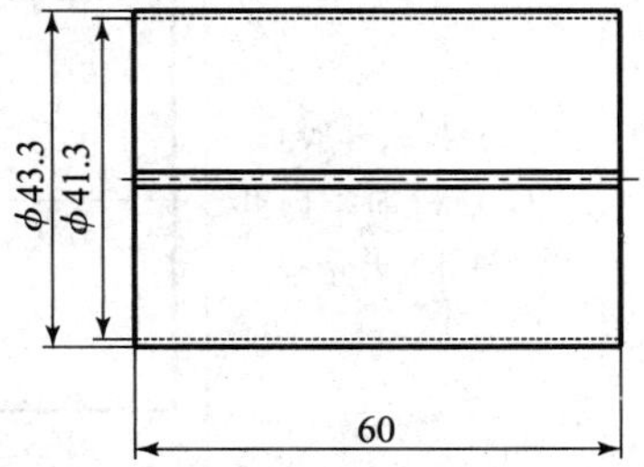 $\phi43.3$，$\phi41.3$，60		CK6136	三爪自定心卡盘
05	钻孔	钻孔至 $\phi20$ mm	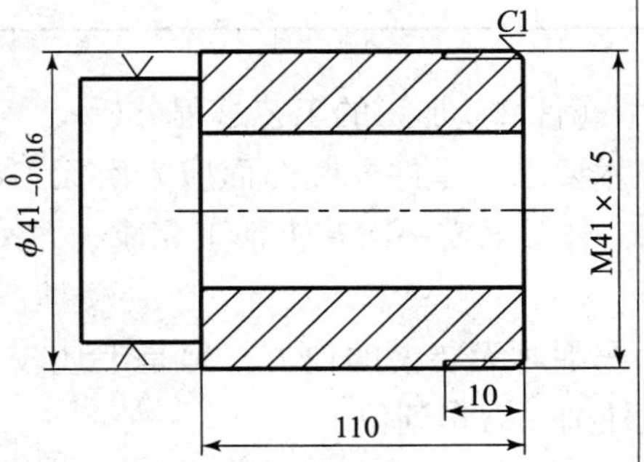 $\phi41_{-0.016}^{0}$，M41×1.5，C1，110，10		CK6136	三爪自定心卡盘

续表

数控加工工艺过程综合卡片			产品名称	零件名称	零件图号	材料
厂名（或院校名称）			火箭模型组合件工艺品	火箭模型（件2）	SKC002	ZL102
序号	工序名称	工序内容及要求	工 序 简 图		设备	工夹具
06	粗加工内孔	（1）用弹簧夹套夹住 $\phi 41$ mm 的外圆； （2）粗加工内孔至 $\phi 30$ mm			CK6136	三爪自定心卡盘
07	加工偏心垫片	用 45 钢加工 $e = 1$ mm 的偏心垫片	略		CK6136	三爪自定心卡
08	精加工内孔	（1）换软卡爪； （2）精加工内孔至 $\phi 34$ mm 并偏心			CK6136	三爪自定心卡盘
9	检验	用通用量具检测各部分精度	略		CK6136	三爪自定心卡盘

2）火箭模型（件2）加工的工艺过程分析

（1）根据技术要求，零件外圆曲面应光滑无刀痕、无毛刺，且尺寸精度和表面粗糙度要求较高。因此，外圆面需一次装夹加工完成，并按粗车、精车两个工步进行车削，粗、精加工刀具应分开。

（2）外圆面车削时无装夹的地方，但是毛坯较长，可以夹住工艺台阶，因此可以采用一夹一顶方式把外圆一刀车到位。

（3）内孔面加工也有一定困难，既要保证精度和表面粗糙度，还要加工偏心，而且是薄壁，所以这里设计了弹簧夹套，以增大受力面积、保证切削刚性，车偏心时用偏心垫片，并采用软卡爪。

（4）注意内孔与外圆的同轴度要求及端面与外圆中心线的垂直度和未注公差为 IT11～IT9，保证配合性，装夹时用百分表校正才能保证加工要求。另外，车端面时要保证总长尺寸。

3) 刀具及切削用量的选择

刀具及切削用量的选择见表 4-6。

表 4-6 刀具及切削用量

序号	加工面	刀具号	刀具规格 类型	刀具规格 材料	主轴转速 $n/(\mathrm{r \cdot min^{-1}})$	进给量 $f/(\mathrm{mm \cdot r^{-1}})$
1	外圆粗车面	T0101	90°外圆偏刀（机夹式）	涂层刀	600	0.2
2	外圆精车面	T0101	90°外圆偏刀（机夹式）	涂层刀	1 300	0.1
3	内孔粗车面	T0404	镗孔刀（机夹式）	涂层刀	500	0.2
4	内孔精车面	T0404	镗孔刀（机夹式）	涂层刀	1 200	0.1
5	外三角螺纹	T0303	外三角螺纹刀（机夹式）	涂层刀	800	—

4）火箭模型（件2）数控加工的参考程序

以 FANUC 系统为例程序：

O0003;   件2外轮廓

M3 S600;

T0101;   90°外圆偏刀

G0 X61 Z2;

G71 U2 R1;   循环粗车

G71 P10 Q20 U0.3 W0 F0.2;

N10 G0 X39 S1300;

G1 Z0 F0.1;

X40.85 Z -1;

Z -111;

N20 X61;

G0 X200 Z10;

M05;

M00;

M3 S1300;   精车外圆

T0101;

G0 X61 Z2;   定位

G70 P10 Q20;

G0 X200 Z10;   退刀

M05;

M00;   暂停

```
M3 S800;
T0303;                          外三角螺纹刀
G0 X43 Z5;
G92 X40.2 Z-10 F1.5;            螺纹循环加工
X39.7;
X39.3;
X39.05;
G0 X200 Z10;                    快速退刀
M30;                            结束手工切断


O0004;                          件2内轮廓
M3 S500;
T0404;                          镗孔刀
G0 X27 Z2;
G71 U2 R1;                      内孔粗车循环
G71 P10 Q20 U-0.3 W0 F0.2;
N10 G0 X34 S1200;
G1 Z0 F0.1;
Z-111;
N20 X27;
G0 Z200;
M05;
M00;
M3 S1200;                       内孔精车循环
T0404;
G0 X27 Z2;
G70 P10 Q20;
G0 Z200;
M30;                            程序结束
```

任务四 火箭模型工艺品组合件（件3）的加工工艺

（一）火箭模型组合件（件3）的加工工艺分析

1. 火箭模型（件3）的结构特点及技术要求分析

火箭模型件3与件2相似，同样有薄壁，壁厚为2 mm，而且总长为95 mm，外圆尺寸精度是 $\phi 48_{-0.016}^{0}$ mm，内孔尺寸精度是 $\phi 44_{0}^{+0.025}$ mm，精度要求较高。内外表面粗糙度是 $Ra1.6$ μm，因此加工时注意刀具的角度和切削用量问题。其中外圆 $\phi 54$ mm、长度5 mm和总长95 mm都未注公差，那么按技术要求未注公差 IT11~IT9 精度等级加工。工件表面不能有磕碰、划痕和毛刺等。

2. 火箭模型（件3）加工工艺编制

1）火箭模型（件3）数控加工工艺过程

火箭模型（件3）数控加工工艺过程见表4-7。

表4-7 火箭模型（件3）数控加工工艺过程

数控加工工艺过程综合卡片			产品名称	零件名称	零件图号	材料
厂名（或院校名称）			火箭模型组合件工艺品	火箭模型（件3）	SKC003	ZL102
序号	工序名称	工序内容及要求	工 序 简 图		设备	工夹具
01	下料	棒料 $\phi 60$ mm × 100 mm（留夹持量）	略		锯床	略
02	车平面，钻中心孔	夹住毛坯 $\phi 60$ mm，夹持量为60 mm，车平面、钻中心孔定位	98		CK6136	三爪自定心卡盘
03	掉头车平面，钻孔	车平面，并用 $\phi 20$ mm钻头钻深95 mm	$\phi 20$ / 95		CK6136	三爪自定心卡盘

续表

数控加工工艺过程综合卡片			产品名称	零件名称	零件图号	材料
厂名（或院校名称）			火箭模型组合件工艺品	火箭模型（件3）	SKC003	ZL102
序号	工序名称	工序内容及要求	工 序 简 图		设备	工夹具
04	加工内孔	（1）夹住毛坯粗加工内孔； （2）精加工内孔至 φ44 mm			CK6136	三爪自定心卡盘
05	加工心轴	（1）加工心轴 φ44 mm，长150 mm，在轴上加工外螺纹； （2）车垫圈； （3）加工与心轴相配的内螺纹件			CK6136	三爪自定心卡盘
06	加工外圆	（1）用心轴装夹内孔； （2）粗加工外圆 φ48 mm、φ54 mm； （3）精加工外圆 φ48 mm、φ54 mm			CK6136	三爪自定心卡盘
07	检验	用通用量具检测各部分精度	略		CK6136	三爪自定心卡盘

2）火箭模型（件3）加工的工艺过程分析

火箭模型（件3）为薄壁件，而且壁厚只有2 mm，薄壁长度为95 mm，加工的刚性比较差，为了保证加工的切削刚度，采用先加工内轮廓、后加工外轮廓的方法。加工内孔时直接夹住毛坯外圆，粗、精加工到 φ44 mm，然后加工工艺夹具心轴，用心轴夹持内孔，实现工件的轴向定位，避免径向夹紧受力导致工件变形，从而达到薄壁精度。另外工件未注公差按照 IT11～IT9 精度等级加工，工件内外表面不能有划痕、毛刺等。注意装夹工件的跳动，用百分表校正。

3) 刀具及切削用量的选择

刀具及切削用量的选择见表4-8。

表4-8 刀具及切削用量

序号	加工面	刀具号	刀具规格		主轴转速 $n/(\text{r}\cdot\text{min}^{-1})$	进给量 $f/(\text{mm}\cdot\text{r}^{-1})$
			类型	材料		
1	粗加工内孔面	T0404	内镗孔刀（机夹式）	涂层刀	500	0.2
2	精加工内孔面	T0404			1 200	0.1
3	粗加工外圆	T0101	90°外圆偏刀（机夹式）		600	0.2
4	精加工外圆	T0101			1 300	0.1

4) 火箭模型（件3）数控加工的参考程序：

O0005;   件3内轮廓

M3 S500;

T0404;   调内镗孔刀

G0 X20 Z2;

G71 U2 R1;   粗车循环

G71 P10 Q20 U-0.5 W0 F0.2;

N10 G0 X44 S1200;

G1 Z0 F0.1;

Z-96;

N20 X20;

G0 Z200;

M05;

M00;

M3 S1200;

T0404;

G0 X20 Z2;

G70 P10 Q20;   精车循环

M30;

O0006;   加工外圆

M3 S600;

T0101;   90°偏刀

```
G0 X61 Z2;                    快速定位
G71 U2 R1;                    循环粗车
G71 P10 Q20 U0.5 W0 F0.2;
N10 G0 X48 S1300;
G1 Z0 F0.1;
Z -90;
X54 Z -95;
N20 X61;
G0 X100 Z100;
M05;
M00;
M3 S1300;                     精加工外轮廓
T0101;
G0 X61 Z2;
G70 P10 Q20;
G0 X100 Z100;
M30;                          程序结束
```

任务五 火箭模型工艺品组合件（件4）的加工工艺

（一）火箭模型组合件（件4）的加工工艺分析

1. 火箭模型（件4）的结构特点及技术要求分析

火箭模型（件4）是典型的螺纹轴零件，它包含外圆、内孔外螺纹、端面槽和端面圆弧、螺纹退刀槽、偏心等加工要素，这些在前面组件当中都有所体现，所以此组件结构的特点基本上和上述讲的一样，需要注意的就是有个内孔加工是平底，对刀具有一定的要求，我们在选择刀具时注意刀尖要到孔底中心，刀具的偏角和加工方法、平底的表面粗糙度也要达到它的技术要求。其他的技术要求跟前面一样，除标注之外，表面粗糙度达到 $Ra3.2\ \mu m$，而且表面不能有碰痕、划伤。

2. 火箭模型（件4）加工工艺编制

1）火箭模型（件4）数控加工工艺过程

火箭模型（件4）数控加工工艺过程见表 4-9。

表 4–9 火箭模型（件 4）数控加工工艺过程

数控加工工艺过程综合卡片			产品名称	零件名称	零件图号	材料
厂名（或院校名称）			火箭模型组合件工艺品	火箭模型（件 4）	SKC004	ZL102
序号	工序名称	工序内容及要求	工 序 简 图		设备	工夹具
01	下料	棒料 φ60 mm × 135 mm（留夹持量）	略		锯床	略
02	钻中心孔	夹住毛坯 φ60 mm、长 30 mm，钻中心孔			CK6136	三爪自定心卡盘
03	加工左端外轮廓	用外圆刀粗、精加工外圆至 φ50 mm、长 90 mm			CK6136	三爪自定心卡盘
04	加工左端外端面槽	粗、精加工端面槽，深度为 5 mm			CK6136	三爪自定心卡盘
05	左端钻孔	用 φ20 mm 麻花钻钻出孔深度至 65 mm，深度留 5 mm 左右余量	略		CK6136	三爪自定心卡盘

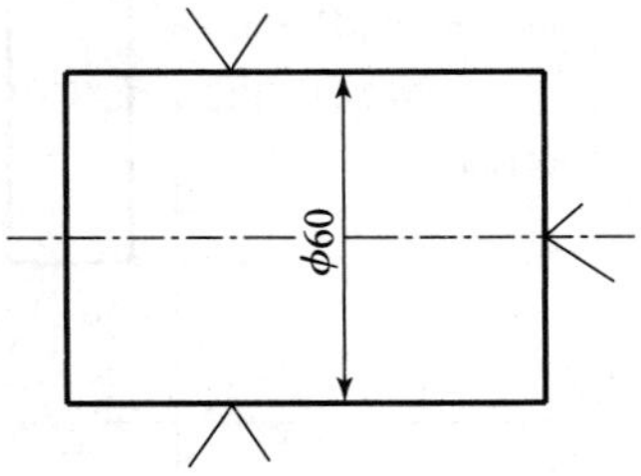

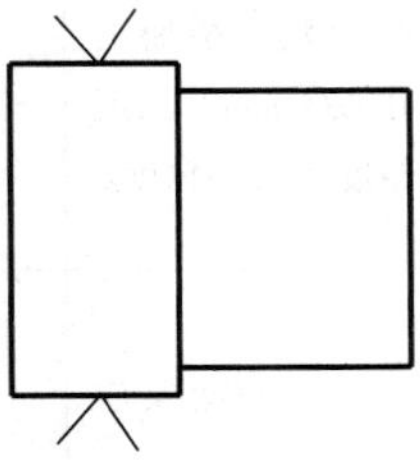

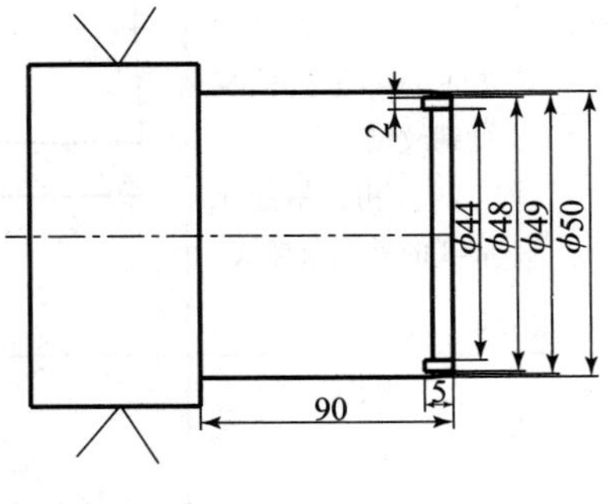

续表

数控加工工艺过程综合卡片			产品名称	零件名称	零件图号	材料
厂名（或院校名称）			火箭模型组合件工艺品	火箭模型（件4）	SKC004	ZL102
序号	工序名称	工序内容及要求	工 序 简 图		设备	工夹具
06	左端粗、精加工内孔	（1）粗加工内孔 $\phi 41$ mm 和 $\phi 32$ mm； （2）精加工内孔 $\phi 41$ mm	（图：Ra 1.6，尺寸 5、3.5、10、$\phi 32$、$\phi 41^{+0.025}_{0}$、$\phi 44^{0}_{-0.016}$）		CK6136	三爪自定心卡盘
07	加工左端偏心	（1）用垫片装夹； （2）粗、精加工内孔 $\phi 34$ mm，保证孔精度和偏心精度	略		CK6136	三爪自定心卡盘
08	加工右端外轮廓	（1）车端面保证总长； （2）粗、精加工外圆； （3）粗、精加工 $\phi 44$ mm，长 10 mm 的螺纹槽； （4）粗、精加工 M48 的外三角螺纹	（图：2-C2，M48）		CK6136	三爪自定心卡盘
09	加工右端端面槽	粗、精加工右端端面槽，深度3 mm，保证精度	（图：2-C2，$\phi 28$、$\phi 38$、3）		CK6136	三爪自定心卡盘

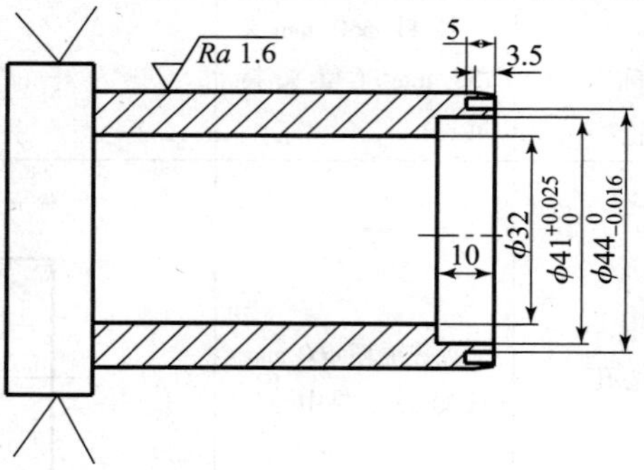

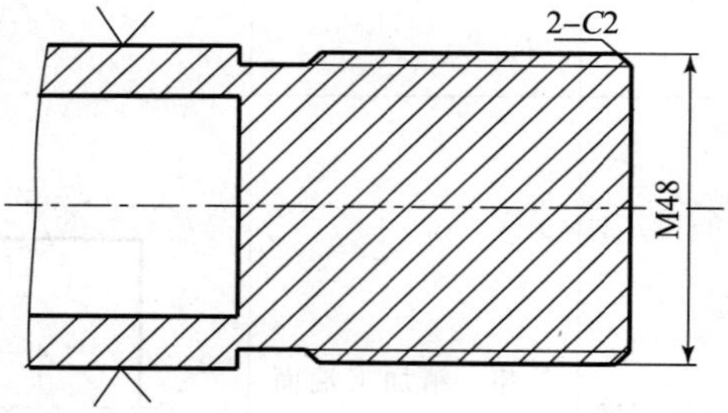

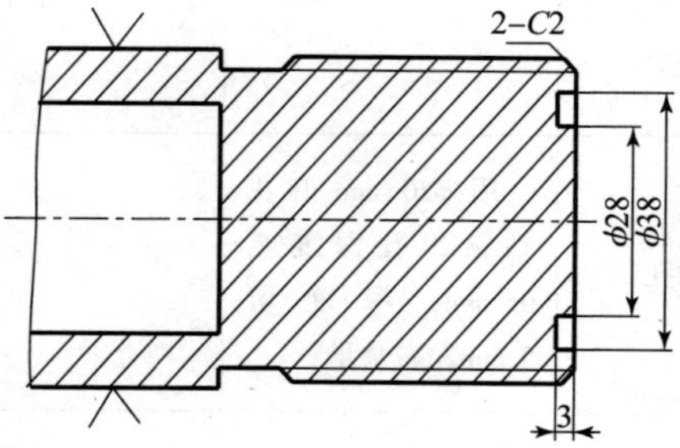

续表

数控加工工艺过程综合卡片			产品名称	零件名称	零件图号	材料
厂名（或院校名称）			火箭模型组合件工艺品	火箭模型（件4）	SKC004	ZL102
序号	工序名称	工序内容及要求	工序简图		设备	工夹具
10	加工右端端面圆弧	粗、精加工端面圆弧			CK6136	三爪自定心卡盘
11	检验	用通用量具检测各部分精度	略		CK6136	三爪自定心卡盘

2）火箭模型（件4）加工的工艺过程分析

火箭模型（件4）是螺纹轴类典型零件，综合性较强，有外圆、内孔螺纹退刀槽、外螺纹、端面槽、偏心和端面圆弧等。其中注意的重点有端面槽，注意刀具与端面槽的切削用量和外圆槽的区别。内孔 $\phi 41$ mm 将要与件2的外圆 $\phi 41$ mm 配合，注意加工精度和端面的垂直度；外螺纹也与件5的内螺纹形成配合，注意加工精度。所有表面粗糙度达到要求，表面不能有划痕和毛刺等。未注公差按 IT11～IT9 来加工。

3）刀具及切削用量的选择

刀具及切削用量的选择见表4-10和表4-11。

表4-10 刀具切削参数（一）

序号	加工面	刀具号	刀具规格		主轴转速 $n/(\mathrm{r}\cdot\mathrm{min}^{-1})$	进给量 $f/(\mathrm{mm}\cdot\mathrm{r}^{-1})$
			类型	材料		
1	左端外圆粗车	T0101	90°外圆偏刀（机夹式）	涂层刀	600	0.2
2	左端外圆精车	T0101			1 300	0.1
3	左端内孔粗车	T0404	内孔刀（机夹式）		500	0.2
4	左端内孔精车	T0404			1 200	0.1
5	左端端面槽	T0303	端面槽刀（机夹式）		300	0.06
6	左端平底孔	T0202	内孔平底刀（机夹式）		500	0.1

表 4-11 刀具切削参数（二）

序号	加工面	刀具号	刀具规格		主轴转速 $n/(r \cdot min^{-1})$	进给量 $f/(mm \cdot r^{-1})$
			类型	材料		
1	右端外圆粗车	T0101	90°外圆偏刀（机夹式）	涂层刀	600	0.2
2	右端外圆精车	T0101			1 300	0.1
3	右端螺纹槽	T0202	切槽刀（机夹式）		450	0.1
4	右端外螺纹	T0303	外三角螺纹刀（机夹式）		800	—
5	右端端面圆弧	T0404	60°外圆偏刀（机夹式）		500	0.1
6	右端端面槽	T0505	端面槽刀（机夹式）		300	0.06

4）火箭模型（件4）数控加工的参考程序

加工左端：

O0007;	加工件4左端外轮廓
M3 S600;	
T0101;	90°外圆偏刀
G0 X61 Z2;	
G90 X56 Z-73 F0.2;	矩形循环
X52;	
X50.5;	
G0 X100 Z100;	快速退到换刀点
M3 S1300;	
T0101;	
G0 X49 Z2;	精加工件4左端外轮廓
G1 Z0 F0.1;	
X50 Z-35;	
Z-73;	
X61;	
G0 X100 Z100;	
M05;	
M00;	
M3 S500;	加工件4左端内轮廓
T0404;	
G0 X20 Z2;	
G71 U2 R1;	粗车循环
G71 P10 Q20 U-0.5 W0 F0.2;	
N10 G0 X41 S1200;	
G1 Z0 F0.1;	

```
Z-10;
X30;
Z-65;
N20 X20;
G0 Z200;
M5;
M0;
M3 S1200;                           精加工件4左端内轮廓
T0404;
G0 X20 Z2;
G70 P10 Q20;
G0 Z200;
M05;
M00;                                暂停
M3 S300;                            加工左端端面槽
T0303;
G0 X44 Z2;
G1 Z-5 F0.06;
G4 X1;                              暂停1 s
G1 Z2 F1;
G0 Z200;
M30;                                程序结束

O0008;
M3 S500;
T0303;
#1=10;
G0 X27 Z2;
N10 G1 Z[-64+#1] F0.1;
X0;
Z-64;
X27;
#1=#1-1;
IF[#1GE-6] GO TO10;
G0 Z200;
M05;
```

```
M00;
M3 S500;
T0202;
G0 X27 Z2;
G90 X29 Z-70 F0.2;            加工平底孔
X31;
X33;
X33.5;
G0 Z200;
M05;
M00;
M3 S1200;                     精加工
T0404;
G0 X34 Z2;
G1 Z-70 F0.1;
X30;
G0 Z200;
M30;
```

加工右端：

```
O0009;
M3 S600;
T0101;
G0 X61 Z2;
G71 U2 R1;
G71 P10 Q20 U0.5 W0 F0.2;
N10 G0 X44 S1300;
G1 Z0 F0.1;
X47.85 Z-2;
Z-58;
N20 X61;
G0 X100 Z100;
M05;
M00;
M3 S1300;
T0101;
G0 X61 Z2;
```

```
G70 P10 Q20;                        精加工外轮廓
G0 X100 Z100;
M05;
M00;
M3 S450;
T0202;
G0 X50 Z-52;
G75 R1;                             加工内沟槽
G75 X44 Z-58 P3000 Q3000 F0.1;
G1 Z-46;
X48;
Z44 Z-48;
X61;
G0 X100 Z100;
M05;
M00;
M3 S800;
T0303;                              外三角螺纹刀
G0 X50 Z5;
G76 P0101060 Q200 R0.2;             粗、精加工外螺纹
G76 X41.5 Z-50 P3250 Q500 R0 F5;
G0 X100;
Z100;
M30;


O0010;
M3 S300;
T0505;
G0 X28 Z2;
G74 R1;                             加工件4右端的端面槽
G74 X36 Z-3 P1000 Q1000 F0.1;
G0 Z200;
M3 S500;
T0404;
#1=6;                               圆弧深度定义
N10 G0 X26 Z#1;
```

```
G3 X0 Z[ -6 + #1] R17.08 F0.1;          加工端面圆弧
G1 Z[2 + #1];
X26;
#1 = #1 - 1;
IF [#1 GE 0] GO TO10;                    条件转移
G0 Z200;
M30;                                     程序结束
```

任务六 火箭模型工艺品组合件（件5）的加工工艺

(一) 火箭模型组合件（件5）的加工工艺分析

1. 火箭模型（件5）的结构特点及技术要求分析

火箭模型（件5）是较为简单的轴类工件，但在整个模型中与件4和件6形成内外螺纹配合，要注意保证螺纹精度。

2. 火箭模型（件5）加工工艺编制

1) 火箭模型（件5）数控加工工艺过程

火箭模型（件5）数控加工工艺过程见表4-12。

表4-12 火箭模型（件5）数控加工工艺过程

数控加工工艺过程综合卡片			产品名称	零件名称	零件图号	材料
厂名（或院校名称）			火箭模型组合件工艺品	火箭模型（件5）	SKC005	ZL102
序号	工序名称	工序内容及要求	工 序 简 图		设备	工夹具
01	下料	棒料 φ60 mm × 150 mm（留夹持量）	略		锯床	略
02	加工外圆	夹住毛坯φ60 mm，留足够长度，粗、精加工外圆 φ54 mm			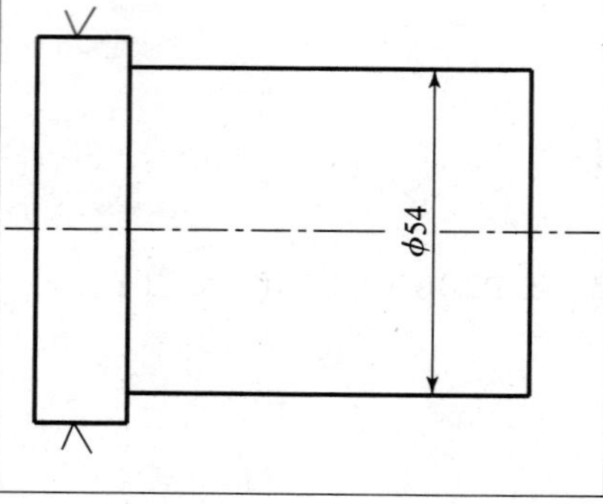 CK6136	三爪自定心卡盘

续表

数控加工工艺过程综合卡片			产品名称	零件名称	零件图号	材料
厂名（或院校名称）			火箭模型组合件工艺品	火箭模型（件5）	SKC005	ZL102
序号	工序名称	工序内容及要求	工 序 简 图		设备	工夹具
03	钻中心孔	夹住毛坯，钻中心孔	略		CK6136	三爪自定心卡盘
04	钻孔	夹住毛坯，用 φ20 mm 麻花钻钻孔	略		CK6136	三爪自定心卡盘
05	加工左端内轮廓	（1）加工 M48 的螺纹底孔； （2）加工 φ50 mm 的内沟槽； （3）加工 M48 的内螺纹； （4）切断，保证长度			CK6136	三爪自定心卡盘
06	加工右端	（1）钻中心孔； （2）扩孔至 M16 的螺纹底孔； （3）攻丝 M16			CK6136	三爪自定心卡盘
07	检验	用通用量具检测各部分精度	略		CK6136	三爪自定心卡盘

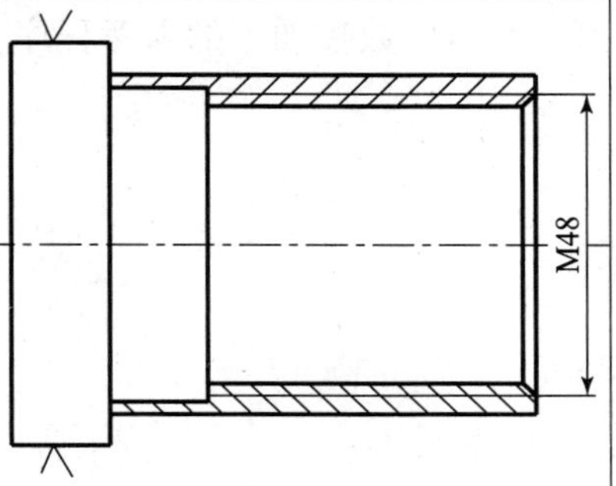

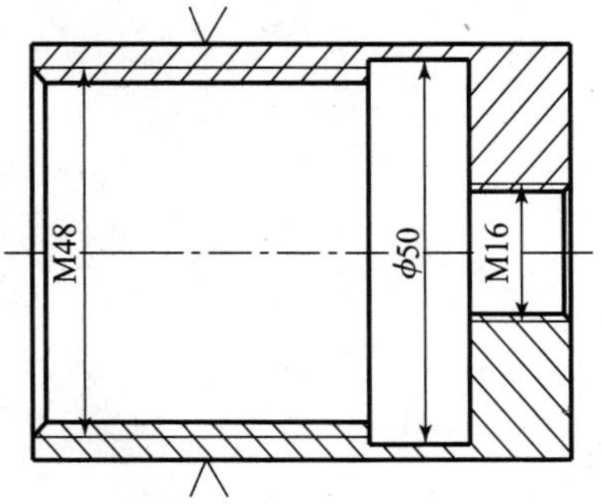

2）火箭模型（件5）加工的工艺过程分析

火箭模型（件5）属于简单的轴类工件，由于下料长度较长，故不需要做辅助夹具加工外圆，直接加工切断。但是 M48 的粗牙螺距为 5 mm，螺纹深度较深，且外圆为 φ54 mm，故需注意薄壁加工。右端 M16 的粗牙螺纹可以采取攻丝的方法。同样注意表面粗糙度和工件的同轴度，表面不能有磕碰、划痕和毛刺等。

3) 刀具及切削用量的选择

刀具及切削用量的选择见表4-13。

表4-13 刀具及切削用量

序号	加工面	刀具号	刀具规格		材料	主轴转速 $n/(\text{r} \cdot \text{min}^{-1})$	进给量 $f/(\text{mm} \cdot \text{r}^{-1})$
			类型				
1	外圆粗车	T0101	90°外圆偏刀（机夹式）		涂层刀	600	0.2
2	外圆精车	T0101				1 300	0.1
3	左端内孔粗车	T0404	内孔刀（机夹式）			500	0.2
4	左端内孔精车	T0404				1 200	0.1
5	内沟槽	T0303	内沟槽刀（机夹式）			300	0.1
6	内三角螺纹	T0202	内三角螺纹刀（机夹式）			600	—

4) 火箭模型（件5）数控加工的参考程序

O0011；

M3 S600；

T0101；   调1号刀(90°外圆偏刀)

G0 X61 Z2；

G90 X57 Z-81 F0.2；   粗车外圆

X54.5；

G0 X100 Z100；

M05；

M00；

M3 S1300；

T0101；

G0 X54 Z2；

G1 Z-81；

X61；

G0 X100 Z100；

M05；

M00；

M3 S500；

T0404；

```
G0 X20 Z2;
G71 U2 R1;                          粗车件5左端内轮廓
G71 P10 Q20 U-0.5 W0 F0.2;
N10 G0 X47 S1200;
G01 Z0 F0.1;
X43 Z-2;
Z-65;
N20 X21;
G0 Z200;
M05;
M00;
M3 S1200;                           精车件5左端内轮廓
T0404;
G0 X20 Z2;
G70 P10 Q20;
G0 Z200;
M05;
M00;
M3 S300;
T0303;
G0 X40 Z-53;
G75 R1;                             加工件5的螺纹退刀槽
G75 X50 Z-65 P2000 Q2000 F0.1;
G0 Z200;
M05;
M00;
M3 S600;
T0202;                              调2号刀(内三角螺纹刀)
G0 X40 Z5;
G76 P021060 Q200 R0.1;              粗、精加工内三角螺纹
G76 X48 Z-53 P3250 Q500 R0 F5;
```

```
G0 Z200;                        快速退刀
M30;                            程序结束
```

任务七 火箭模型工艺品组合件（件6）的加工工艺

(一) 火箭模型组合件（件6）的加工工艺分析

1. 火箭模型（件6）的结构特点及技术要求分析

火箭模型（件6）是轴类工件，左端外形较简单，右端是平底孔，薄壁件（注意薄壁件的加工注意事项）。工件表面不能有磕碰、划痕、毛刺等，在刀具的选用上注意内孔的切削角度及平底孔的加工工艺。

2. 火箭模型（件6）加工工艺编制

1) 火箭模型（件6）数控加工工艺过程

火箭模型（件6）数控加工工艺过程见表4-14。

表4-14 火箭模型（件6）数控加工工艺过程

数控加工工艺过程综合卡片		产品名称	零件名称	零件图号	材料
厂名（或院校名称）		火箭模型组合件工艺品	火箭模型（件6）	SKC006	ZL102
序号	工序名称	工序内容及要求	工序简图	设备	工夹具
01	下料	棒料 $\phi60$ mm×60 mm（留夹持量）	略	锯床	略
02	加工左端外轮廓	(1) 粗、精加工外圆长至46 mm；(2) 加工螺纹退刀槽；(3) 粗、精加工M16的螺纹	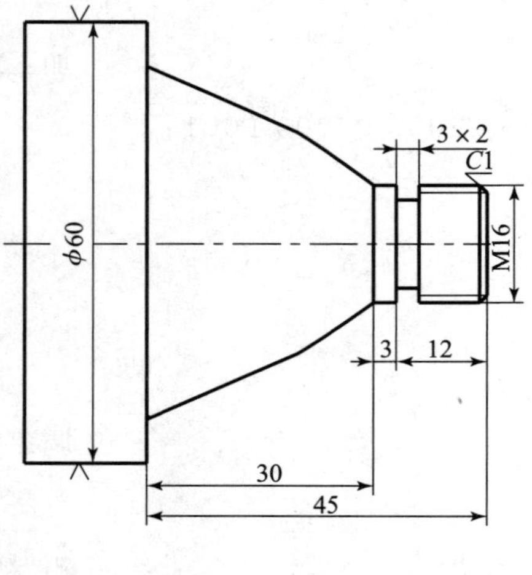	CK6136	三爪自定心卡盘

续表

数控加工工艺过程综合卡片			产品名称	零件名称	零件图号	材料
厂名（或院校名称）			火箭模型组合件工艺品	火箭模型（件6）	SKC006	ZL102
序号	工序名称	工序内容及要求	工序简图		设备	工夹具
03	加工工艺辅助件	加工 M16 的内螺纹，作为辅助件	略		CK6136	三爪自定心卡盘
04	钻孔	（1）用中心钻钻出中心孔定位；（2）用φ20 mm 麻花钻钻孔，深度上留有余量，加工平底孔	略		CK6136	三爪自定心卡盘
05	加工右端内轮廓	（1）车出端面，保证总长；（2）夹持辅助件，M16 的外螺纹与辅助件的内螺纹旋合；（3）粗、精加工内锥孔	（φ48，3）		CK6136	三爪自定心卡盘
06	检验	用通用量具检测各部分精度	略		CK6136	三爪自定心卡盘

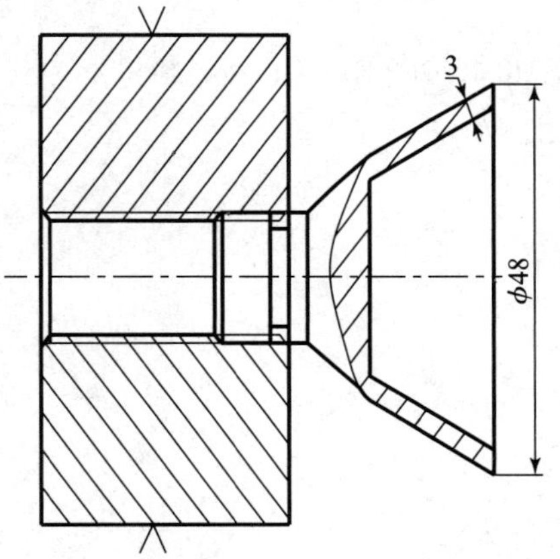

2）火箭模型（件6）加工的工艺过程分析

火箭模型（件6）也是典型的螺纹和孔加工的轴类工件，此件要与件5的内螺纹形成配合，故需注意加工时此件的螺纹与端面的垂直度和工件的跳动度。其右端有个平底孔，钻孔时需注意钻孔的深度，粗加工时需留有余量。同时注意右端的壁厚较小，加工时粗、精加工分开进行，并注意切削用量的使用问题。加工的表面不能有毛刺和划痕，注意加工的同轴度。

3）刀具及切削用量的选择

刀具及切削用量的选择见表4－15。

表 4-15 刀具及切削用量

序号	加工面	刀具号	刀具规格 类型	刀具规格 材料	主轴转速 $n/(\text{r} \cdot \text{min}^{-1})$	进给量 $f/(\text{mm} \cdot \text{r}^{-1})$
1	外圆粗车	T0101	90°外圆偏刀（机夹式）	涂层刀	600	0.2
2	外圆精车	T0101	90°外圆偏刀（机夹式）	涂层刀	1 300	0.1
3	螺纹退刀槽	T0202	切槽刀（机夹式）	涂层刀	450	0.1
4	外三角螺纹	T0303	外三角螺纹刀（机夹式）	涂层刀	800	—
5	右端内孔粗车	T0404	镗孔刀（机夹式）	涂层刀	500	0.2
6	右端内孔精车	T0404	镗孔刀（机夹式）	涂层刀	1 200	0.1

4）火箭模型（件6）数控加工的参考程序

O0012;

M3 S600;

T0101;　　　　　　　　　　　　　　调 1 号刀(90°外圆偏刀)

G0 X61 Z2;

G71 U2 R1;　　　　　　　　　　　　粗加工件 6 左端的外轮廓

G71 P10 Q20 U0.5 W0 F0.2;

N10 G0 X14 S1300;

G1 Z0 F0.1;

X15.85 Z-1;

Z-12;

X16;

Z-15;

X30 Z-25;

X48 Z-45;

N20 X61;

G0 X100 Z100;

M05;

M00;

M3 S1300;　　　　　　　　　　　　精加工件 6 左端的外轮廓

T0101;

G0 X61 Z2;

G70 P10 Q20;

G0 X100 Z100;

```
M05;
M00;
M3 S450;
T0202;                          调2号刀(切槽刀)加工螺纹退刀槽
G0 X20 Z-12;
G1 X12 F0.1;
G4 X2;                          刀具进给暂停2 s
G1 X20;
G0 X100 Z100;
M05;
M00;                            暂停
M3 S800;
T0303;
G0 X18 Z5;
G92 X15.3 Z-13 F2;              粗、精加工外三角螺纹
X14.8;
X14.3;
X13.9;
X13.5;
X13.4;
G0 X100 Z100;                   快速退刀
M30;

O0013;
M3 S500;
T0404;                          调4号刀(镗孔刀)
G0 X20 Z2;
G71 U2 R1;                      粗车右端内轮廓
G71 P10 Q20 U-0.5 W0 F0.2;
N10 G0 X41.42 S1200;
G1 Z0 F0.1;
X23.42 Z-41.42;
N20 X0;
```

```
G0 Z200;
M05 ;
M00;                                    主轴停,程序暂停
M3 S1200;                               精车右端内轮廓
T0404;
G0 X20 Z2;
G70 P10 Q20;
G0 Z200
M30;                                    程序结束
```

任务八 火箭模型零件质量检验及质量分析

(一) 常用零件检测量具介绍

1. 内外卡钳介绍

图4-14所示为常见的内、外卡钳,其是最简单的比较量具。外卡钳是用来测量外径和平面的,内卡钳是用来测量内径和凹槽的。它们本身都不能直接读出测量结果,而是把测量的长度尺寸(直径也属于长度尺寸)在钢直尺上进行读数,或在钢直尺上先取下所需尺寸,再去检验零件的直径是否符合。

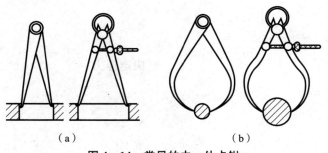

图4-14 常见的内、外卡钳
(a) 内卡钳;(b) 外卡钳

1) 卡钳开度的调节

首先检查钳口的形状,钳口形状对测量精确性影响很大,应注意经常修整钳口的形状。图4-15所示为卡钳钳口形状好与坏的对比。调节卡钳的开度时,应轻轻敲击卡钳脚的两侧面,先用两手把卡钳调整到和工件尺寸相近的开口,然后轻敲卡钳的外侧来减小卡钳的开口、轻敲卡钳的内侧来增大卡钳的开口,如图4-16(a)所示。但不能直接敲击钳口,如图4-16(b)所示,否则会因卡钳的钳口损伤量面而引起测量误差。更不能在机床的导轨上敲击卡钳,如图4-16(c)所示。

2) 外卡钳的使用

外卡钳在钢直尺上取尺寸时[图4-17(a)],一个钳脚的测量面靠在钢直尺的端面上,

另一个钳脚的测量面对准所需尺寸刻线的中间,且两个测量面的连线应与钢直尺平行,人的视线要垂直于钢直尺。

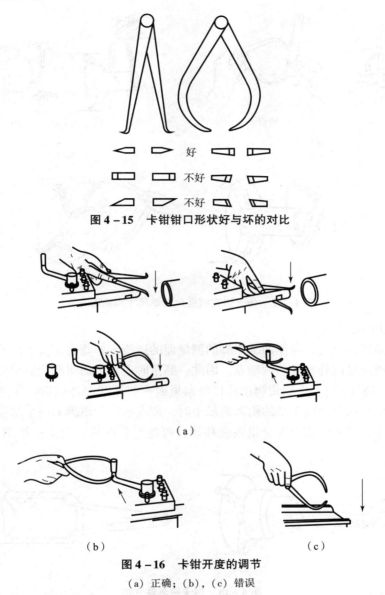

图 4-15 卡钳钳口形状好与坏的对比

(a)

(b)　　　　　　　　　　　(c)

图 4-16 卡钳开度的调节
(a) 正确;(b),(c) 错误

用已在钢直尺上取好尺寸的外卡钳去测量外径时,要使两个测量面的连线垂直零件的轴线,当靠外卡钳的自重滑过零件外圆时,我们手中的感觉应该是外卡钳与零件外圆正好是点接触,此时外卡钳两个测量面之间的距离就是被测零件的外径。所以,用外卡钳测量外径,就是比较外卡钳与零件外圆接触的松紧程度,如图 4-17 (b) 所示,以卡钳的自重能刚好滑下为宜。如当卡钳滑过外圆时,我们手中没有接触感觉,就说明外卡钳比零件外径尺寸大;如靠外卡钳的自重不能滑过零件外圆,就说明外卡钳比零件外径尺寸小。切不可将卡钳歪斜地放在工件上测量,这样会有误差,如图 4-17 (c) 所示。由于卡钳有弹性,把外卡钳用力压过外圆是错误的,更不能把卡钳横着卡上去,如图 4-17 (d) 所示。对于大尺寸的外卡钳,靠其自重滑过零件外圆的测量压力太大,此时应托住卡钳进行测量,如图4-17(d)所示。

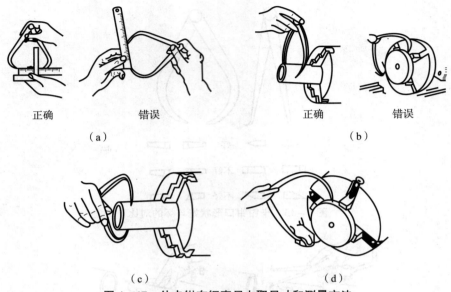

图4-17 外卡钳在钢直尺上取尺寸和测量方法

3) 内卡钳的使用

用内卡钳测量内径时,应使两个钳脚的测量面的连线正好垂直相交于内孔的轴线,即钳脚的两个测量面应是内孔直径的两端点。因此,测量时应将下面钳脚的测量面停在孔壁上作为支点[图4-18(a)],上面钳脚由孔口略向里面一些逐渐向外试探,并沿孔壁圆周方向摆动,当沿孔壁圆周方向能摆动的距离为最小时,即表示内卡钳脚的两个测量面已处于内孔直径的两端点了。再将卡钳由外至里慢慢移动,可检验孔的圆度公差,如图4-18(b)所示。

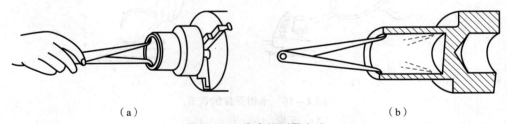

图4-18 内卡钳测量方法

用已在钢直尺上或在外卡钳上取好尺寸的内卡钳去测量内径,如图4-19(a)所示,即比较内卡钳在零件孔内的松紧程度。如内卡钳在孔内有较大的自由摆动,就表示卡钳尺寸比孔径小了;如内卡钳放不进,或放进孔内后紧得不能自由摆动,就表示内卡钳尺寸比孔径大了;如内卡钳放入孔内,按照上述的测量方法能有1~2 mm的自由摆动距离,这时孔径与内卡钳尺寸正好相等。测量时不要用手抓住卡钳测量,如图4-19(b)所示,这样手感就没有了,即难以比较内卡钳在零件孔内的松紧程度,且易使卡钳变形而产生测量误差。

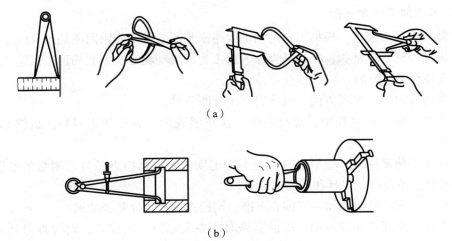

图 4-19 卡钳取尺寸和测量方法

4) 卡钳的适用范围

卡钳是一种简单的量具，由于它具有结构简单、制造方便、价格低廉、维护和使用方便等特点，故广泛应用于要求不高的零件尺寸的测量和检验，尤其是对锻铸件毛坯尺寸的测量和检验，卡钳是最合适的工具。卡钳虽然是简单量具，但只要我们掌握得好，也可获得较高的测量精度。例如用外卡钳比较两根轴的直径大小时，即使轴径相差只有 0.01 mm，有经验的老师傅也能分辨得出。又如用内卡钳与外径百分尺联合测量内孔尺寸时，有经验的老师傅完全有把握用这种方法测量高精度的内孔。这种内径测量方法称为"内卡搭百分尺"，是利用内卡钳在外径百分尺上读取准确的尺寸（图 4-20），再去测量零件的内径；或内卡在孔内调整好与孔接触的松紧程度后，再在外径百分尺上读出具体尺寸。这种测量方法，不仅在缺少精密的内径量具时是测量内径的好办法，而且对于某零件的内径（如图 4-20 所示的零件），由于它的孔内有轴，使用精密的内径量具测量有困难，故常采用内卡钳搭外径百分尺测量内径的方法。

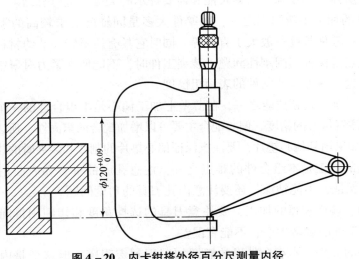

图 4-20 内卡钳搭外径百分尺测量内径

（二）零件加工质量分析

（1）外圆有接刀痕迹。根据刀痕的切削纹路来判断是装夹的原因还是刀具的原因。

（2）内外螺纹出现乱扣，分析是操作者的人为原因（粗心大意），还是车削内孔时刀具的原因，或是程序的原因。

（3）镗内孔时为了排屑方便，镗孔刀必须开断屑槽。

（4）在加工螺纹的过程中，螺纹不能一次车削成形，需要利用刀补，最终车出螺纹，达到图纸要求。

（5）在加工薄壁件时，壁厚不对，表面粗糙度很差，则检查是自己测量的原因还是工艺设计的问题，还要检查刀具和切削用量等。

（6）在加工偏心件时，如出现偏心不准，则检查偏心垫片是否准确。

（7）在加工平底孔和端面槽、端面圆弧时，如表面粗糙度较差，则检查刀具和切削用量。

（8）零件配合不牢，或旋上后不好卸下，则检查整个加工工艺是否有问题、零件装夹是否有跳动、垂直度和同轴度是否符合要求等。

零件检测结束后，针对不合格项目进行分析，填写质量分析表，找出产生原因，制定预防措施。质量分析见表 4–16。

表 4–16 质量分析

废品种类	产生原因	预防措施

（三）项目总结

对本项目中所涉及的新知识与新技能和需要提示的关键点进行总结。

（1）薄壁件的加工是新知识之一，薄壁件大多是同轴度要求较高的零件；零件壁的厚度较薄且易变形；零件长度一般大于直径等。同时它具有质量轻、节约材料、结构紧凑等特点。加工的注意点是保证切削刚性问题，装夹工件时，不能使夹紧力对薄壁件产生变形，另外要注意切削用量，并保证薄壁件的表面粗糙度。

（2）偏心件的加工是新技能之一，在薄壁上加工偏心是本组合件的一个特点，既要注意工件变形，又要注意偏心的精度。偏心配合主要可以增加配合的牢固性，所以在加工时特别要注意它的精度。如果用到偏心垫片，要注意保证偏心垫片的制作和装夹时的校正偏心。

（3）平底孔的加工是本组合件的难点之一，注意孔底的平整和表面粗糙度，加工方法上要注意孔深的保证，不能钻深，还要注意内孔刀具的角度问题。

（4）端面槽、端面圆弧的加工，要注意刀具的选择角度和切削用量问题，装刀时要注意刀具中心对准工件的旋转中心，不能有误差。

（5）宏程序的应用，本组合件里的椭圆加工用到宏程序，但这个是内、外椭球，特别是内椭球是实心的，注意点和端面圆弧一样。另外还要注意宏程序的灵活应用。

四、项目评价考核

1. 项目考核要求

根据工作项目要求完成轴套组件的工艺编制与加工,具体要求如下。
(1) 编写规范的工艺文件,所有图纸要求采用计算机进行绘制。
(2) 熟悉典型零件的工艺文件,并按照工艺文件要求实施零件加工。
(3) 工作项目小组独立完成加工前的准备工作。
(4) 工作项目小组独立设计工艺装备(夹具、刀具、量具)。
(5) 工作项目小组能在零件加工过程中进行正确检验,分析其产生加工误差的原因并提出解决措施,写出质量分析报告。

2. 项目教学评价

项目教学评价

项目组名				小组负责人			
小组成员				班级			
项目名称				实施时间			
评价类别	评价内容	评价标准	配分	个人自评	小组评价	教师评价
学习准备	课前准备	笔记收集、整理,自主学习	5			
学习过程	信息收集	能收集有效的信息	5			
	图样分析	能根据项目要求分析图样	10			
	方案执行	以加工完成的零件尺寸为准	35			
	问题探究	能在实践中发现问题,并用理论知识解释实践中的问题	10			
	文明生产	服从管理,遵守校规校纪和安全操作规程	5			
学习拓展	知识迁移	能实现前后知识的迁移	5			
	应变能力	能举一反三,提出改进建议或方案	5			
	创新程度	有创新建议提出	5			
学习态度	主动程度	主动性强	5			
	合作意识	能与同伴团结协作	5			
	严谨细致	认真仔细,不出差错	5			
总计			100			
教师总评(成绩、不足及注意事项)						
综合评定等级(个人30%,小组30%,教师40%)						

项目五 家用烟灰缸制作

一、项目导入

烟灰缸作为日常用品,由于要承受烟头的温度,因此耐高温性能要好,且满足安全无毒、化学稳定性好、不易分解等特点,以及价格低廉的要求;同时,要有一定的机械强度,即保证在一定的高度掉下不会出现裂纹。如图5-1所示的烟灰缸模型零件比较简单,形状也较为规范。

(a)   (b)

图5-1 烟灰缸模型零件

二、项目描述

1. 项目目标

(1) 根据给定图样,分析工件加工参数、精度及技术要求。
(2) 根据相应工艺文件,制定数控零件加工工艺方案,并编制加工工艺。
(3) 零件加工质量检验及质量分析。

2. 项目重点和难点

(1) 数控加工定位方案的选择。
(2) 数控铣床加工工序的确定原则。
(3) 在线测量工件精度。

3. 相关知识要点

(1) 数控加工中应用刀具补偿保证尺寸精度的方法。
(2) 数控装夹方式的选择。
(3) 编制及检验数控铣加工的程序。

4. 项目准备

1) 设备资源

所用机床为 XK7123 数控铣床（FANUC Oi Mate – MB），学生 30 人，每 3 人配 1 台，共 10 台机床，各种常用数控铣刀和刀柄若干把，通用量具及工具若干，如图 5 – 2 和图 5 – 3 所示。

（a）　　　　　　　　　　　　（b）

图 5 – 2　数控铣床和立铣刀

（a）数控铣床；（b）立铣刀

（a）　　　　　　　（b）　　　　　　　（c）

图 5 – 3　常用数控铣床的刀柄和拉钉

（a），（b）刀柄；（c）拉钉

2）原材料准备

LY12、45 钢、黄铜等。

3）相关资料

《机械加工手册》《金属切削手册》和《数控编程手册》。

4）项目小组及工作计划

（1）分组：每组学员 3~4 人，应注意强弱组合。

（2）编写项目计划（包括任务分配及完成时间），见表 5 – 1。

表 5 – 1　项目计划安排表

任务	内容	零件	时间安排/h	人员安排/人	备注
任务一	烟灰缸工艺品零件图技术要求分析	—	1	1	任务可以同时进行，人员可以交叉执行
任务二	烟灰缸工艺品的加工工艺	—	4	2	
任务三	烟灰缸工艺品的加工内容及操作	—	8	3	
任务四	烟灰缸工艺品零件的质量检验及质量分析	—	1	1	

三、项目工作内容

任务一　烟灰缸工艺品零件图技术要求分析

（一）零件图技术要求介绍

1. 结构分析

从图5-4所示的烟灰缸零件图中可以看出该零件的加工内容主要有平面、轮廓、凸台、型腔、棱台等，需要采用粗、精铣上下平面、外轮廓、棱台、型腔等加工工序。零件加工的重、难点在于需要两次装夹才能完成，并且整个零件在加工过程中需控制和保证零件在加工完成后能达到图纸尺寸要求。

2. 精度分析

该零件最高精度等级为IT9级，部分外轮廓无尺寸精度要求。加工时如装夹不当，则极易产生振动。如果定位不好也会导致表面粗糙，使加工精度难以达到要求。毛坯材料不得有裂纹和气孔，且锐边去毛刺，符合GB/T 1804-M。

3. 毛坯、余量分析

毛坯主要是指锻件和铸件，因为锻件在模锻时其欠压量与允许的铣模量会造成余量多少不等，而铸件在铸造时也会因砂型误差、收缩量及金属液体的流动性差而不能充满型腔等造成余量不充分、不稳定。在铣削时，一次定位将决定工件的"命运"，因为加工过程的自动化很难照顾到此处余量不足的问题。因此，除板料外，不管是锻件、铸件还是型材，只要准备采用数控铣削加工，其加工面均应有较充分的余量。通常由余量的大小来确定加工时要不要分层切削及分几层切削。除此之外，也要分析加工中与加工后工件的变形程度。

（二）烟灰缸零件图分析

根据以上分析，该零件的材料为铸铝，尺寸为：105 mm×105 mm×55 mm，留有5 mm的加工余量。

任务二　烟灰缸工艺品的加工工艺

（一）数控铣床加工工艺分析介绍

1. 设备的选择

根据加工零件的结构形状、精度要求、表面质量等考虑选择数控设备，本例选择XK7123数控铣床，其功率、转速、切削力、工作台面积等参数不仅能满足加工要求，还能够减少多次手工操作和装夹带来的误差。其具体参数见表5-2。

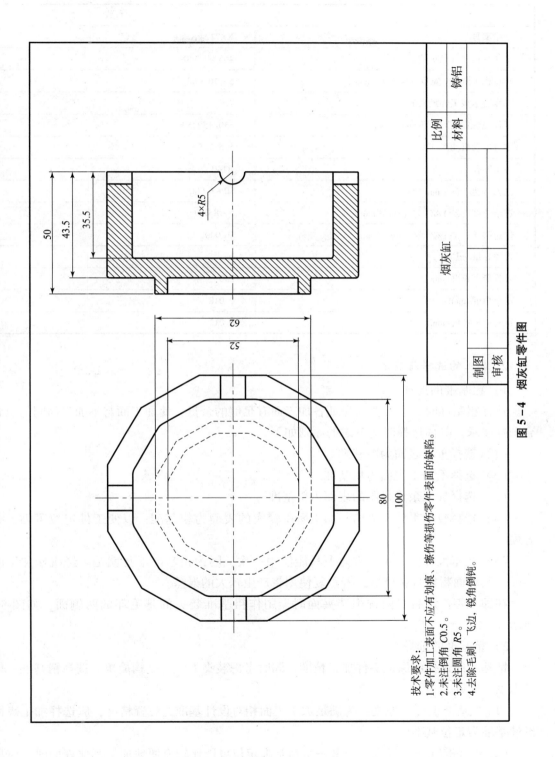

图 5-4 烟灰缸零件图

表 5-2 XK7123 数控铣床参数

项目	参数
规格型号	XK7124
工作台尺寸（长×宽）/mm	405×1 370
T形槽（槽数-宽度×间距）/mm	5-16×60
工作台承载工件最大值/kg	700
行程（纵向/横向/垂向）/mm	650/450/500
主轴电动机功率/kW	5.5/7.5
主轴锥孔	BT40
主轴转速/（r·min^{-1}）	20~6 000
进给速度（X/Y/Z）/（mm·min^{-1}）	5~8 000
快速移动（X/Y/Z）/（mm·min^{-1}）	10 000
刀库容量/把	1
刀具最大长度/mm	250
定位精度/mm	0.018
重复定位精度/mm	0.012

2. 加工的选择与确定

1）粗基准的选择

选择粗基准时，主要要求保证各加工面有足够的余量，使加工面与不加工面间的位置符合图样要求。具体选择时应考虑的原则如下。

（1）选择重要表面为粗基准。

（2）选择不加工表面为粗基准。

（3）选择加工余量最小的表面为粗基准。

（4）选择较为平整、光洁、加工面积较大的表面为粗基准，以便工件定位可靠、夹紧方便。

（5）粗基准在同一尺寸方向上只能使用一次，因为粗基准本身就是未经机械加工的毛坯面，其表面粗糙且精度低，若重复使用将产生较大的误差。

在加工零件产品之前铣削装夹面时，用作粗基准装夹的是毛坯的两侧面，如图 5-5 所示。

2）精基准的选择

精基准的选择应保证零件加工精度，同时考虑装夹方便、结构简单。选择精基准一般应考虑以下原则。

（1）"基准重合"原则：为满足加工表面相对设计基准的位置精度，应选择加工表面的设计基准为定位基准。

（2）"基准统一"原则：当某一组精基准定位可以比较方便地加工其他表面时，应尽可能在多数工序中采用粗、精基准定位。

(3)"自为基准"原则：当工件精加工或光整加工工序要求余量尽可能小而均匀时，应选择加工表面本身作为定位基准。

(4)"互为基准"原则：为了获得均匀的加工余量或较高的位置精度，可采用互为基准反复加工的原则。

在加工零件产品时，用作精基准装夹零件的部位是已经加工过的夹持面，如图5-6所示。

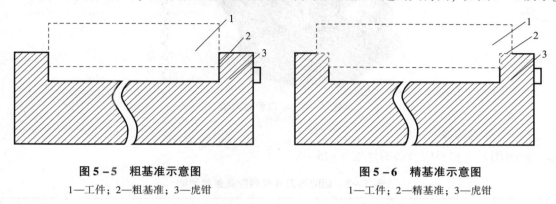

图5-5　粗基准示意图　　　　　　　　　图5-6　精基准示意图
1—工件；2—粗基准；3—虎钳　　　　　1—工件；2—精基准；3—虎钳

3. 夹具、刀具、冷却液的确定

1) 夹具的确定

夹具是一种装夹工件的工艺设备，广泛地应用于机械制造过程的切削加工、热处理、焊接和检测等工艺过程中。在现代生产中，机床夹具是一种不可缺少的工艺设备，它直接影响着工件加工的精度、劳动生产率和产品的制造成本等。

(1) 专用夹具。一般在产品相对稳定、批量较大的生产中采用各种专用夹具，可获得较高的生产率和加工精度。除大批量生产之外，中小批量生产中也需要采用一些专用夹具，但在结构设计时要进行具体的技术和经济分析。

(2) 组合夹具。组合夹具是一种模块化的夹具。标准的模块元件具有较高的精度和耐磨性，可组装成各种夹具。夹具用完后可拆卸，清洗后可留存，待组装新的夹具。使用组合夹具可缩短生产准备周期，且组合元件能重复多次使用并具有减少专用夹具数量等优点。

(3) 通用夹具。已经标准化的、可加工一定范围内不同工件的夹具，称为通用夹具，其尺寸、结构已经规范化，而且具有一定的通用性，这类夹具适应性强，可用于一定形状和尺寸范围内的各种工件，价格便宜。其缺点是夹具精度不高，生产率也比较低，较难装夹。通用夹具一般应用于单件小批量生产中。

(4) 数控加工的特点对夹具提出了以下几点要求。

①当零件加工批量不大时，应尽量采用组合夹具、可调试夹具及其他通用夹具，以缩短生产准备时间、节约生产费用。

②在成批生产时才考虑采用专用夹具，并力求结构简单。

③零件的装卸要快速、方便、可靠，以缩短机床的停顿时间。

④夹具上各零件应不妨碍机床对零件各表面的加工，即夹具要开敞，且其定位、夹紧机构不能影响加工中的走刀。

经综合分析：该零件应选用平口虎钳装夹。平口虎钳实物如图5-7所示。

图 5-7 平口虎钳实物

2) 刀具的选择

切削用刀具材料应具备的性能见表5-3。

表 5-3 切削用刀具材料应具备的性能

希望具备的性能	作为刀具使用时的性能	希望具备的性能	作为刀具使用时的性能
高硬度（常温及高温状态）	耐磨损性	化学稳定性良好	耐氧化性、耐扩散性
高韧性（抗弯强度）	耐崩刃性、耐破损性	低亲和性	耐溶着、凝着（粘刀）性
高耐热性	耐塑性变形性	磨削成形性良好	刀具制造的高生产率
热传导能力良好	耐热冲击性、耐热裂纹性	锋刃性良好	刃口锋利、微小的切削性能

3) 冷却液的确定

现有冷却液分为水溶液、乳化液和切削油三大类，见表5-4。一般通过查阅资料选择常用的冷却液。

表 5-4 常用冷却液

冷却液名称	主要成分	主要作用
水溶液	水、防锈添加剂	冷却
乳化液	水、油、乳化剂	冷却、润滑、清洗
切削油	矿物油、动植物油、极压添加剂	润滑

从工件材料考虑，切削铝时不得使用水溶液，另考虑到冷却液的作用和价格，选择乳化液可以满足要求。从刀具材料考虑，高速钢刀具一般采用乳化液作为冷却液，其冷却效果很好，且具有一定的防锈作用。

4. 加工工艺方案确定

对于烟灰缸，由于加工质量要求高，根据零件图样制定工艺方案，并选取最佳的一种（既加工工时最短，又能保证质量），分析工艺方案并进行比较得出结果：粗、精铣夹持面→铣上表面外轮廓→铣内轮廓→粗、精加工内腔→铣棱台→铣台阶→铣槽→掉头装夹→铣下表面外轮廓→铣棱台并保证尺寸精度→去毛刺。

将粗、精加工一起完成，这样可以节省时间和换刀的次数，避免因换刀而引起的长度补偿误差，并且能够较好地减少工件的变形。

5. 切削用量的确定

切削用量应根据加工性质、加工要求、工件材料及刀具的尺寸和材料等确定。切削用量包括：主轴转速、背吃刀量及进给速度等。对于不同的加工方法，需要选用不同的切削用量。切削用量的选择原则如下：

（1）保证零件加工质量和表面粗糙度，充分发挥刀具的切削性能。

（2）保证合理的刀具切削性能和耐用度，并充分发挥机床的性能，最大限度地提高生产率和降低成本。

1）切削速度 v_c

切削速度的高低主要取决于被加工零件的精度、材料、刀具的材料和刀具的耐用度等因素：

$$v_c = \frac{C_v d^{q_v}}{T^m f_z^{Y_v} a_p^{X_v} a_e^{P_v} z^{m_v}} = K_v$$

式中：T——耐用度；

f_z——每齿进给量；

a_p——背吃刀量；

a_e——侧吃刀量；

z——铣刀齿数；

d——铣刀直径；

q_v，m，Y_v，X_v，P_v，m_v，C_v，K_v——参数，由实验确定，也可参考有关切削用量手册选用。

2）主轴转速

主轴转速通常根据允许的切削速度 v_c 来选择：

$$n = 1\,000\, v_c/(\pi D)$$

式中：n——主轴转速；

v_c——允许的切削速度，通常由刀具寿命来确定；

D——工件或刀具的直径 mm。

3）进给速度

进给速度 F 是切削时单位时间内工件与铣刀沿进给方向的相对位移，是根据工件的加工精度和表面粗糙度的要求，以及刀具和工件材料进行选择的。最大进给速度受到机床刚度和进给系统性能制约，不同的机床和系统，最大进给速度不同，当要求加工精度高且表面粗糙度值较小时，进给速度应选小一些，通常在 20～50 m/min 内选取。在进行工件的轮廓加工中，在接近拐角处应适当降低进给量，以克服由于惯性或工艺系统变形在轮廓拐角处造成"超程"或"欠程"现象。

切削进给速度与铣刀的转速 n、铣刀齿数 z 及每齿进给量 f_z 的关系为

$$F = f_z z n$$

每齿进给量 f_z 的选取主要取决于工件材料的力学性能、刀具材料和工件表面粗糙度等因素。工件材料的强度和硬度越高，f_z 越小；反之则越大。硬质合金铣刀的每齿进给量高于高速钢铣刀。工件表面粗糙度值越小，f_z 就越小。

4）背吃刀量

在机床工件和刀具刚度允许的条件下，应尽可能使背吃刀量等于工件的加工余量，这样可以减少走刀次数，提高生产效率。为了保证加工表面的质量，可留少量精加工余量，一般留 0.2~0.3 mm。

刀具切削用量的选取参见表 5-5。

表 5-5 刀具切削用量的选取

工步号	工步内容	刀具号	刀具规格/mm	主轴转速/(r·min^{-1})	进给速度/(mm·min^{-1})	背吃刀量/mm	备注
1	夹持毛坯铣削，留加工余量	T0101	φ60 面铣刀	800	100	2	
2	加工外轮廓	T0202	φ10 立铣刀	600	100	2	
3	加工内轮廓	T0202	φ10 立铣刀	600	100	2	
4	加工内腔残余	T0202	φ10 立铣刀	600	100	2	
5	铣棱台	T0202	φ10 立铣刀	600	100	2	
6	铣台阶	T0202	φ10 立铣刀	600	100	2	
7	铣槽	T0202	φ6 立铣刀	600	100	2	
8	铣棱台	T0202	φ10 立铣刀	600	100	2	
9	铣孔	T0202	φ10 立铣刀	600	100	2	

选取背吃刀量：粗加工 2 mm，精加工 0.2 mm。

6. 进给路线的确定

进刀方式是指加工零件前，刀具接近工件表面的运动方式；退刀方式是指零件（或零件区域）加工结束后，刀具离开工件表面的运动方式。这两个概念对复杂表面的高精度加工来说是非常重要的。

进刀、退刀路线是为了防止过切、碰撞和飞边，在切入前与切出后的引入点和切出点引出的线。

进刀、退刀方式有以下几种。

（1）沿坐标轴的 Z 轴方向直接进刀、退刀。

（2）沿曲面的切矢方向以直线进刀或退刀。

（3）沿曲面的法矢方向进刀或退刀。

（4）沿圆弧段方向进刀或退刀。

（5）沿螺旋线或斜线进刀。

对精度要求很高的面来说，应选择沿曲面的切矢方向或沿圆弧段方向进刀、退刀，这样不会在工件的进刀或退刀处留下驻刀痕迹而影响工件的表面加工质量。

7. 填写工艺文件

1) 机械加工工艺过程卡

烟灰缸工艺品加工工艺过程见表5-6。

表5-6 烟灰缸工艺品加工工艺过程

数控加工工艺过程综合卡片			产品名称	零件名称	零件图号	材料	
厂名（或院校名称）			烟灰缸模型工艺品	烟灰缸模型		铸铝	
序号	工序名称	工序内容及要求	工序简图			设备	工夹具
01	下料	下料105 mm×105 mm×55 mm，留5 mm加工余量	略			锯床	略
02	铣平面	夹持毛坯，铣削平面，留加工余量	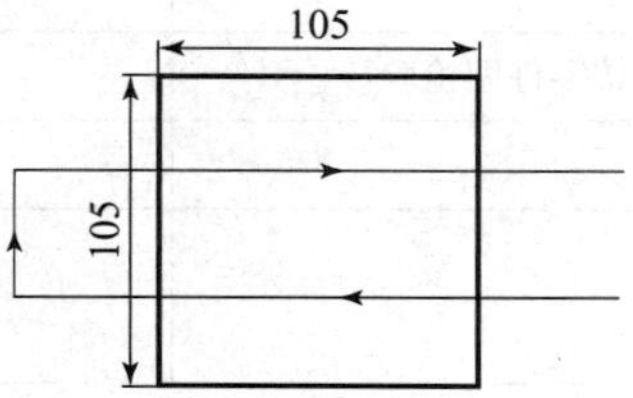			XK7123	平口虎钳
04	铣轮廓	分别加工内、外轮廓深度至35.5 mm和43.5 mm	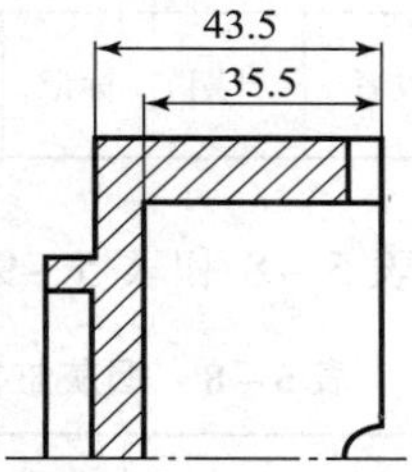			XK7123	平口虎钳
05	铣内轮廓残余	加工内腔残余深度至35.5 mm	略			XK7123	平口虎钳
06	铣槽	铣放烟圆弧槽，半径为R5 mm	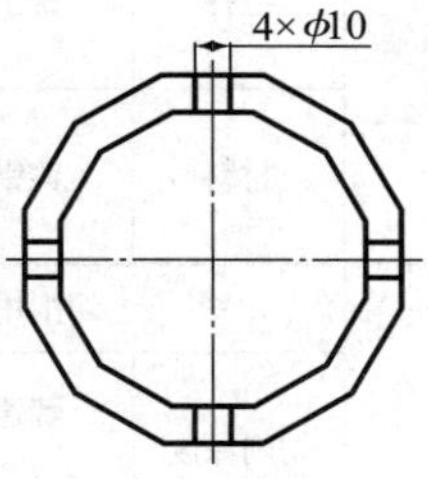			XK7123	平口虎钳
07	铣棱台	铣棱台，深度为6.5 mm	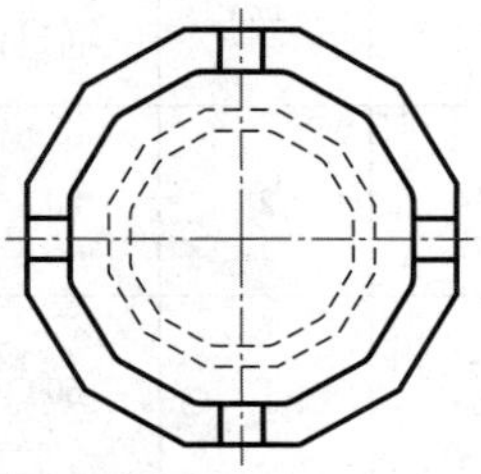			XK7123	平口虎钳

烟灰缸加工路线单见表 5-7。

表 5-7 烟灰缸加工路线单

机械加工路线单		产品型号		文件编号		共1页
				版本号		第1页
零件名称	烟灰缸	零件图号		生产车间		
工序	工种	作业内容	制造单位	机床		备注
				名称	型号	
05		下料		下料机		
10	铣工	按第1~7道工序加工		铣床	XK7123	
15	检验	按零件图检验		游标卡尺	0~150 mm	
					编写	校对	审批
标记	处数	更改文件号	更改者	日期	标记	处数	更改文件号	更改者	日期

烟灰缸加工工艺安排见表 5-8 和表 5-9。

表 5-8 烟灰缸加工工艺安排（一）

零件名称	烟灰缸	机械加工作业指导书	工序号	10	机床名称	铣床	文件编号		共4页
零件图号			工种	铣工	机床型号	XK7123	版本号		第2页
加工车间			材料	铸铝	工装名称		工装编号		
工步号	工步内容		切削用量			夹具	刀具	检验量具	检验频次
			切削深度 /mm	转速 /(r·min^{-1})	进给量 /(mm·r^{-1})				
1	夹持毛坯，铣夹持面		2	800	0.2	平口虎钳	φ60 mm 面铣刀		
2	铣外12边形轮廓		1	600	0.1	平口虎钳	φ10 mm 立铣刀	0~150 mm 游标卡尺	

续表

零件名称	烟灰缸	机械加工作业指导书	工序号	10	机床名称	铣床	文件编号		共4页
零件图号			工种	铣工	机床型号	XK7123	版本号		第2页
加工车间			材料	铸铝	工装名称		工装编号		

工步号	工步内容	切削用量			夹具	刀具	检验量具	检验频次
		切削深度/mm	转速/(r·min^{-1})	进给量/(mm·r^{-1})				
3	铣内12边形轮廓	1	600	0.1	平口虎钳	ϕ10 mm立铣刀	0~150 mm游标卡尺	
4	铣深度6.5 mm的棱台	1	600	0.1	平口虎钳	ϕ10 mm立铣刀	0~150 mm游标卡尺	
5	铣半径为R5 mm的圆弧槽	2	600	0.1	平口虎钳	ϕ6 mm立铣刀	0~150 mm游标卡尺	
6	去毛刺、抛光				—	什锦锉刀		

							编写	校对	审批
标记	处数	更改文件号	更改者	日期	标记	处数	更改文件号	更改者	日期

表5-9 烟灰缸加工工艺安排（二）

零件名称	烟灰缸	机械加工作业指导书	工序号	15	机床名称	铣床	文件编号		共4页
零件图号			工种	铣工	机床型号	XK7123	版本号		第2页
加工车间			材料	铸铝	工装名称		工装编号		

续表

零件名称	烟灰缸	机械加工作业指导书	工序号	15	机床名称	铣床	文件编号		共4页
零件图号			工种	铣工	机床型号	XK7123	版本号		第2页
加工车间			材料	铸铝	工装名称		工装编号		
工步号	工步内容		切削用量			夹具	刀具	检验量具	检验频次
			切削深度/mm	转速/(r·min⁻¹)	进给量/(mm·r⁻¹)				
1	去毛刺						什锦锉刀		
2	抛光检验							0~150 mm 游标卡尺	
							编写	校对	审批
标记	处数	更改文件号	更改者	日期	标记	处数	更改文件号	更改者	日期

刀具卡片见表5-10。

表5-10 刀具卡片

刀具号	刀具名称	刀柄型号	刀具直径/mm	刀具长度/mm	补偿值/mm	备注
T0101	φ60 mm 面铣刀	BT40	φ60	50	25	
T0202	φ10 mm 立铣刀	BT40	φ10	75	5	
T0303	φ6 mm 立铣刀	BT40	φ6	75	3.5	

任务三 烟灰缸工艺品的加工内容及操作

（一）机床设备操作功能介绍

立式铣床各组成部分的名称、功能和用途介绍（以教师结合设备现场边讲解、边演示方式，分组组织实施）。数控铣床的外形如图5-8所示。

（二）数控铣床设备基本操作训练

实训步骤及操作方法：

1. 铣床主轴转速的变速操作

以调整铣床主轴转速 600 r/min 为例，如果机床转速为 100 r/min，则其变速操作为：

第一步：将按钮提到手动模式。

第二步：按主轴正转按钮，观察机床转速是否为 600 r/min。

第三步：若不是，则首先将铣床的按钮打到 MDI 模式，然后按"循环启动"按钮。

第四步：输入"M03 S600;"。

第五步：按"循环启动"按钮，那么就实现了机床转速的变动，如有其他意外，则按"急停"按钮，如图 5-9 所示。

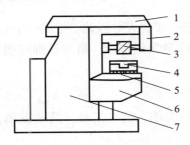

图 5-8 数控铣床的外形

1—横梁；2—挂架；3—主轴；4—纵向工作台；
5—横向工作台；6—升降台；7—床身

图 5-9 "急停"操作按钮

2. 横向快速移动操作

第一步：按"手动"按钮后随意按"X""Y""Z"中的一个按钮，再同时按旁边的"快进"按钮，就能实现刀架机床前、后、左、右快速横向移动。

第二步：放开"快进"按钮，快速电动机停止转动，但刀架还能够移动，只是移动缓慢。

注意事项：

(1) 当刀具横向快速移动到平口钳有一定距离时，应立即放开"快进"按钮，停止快进，以避免刀具因来不及停止而撞击虎钳。

(2) 当工作台向前伸出较远时，应立即停止快进或机动进给，避免因中滑板悬伸太长而使机床受损，影响运动精度。

(3) 在离刀具一定距离处，可用金属笔在导轨上画出一条安全警示线，也可在工作台伸出的极限位置附近画出一条安全警示线。

3. 学生进行空机练习基本操作

(1) 指导教师组织学生按照之前分好的小组，现场示范机床启动、正反转、停止操作动作要领。

(2) 学生分别到各自的机床独立上机练习机床启动、正反转、停止操作，指导教师分别巡视检查学生的操作情况。

①正确变换主轴转速。变动变速箱和主轴箱外面的变速手柄 1、2 或 6，可得到各种相对应的主轴转速。当手柄拨动不顺利时，用手稍转动卡盘即可。

②正确变换进给量。按所选的进给量查看进给箱上的标牌，再按标牌上进给变换手柄位置来变换手柄 3 和手柄 4 的位置，即得到所选定的进给量。

③纵向和横向手动进给。

④纵向和横向机动进给。

（3）指导教师再次召集操作机床的学生，对巡视中发现的学生操作要领中的问题进行讲评。

（4）指导教师再次示范机床操作动作要领，其他学生认真观察每项操作步骤及要领。

（5）学生按照老师讲评和示范的要求，再次进行操作训练，指导教师分别巡视检查学生训练情况。

（6）指导教师再次召集操作机床的学生，进一步讲评并强调学生操作中的问题。

（7）学生按照老师讲评和示范的要求，熟练地操作机床，指导教师巡视检查，并记录学生训练情况。

（三）结束项目

项目学习结束后，教师对项目学习情况进行总结，清点工具，清洁现场，布置下次任务，并要求学生完成实训报告。

（四）零件加工操作主要内容

（1）数控铣床的开机。

（2）工件的安装。

（3）刀具的选择与安装。

（4）数控程序的编辑和输入。

（5）程序检验。

（6）对刀操作。

（7）程序加工运行。

（8）零件的检测。

（9）机床的关机及保养。

（五）烟灰缸工艺品加工操作内容及步骤

1. 机床开机与关机

1）数控机床打开电源的常规操作步骤

（1）检查数控机床的外观是否正常，如电气柜的门是否关好等。

（2）按机床通电顺序通电。

（3）通电后检查位置屏幕是否显示，如有错误，会显示相关的报警信息。注意，在显示位置屏幕或报警屏幕之前，不要操作系统，因为有些键可能有特殊用途，如被按下会出现难以预料的后果。

（4）检查电动机风扇是否旋转。通电后屏幕显示的多为硬件配置信息，这些信息会对诊断硬件错误或安装错误有帮助。机床系统操作面板和机械操作面板分别如图 5-10 和图 5-11 所示。

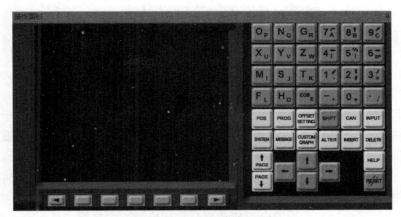

图 5-10 机床系统操作面板

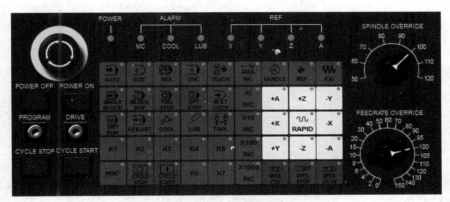

图 5-11 机械操作面板

2）数控机床关闭电源的常规操作

（1）检查操作面板上循环启动灯（LED）是否熄灭。

（2）检查数控机床的所有移动部件是否都已停止。

（3）若有外部输入/输出设备与数控机床相连，应先关闭外部输入/输出设备的电源。

（4）按下数控系统"POWER OFF"按钮关闭电源。

2. 工件的安装

该工件应选用平口虎钳装夹。

3. 刀具的选择与安装

1）刀具的安装

根据工艺需要安装刀具，既要保证所用刀具刀尖与工件回转中心线等高，又要保证刀具几何与工件几何有正确的相互关系。

2）对刀步骤：

（1）在执行完回零操作后，以 G54 为例转动机床操作面板上的"手动"按钮。

（2）依次按下"-X""-Y"和"-Z"方向控制按钮，使刀具接近工件。

（3）按下"手摇"按钮，将手摇操作面板上的轴选开关打在"Z"位置。

（4）在"X1""X10""X100""X1000"四个倍率按钮中根据合适的进给速度选定其中

一个，并将所选按钮按下（注意：尽量不选"X1000"按钮）。

（5）按下"主轴正转"按钮，旋转手轮，沿 $-Z$ 向进刀。

（6）按下系统操作面板上的"POS"键，再按一下屏幕下方的"【相对】"软键，输入"Z"，然后按"【起源】"软键，再按"OFFSET SETTING"键，移动光标，在 G54 下的"Z"处输入"Z0"，按"【测量】"软键，则 Z 向对刀完成。

（7）将刀具抬高，离工件表面上方 3~10 mm 即可。

（8）将手摇操作面板上的轴选开关打在"X"位置，按下系统操作面板上的"POS"键，按下"【相对】"软键，旋转手轮，沿 $-X$ 向进刀到工件的右上方，将手摇操作面板上的轴选开关打在"Z"位置，沿 $-Z$ 向移动至工件表面下方 3~10 mm 即可。将手摇操作面板上的轴选开关打在"X"位置，沿 $+X$ 向轻触工件表面，刀具不动，输入"X"，然后按"【起源】"软键。同样如此，抬刀以后移动刀具在相反的方向轻触工件表面，然后记录此时"X"的相对坐标值，远离工件表面抬刀，移动到 X/2 处，然后按"OFFSET SETTING"键，再按下"【坐标系】"软键，如图 5-12 所示，移动光标，在 G54 下的"X"处输入"X0"，然后按"【测量】"软键，则 X 向对刀完成。

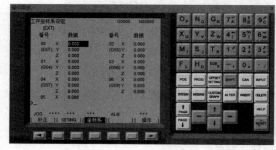

图 5-12　工作坐标系

（9）Y 向对刀也是如此，将手摇操作面板上的轴选开关打在"Y"位置，按下系统操作面板上的"POS"键，按下"【相对】"软键，旋转手轮，沿 $-Y$ 向进刀到工件的后上方，将手摇操作面板上的轴选开关打在"Z"位置，沿 $-Z$ 向移动至工件表面下方 3~10 mm 即可。将手摇操作面板上的轴选开关打在"Y"位置，沿 $+Y$ 向轻触工件表面，刀具不动，输入"Y"，然后按"【起源】"软键。同样如此，抬刀以后移动刀具在相反的方向轻触工件表面，然后记录此时"Y"的相对坐标值，远离工件表面抬刀，移动到 Y/2 处，然后按"OFFSET SETTING"键，按下"【坐标系】"软键，移动光标，在 G54 下的"Y"处输入"Y0"，然后按"【测量】"软键，则 Y 向对刀完成。

此时，坐标系 G54 设定完成，工件坐标系坐标原点就处于零件右端面中心处，在程序中直接调用 G54，所有编程尺寸就是该坐标系下的尺寸。（注意：对刀后要进行回零操作。）

按下"OFFSET SETTING"键，再按下"【形状】"软键，调出刀具位置偏置画面，分别将其对应的补偿值输入所对应的补偿号中，对刀结束。

4. 程序的编辑与检查

1）程序编辑

（1）程序指令字输入的步骤如下：

①选择编辑方式。

②按"PROG"键显示程序画面。
③键入地址字母"O"。
④键入要求的程序号（如：0001）。
⑤按"INSERT"键键入程序号。
⑥键入"EOB"程序结束符号"；"。
⑦按"INSERT"键键入程序号。

后面用同样的方法，即可输入程序各段内容，如图5-13和图5-14所示。

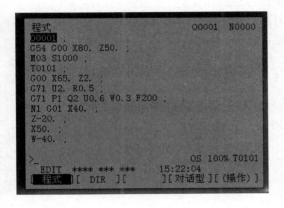
图5-13　程序输入画面

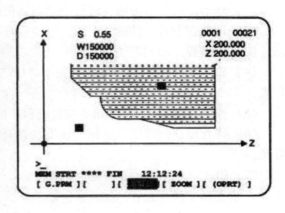
图5-14　加工轨迹画面

（2）字检索。字可以被检索，可以通过字检索功能在程序文本中从头至尾移动光标（扫描）查找指定字或地址。

（3）字的插入、修改和删除。字是地址及其紧跟其后的数字，在具体程序编辑过程中，如果出现问题，可以对字进行插入、修改和删除，但需要注意的是在程序执行期间，通过例如单段运行或进给暂停等操作暂停程序的执行，对程序进行修改、插入或删除后不能再继续执行程序。下面即为字的插入、修改和删除方法。

①选择"编辑"方式。
②按"PROG"键。
③选择要编辑的程序。如果要编辑的程序已被选择，则执行"程序的编辑与检查"操作；如果要编辑的程序未被选择，则用程序号检索。

a. 检索要修改的字。可以采用扫描方法和字检索方法。
b. 执行字的修改、插入或删除。
a）插入字：在插入字之前检索或扫描字→键入要插入的地址和数据→按"INSERT"键。
b）修改字的步骤：检索或扫描要修改的字→键入要插入的地址和数据→按"ALTER"键。
c）删除字的步骤：检索或扫描要修改的字→按"DELETE"键。

2）程序调试

在实际加工前应先检查机床运动是否符合要求，检查方法有观察机床实际运动及机床不动只观察位置显示和变化两种。

（1）观察机床实际运动：调整进给倍率；运行单程序段检查程序。
（2）机床不动，通过模拟功能观察加工时刀具轨迹的变化。

对程序输入后发现的错误，或是程序检查中发现的错误，必须进行修改，即对某些字要进行修改、插入和删除。编辑还包括整个程序的删除和自动插入顺序号。

3）程序检查

对于已输入存储器中的程序必须进行检查，对检查中发现的程序指令错误、坐标值错误、几何图形错误等必须进行修改。待加工程序完全正确后，才能进行空运行操作。程序检查的方法是对工件图形进行模拟加工。在模拟加工中，逐段地执行程序，以便进行程序的检查。其操作过程如下：

（1）按前面讲述的方法，进行手动返回机床参考点的操作。

（2）即使在不装工件的情况下，也要检查刀具是否夹紧。

（3）先选择"自动"方式。

（4）置"MACHINE LOCK"开关于"ON"位置，置"SINGLE BLOCK"开关于"ON"位置。

（5）按下"PROG"键，输入被检查程序的程序号，CRT 显示存储器的程序。

（6）将光标移到程序号下面，按下"循环启动"按钮，机床开始自动运行，同时指示灯亮。

（7）CRT 屏幕上显示正在运行的程序。

5. 机床的空运行与自动运行的区别

空运行是刀具按参数指定的速度移动而与程序中指令的进给速度无关，该功能用来在机床不加工工件时检查程序中的刀具运动轨迹。

操作步骤：在自动运行期间按下机床操作面板上的空运行键，刀具按参数中指定的速度移动，快速移动开关可以用来更改机床的移动速度。

自动运行是程序预先存在存储器中，当选定了一个程序并按了机床操作面板上的"循环启动"按钮时，开始自动运行，而且循环启动灯（LED）点亮。

在自动运行期间，当按了机床操作面板上的"进给暂停"时，自动运行暂时停止。当再按一次"循环启动"按钮时自动运行恢复。

6. 首件试切加工及检测

检查完程序，正式加工前，应进行首件试切，一般用单程序段运行工作方式进行试切。将工作方式选择旋钮打到"单段"方式，同时将进给倍率调低，然后按"循环启动"按钮，系统执行单程序段运行工作方式。加工时每加工一个程序段，机床停止进给后，都要看下一段要执行的程序，确认无误后再按"循环启动"按钮，执行下一程序段。要时刻注意刀具的加工状况，观察刀具、工件有无松动，是否有异常的噪声、振动和发热等，观察是否会发生碰撞。加工时，一只手要放在"急停"按钮附近，一旦出现紧急情况，随时按下按钮。只有试切合格，才能说明程序正确、对刀无误。

整个工件加工完毕后，用检测工具检查工件尺寸，如有错误或超差，应分析检查编程、补偿值设定、对刀等工作环节，有针对性地进行调整。通常在重新调整后，需再加工一遍直至合格。首件加工完毕后，即可进行正式加工。

7. 铣削加工操作

实训步骤及操作方法：

第一步：回零，"X""Y""Z"上的 LED 指示灯全亮且不闪烁，回零完成。

第二步：对刀，设置刀补。

第三步：输入烟灰缸程序并校验。

第四步：回零，回零以后将刀具放在安全高度位置上。

第五步：模拟加工，检查程序和对刀是否正确。

第六步：正式加工零件。

第七步：加工完成后卸下工件。

第八步：去毛刺、飞边、检测零件尺寸。

（六）数控铣床加工操作训练

1. 数控铣床安全教育及机床面板功能介绍

FANUC-0i MC 数控系统面板由系统操作面板［包括液晶显示器（LCD）、MDI 编辑面板］和机床控制面板组成。

1）系统操作面板

系统操作面板包括液晶显示器（LCD）和 MDI（Manual Data Input）编辑面板两部分。

液晶显示器位于整个系统操作面板的左上方。液晶显示器用于显示各种画面，画面之间可以通过软键和功能键进行切换。通过画面的显示，操作者可以了解当前机床运行的状态。显示屏的下方有一排按键，一共 7 个，这一排按键就是上面提到的软键。在软键的上方，显示屏上与软键所对应的文字就是该软键在当前显示页面上所具有的功能。因此在显示的不同页面上，软键所对应屏幕上的文字不同，从而软键在不同页面上有不同的功用。

MDI 编辑面板位于整个系统操作面板的右上方，主要用于对机床系统中的数据进行输入和输出，并可控制屏幕所能显示的画面，比如：通过该面板可以向机床输入所要运行的程序，并可以通过该面板修改系统中的数据和参数等。MDI 编辑面板由以下各键组成：地址/数字键（共 24 个）、功能键（6 个）、光标移动键（4 个）、翻页键（2 个）、换挡键（1 个）、取消键（1 个）、输入键（1 个）、编辑键（3 个）、帮助键（1 个）、复位键（1 个）。各键的详细资料如下：

（1）地址/数字键（24 个）面板上的表示，如图 5-15 所示。

功能说明：地址/数字键由字母、数字及其他符号组成。我们所要运行的程序中的指令代码（如 G00 或 M01 等）、字母（X/Y/Z 等）、数字（10、5 等）等都能在地址/数字键上找到。在地址/数字键上找到与程序中字母和数字相对应的按键，再配合其他按键（如"INSET"插入键）的使用就可以把我们想要输入的某一程序输入进去。地址/数字键每个按键通常由两个不同字符组成，通过按下换挡键（SHIFT）可以输入同一按键上的不同字符。

（2）功能键（6 个）：所谓的功能键就是画面显示键，在机床开启后按下任何一个按键，机床将显示出与其相应的画面。6 个功能键的详细功用如下：

图 5-15　地址/数字键

①位置显示键,如图 5-16 所示。

功能说明:显示刀具当前坐标的画面。在画面中通常显示出三类坐标值:绝对坐标值、相对坐标值、机床坐标值。绝对坐标值是在绝对坐标系中显示的值,绝对坐标系是对刀时所设定的那个坐标系(工件坐标系)。该坐标值表示当前刀具相对于对刀原点的位置。相对坐标值表示相对于绝对坐标系中一点(该点是工件坐标系的原点)的相对位置。机床坐标值表示在机床坐标系中显示的值,机床坐标系的原点就是所谓的参考点,返回参考点就是返回机床坐标系的原点。

通过多次按位置显示键可以将其中一个坐标系的显示转换为当前的主要显示。另外在刀具加工工件过程中可以从位置显示画面中看到待走刀量。待走刀量就是刀具当前位置与执行完该段程序时位置间的距离。

②程序显示键,如图 5-17 所示。

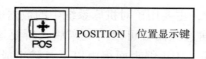

图 5-16　位置显示键

图 5-17　程序显示键

功能说明:程序显示键是用来显示加工程序的按键,重复多次按下程序显示键可以显示不同的程序画面:输入程序画面、修改程序画面、搜索程序画面等。

a. 输入程序画面:在此画面下可以将要输入的加工程序输入数控系统中。

b. 修改程序画面:当需要修改系统里已有的加工程序时,可多次按下程序显示键,将画面切换到修改程序画面,在此画面下可以对程序进行修改。

c. 搜索程序画面:在此画面下可以找出数控系统内已有的、我们要找的加工程序。

③参数设定/显示键,如图 5-18 所示。

功能说明:该按键通常用来显示参数或重新设定参数的画面。按下该按键,通过与软件的配合使用可以显示出偏置、设定等画面。

a. 偏置:按下参数设定/显示键,再按下与屏幕下侧出现的文字"【偏置】"所对应的软键,就可以显示出偏置画面。通过

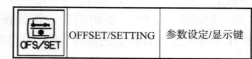

图 5-18　参数设定/显示键

该画面可以修改刀具半径补偿、刀具长度补偿和刀具磨损值。

b. 设定画面：按下参数设定/显示键，再按下对应的"【设定】"软键，就会出现工件坐标系的设定画面，在该画面下可以设定工件坐标系。

④系统参数显示键，如图 5-19 所示。

功能说明：按下此键，并配合相应软键的使用可以显示出系统不同的参数画面。在系统参数画面下，可以查看当前所显示的画面参数，并可以对其中的一些参数进行修改。

⑤报警信息显示键，如图 5-20 所示。

图 5-19 系统参数显示键

图 5-20 报警信息显示键

功能说明：当对机床操作不当时，机床会出现报警。报警表现出的现象是操作面板上按键的指示灯不断地同时闪烁，机床右前上方的红灯亮，显示屏上出现报警提示。当按下"复位"键消除报警后，按下报警信息显示键，再根据相应软键上方文字的提示进行操作，可以显示出相应的报警信息画面，通过画面可以看出之前操作出现报警的原因。

⑥图形显示键，如图 5-21 所示。

功能说明：按下该按键，并根据相应软键上方文字的提示，配合软键使用可以显示刀具轨迹等画面。

（3）换挡键（1个），如图 5-22 所示。

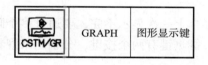

图 5-21 图形显示键

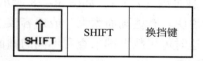

图 5-22 换挡键

功能说明：对同一按键上的不同字符进行切换输入。例如，数据键的每个按键上都有两个字符，通过按下换挡键可以对两字符分别输入。这里换挡键的功能和电脑键盘上换挡键的功能一样。

（4）取消键（1个），如图 5-23 所示。

功能说明：取消键用来删除已输入到缓冲器上的最后一个字符，这与后面要介绍的删除键功能不同。

（5）输入键（1个），如图 5-24 所示。

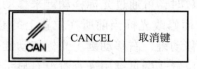

图 5-23 取消键

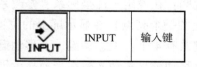

图 5-24 输入键

(6) 编辑键（3个）。编辑键一共3个按键：替换键、插入键、删除键，如图5-25所示。

功能说明：编辑键在修改、输入、删除加工程序时使用。通过和光标移动键配合使用，替换键可将已输入程序中的指令代码替换成要输入的指令代码等。插入键可以在已输入的程序中加入新的程序，也可以用来向系统中输入新的程序。删除键用来删除已输入的程序，这与前面提到的取消键的功能不同，取消键用来取消缓冲器中最后一个字符，该字符还没输入到系统中去。

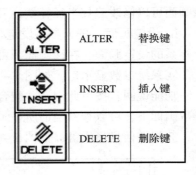

图5-25 编辑键

(7) 帮助键（1个），如图5-26所示。

功能说明：按下该按键后，根据操作面板上的显示和软键上方文字的显示，配合相应的软键使用，可以获得帮助信息。

(8) 复位键（1个），如图5-27所示。

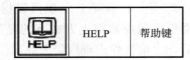

图5-26 帮助键

图5-27 复位键

功能说明：当一个加工程序运行完后，按下复位键后可以再次运行新的加工程序。当机床出现报警时，按下复位键一般都可以消除报警。

(9) 翻页键（2个），如图5-28所示。

功能说明：有些画面太大，或内容较多，在屏幕上一次显示不完，要通过多个画面才能显示完。这时可用翻页键来查看不同的画面数据。翻页键有两个按键，分别用来翻看上一个显示画面和下一个显示画面。

(10) 光标移动键（4个），如图5-29所示。

图5-28 翻页键

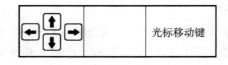

图5-29 光标移动键

功能说明：在设定工件坐标系、修改系统参数时，可通过光标移动键来移动显示屏上光标（屏幕上的一个亮点）在显示屏上的位置，从而修改光标当前所在位置上的参数和数据。光标移动键共有4个：上移动键、下移动键、左移动键、右移动键。光标移动键与翻页键的区别：光标移动键只移动光标在当前显示屏上的位置，翻页键用来查看没有显示到的画面的信息。

2) 系统控制面板

系统控制面板位于显示屏的下方，见表5-11。

表 5–11 系统控制面板

序号	符号表示	名称	功能说明
1		自动运行方式	在编辑方式下输入程序或从系统中调出程序后，按下此键就可在自动运行方式下运行程序
2		编辑方式	按下此键输入的程序可以保存，并且可以对已有的程序进行查看和修改
3		手动数据输入	按下此键，可输入加工程序，但程序运行完后不会在系统内保存
4		DNC 运行方式	在线加工
5		手动返回参考点	机床启动后，可按下此键，再配合各轴的使用，就可让机床返回参考点
6		手动运行键	按下此键，可与控制面板上的各轴按键配合使用，能在控制面板上对轴进行控制
7		手动增量运行	
8		手轮方式	在控制面板上按下此键和手持单元件按键，就可对刀具的位置进行调整
9		手动绝对输入	
10		辅助功能锁住	按下此键后，程序中的辅助功能就不会被机床执行了
11		Z 轴锁住	按下此键，在程序运行过程中，Z 轴就不会上下移动了
12		单段执行	按下此键后，按一次"循环启动"按钮，程序就被执行一个程序段
13		跳选程序段	按下此键后，程序中程序段开头有"/"的就被跳过不执行
14		M01 选择停此	按下此键，在程序中遇到 M01 代码时，就会自动停此程序
15		手轮示教方式	
16		手轮倍率	控制面板上有 4 个手轮按键：0.001、0.01、0.1、1，分别为在原有的进给速率上的倍数，但第四个按键被禁用

续表

序号	符号表示	名称	功能说明
17		轴选择	控制面板上有6个按键，但只有3轴按键有效：X、Y、Z轴，在按下手动运行键或手动返回参考点键时，可在分别按下"X""Y""Z"键进行刀具位置的手动控制
18	RESTART	程序再启动	该键用于从程序的某一程序段上进行启动
19		手持单元	同时按下此键和手轮方式键，可用手轮对刀具的位置进行控制
20		机床锁住	按下此键，在自动运行方式下，各轴不移动，只在屏幕上显示坐标的变化
21		机床空运行	在自动方式下按下此按键，各轴以快速运行方式来运行程序，此键用来在不加工工件的情况下对刀具轨迹进行检查
22		冷却液	按下此按键，当指示灯亮时表示冷却泵启动，当指示灯暗时表示冷却泵关闭；也可在程序中编辑代码 M07、M08 来开、关冷却泵
23		手动润滑	按着此键不动，可以启动润滑泵对机床轴承、导轨进行润滑
24		限位解除	当机床出现超程报警时，按下此键再按复位键，就可解除超程报警
25		螺旋排屑	在机床里有左右两排屑道，作用是将加工工件的废屑排入链板，然后由链板排出机床
26		链板排屑	控制面板上有链板排屑正、反转两按键，分别控制链板的正、反转，将从螺旋排屑下来的铁屑排出机床
27	+ −	手动进给方向	在手动运行方式或手动返回参考点下，与各轴按键的配合使用可控制各轴的运动方向，共有两按键，分别控制各轴的正、反运动
28		循环启动	在自动运行方式和MDI方式下用来启动当前的程序
29		进给保持	按下此键可停止程序的运行，按下"循环启动"按钮后，程序继续运行

续表

序号	符号表示	名称	功能说明
30		灯检查	共两个，同时按下后，若控制面板上按键的指示灯亮了，说明各按键正常；若有指示灯没亮，说明此按键已坏
31		主轴正转	在启动主轴后，可对主轴的转向进行控制。但在自动运行方式和开机后没有启动主轴的情况下不能对主轴的转向进行控制
32		快速键	配合手动进给方向键使用，使主轴快速移动

（七）零件的加工

1. 数控加工过程

1）工件坐标系设置

由于该零件结构较为简单，所以采用的是手工编程，然后再将编好的程序输入数控加工中心。在数控加工机床 XK713 上利用 G54 指令建立工件坐标系，其操作步骤如下：

（1）打开电源开关及加工中心上的电源开关和开机按钮，做好加工前的准备工作。

（2）先选用平面度较好的面为基准面加工出夹持面，然后以夹持面为基准把毛坯件装在虎钳上。

（3）在控制面板上选择主轴，转动手轮按钮，把手轮上的旋转钮对在"X"上，用手轮将刀具移动到左侧下接近需要加工的工件时慢慢地用刀去接触毛坯的边沿，直到有少量铣削出现为止。

（4）在控制面板上单击"编辑"按钮→"POS"→相对→起源→输入 X，完成 X 轴一侧起点设置。

（5）将刀具提起移动到工件的右侧下刀，使用相同的方法，计算当前屏幕上 X 轴坐标的一半，在进入"OFFSET SETTING"→坐标系→G54→输入计算得到的 X 值→按"【测量】"软键，即完成了工件在 X 轴坐标系的设定。

（6）用同样的方法完成对 Y 轴的设定，这样，X 轴和 Y 轴的坐标系就设定好了。

（7）Z 轴的坐标系设定方法就是把刀具移动到毛坯的表面，将"Z"设置为零。

这样就把 X、Y 和 Z 轴的坐标系设定完成，即完成了 G54 坐标系的设定。

2）工件试加工

在 G54 坐标系建立好以后，就可以开始正式加工了。为了保证程序没有差错，一般都先用已经输入的程序对蜡模进行加工，这样即使程序有错也不会浪费毛坯件，也便于及时加以修改。以此确定所有程序的路线，当加工工艺都正确无误后，便可用铝件对毛坯进行机械加工。

首先，选择毛坯件上较平滑的一个平面为粗基准；然后进行对刀，并以第一把刀为基准，对其他刀具进行对刀和测刀补。单击控制面板上的"编辑"按钮→"PROG"→输入要加工的程序名称→"自动"→"循环启动"→"开冷却液",完成这一系列的操作后,数控机床即可对工件进行自动加工了。加工完成后,进行清洗和去毛刺处理,对已加工的成品进行加工精度和表面粗糙度的检验,看是否达到了零件图的技术要求,对没有达到要求的地方分析其原因。

2. 部分手工编制的程序单

```
O0001;                                （内、外轮廓加工程序)
N10 G01 G21 G40 G49 G69 G80
F100;
N20 G00 G54 G90 X0.0 Y0.0 Z50.0;      设定安全距离
N30 M03 S600;                         主轴旋转及转速
N40 X65.0 Y0.0 Z5.0;                  快速接近工件下刀点1
N50 #1 = 0.0;                         多边形第一边与X正轴夹角赋值
N60 #2 =   ;                          每次递增角度赋值
N70 #3 =   ;                          多边形外接圆半径赋值
N80 #4 =   ;                          刀具半径赋值
N90 #5 = #3 + #4;                     刀具半径补偿
N100 #6 =   ;                         Z向切削深度赋值
N110 #7 = 0.0;                        Z向初始赋值
N120 WHILE [#7 LE #6] DO1;            当#7小于#6时深度循环继续
N13 G01 Z - #7 F100;                  直线插补Z向下切
N140 #1 = 0;                          重置多边形第一边与X轴的夹角
N150 WHILE [#1 LT   ] DO2;            当#1小于某一角度时循环继续
N160 #8 = #5 * COS [#1];              X变量计算
N170 #8 = #5 * SIN [#1];              Y变量计算
N180 G64 G01 X#8.0 Y#9 F100;          直线插补至起始点
N190 #1 = #1 + #2;                    边数的增加量
N200 END2;                            循环二语句结束
N210 #7 = #7 +   ;                    Z向每次递增量
N220 END1;                            循环一语句结束
N230 G00 G90 Z50.0;                   Z轴退回到安全高度
N240 X0.0 Y0.0;                       快速返回工件坐标原点
N250 M05;                             主轴停止转动
N260 M30;                             程序结束,光标返回起始点
```

```
O0002;
N10 G90 G54 G00 X0.0 Y0.0 Z50.0;        设置安全高度
N20 M03 S800;                            主轴转动设置转速
N30 Z1.0;                                Z向的下刀点
N40 #1 =1                                Z向初始赋值
N50 WHILE [#1 LE   ] DO1;               当#1小于设定的某个值时，深度循环继续
N60 G00 Z - #1 F100;                     直线插补Z向向下
N70 #2 =1.5;
N80 WHILE [#2 LE   ] DO2;               当#2小于某设定值时，X向宽度循环继续
N90 G01 X#2 Y0.0 F100;                   直线插补X向
N100 G02 I - #2;                         顺时针插补整圆加工
N110 #2 = #2 +2;                         X向的递增量
N120 END2;                               循环二语句结束
N130 G01 X0.0 Y0.0;                      直线插补至工件坐标原点
N140 #1 = #1 +1;                         Z向的递增量
N150 END1;                               循环一语句结束
N160 G00 G90 Z50;                        快速退回Z向设置的安全高度
N170 X0 Y0;                              快速返回工件坐标原点
N180 M05;                                主轴停止
N190 M30;                                程序结束，光标返回起始点


O0110;                                   子程序（底面加工）
N10 G01 G21 G40 G49 G69 G80 F100;       程序初始化
N20 G00 G54 G90 X0.0 Y0.0 Z50.0;        设定安全距离
N30 M03 S600;                            主轴旋转及转速
N40 X65.0 Y0.0 Z5.0;                     快速接近工件下刀点1
N50 #1 =0.0;                             多边形第一边与X正轴夹角赋值
N60 #2 =   ;                             每次递增角度赋值
N70 #3 =   ;                             多边形外接圆半径赋值
N80 #4 = ;                               刀具半径赋值
N90 #5 = #3 + #4;                        刀具半径补偿
N100 #6 =   ;                            Z向切削深度赋值
N110 #7 =0.0;                            Z向初始赋值
N120 WHILE [#7 LE #6] DO1;              当#7小于#6时，深度循环继续
N13 #3 =   ;                             多边形棱台斜度赋值
N140 #9 = #7 * TAN [#8];                 斜率计算
```

```
N150 #10 = #5 + #9;              当前层的外接圆半径值
N160 G01 Z - #7 F100;            直线插补 Z 向向下
N170 #1 = 0;                     重置多边形第一边与 X 正轴的夹角
N180 WHILE [#1 LT  ] DO2;        当#1 小于某一角度值时循环继续
N190 #11 = #10 * COS [#1];       X 变量计算
N200 #12 = #10 * SIN [#1];       Y 变量计算
N210 G64 G01 X#11 Y#12;          直线插补至起始点
N220 #1 = #1 + #2;               边数的增加
N230 END2;                       循环二语句结束
N240 #7 = #7 + 0.1;              Z 向递增
N250 END1;                       循环一语句结束
N260 G00 G90 Z50.0;              快速退回 Z 向的安全高度
N270 X0.0 Y0.0;                  快速返回工件坐标原点
N280 M05;                        主轴停止转动
N290 M30;                        程序结束,光标返回起点
```

任务四 烟灰缸工艺品零件的质量检测与质量分析

零件检测与质量分析

（1）内腔有刀痕。根据刀痕的切削纹路来判断是装夹的原因还是刀具的原因。

（2）在加工圆弧时，表面粗糙度较差，检查刀具和切削用量。

（3）零件检测结束后，针对不合格项目进行分析，找出产生原因，制定预防措施。其质量分析表见表 5-12。

表 5-12 质量分析表

序号	废品种类	产生原因	预防措施
1	凸台四周配合处表面粗糙	本应用加工中心进行加工，因条件有限，采用普通数控铣床加工造成精度偏差较大	及时引进较为先进的教学设备，跟随时代步伐
2	内腔与外轮廓的厚度过大	设置刀补不准确，没有设置在相应的刀补番号上面	在模拟加工试运行之后及时修正刀具补偿值
3	零件内型腔加工面粗糙	加工过程中，铁屑没有及时排出，所以加工处留有进给刀痕和刮伤的痕迹	使用冷却液时应对准加工部位，并且用小刷子及时清理
4	上外轮廓与下外轮廓配合度不够	在对刀的过程中没有及时调整到位	采用正确的对刀方式，条件允许则采用对刀仪对刀
5	底座内轮廓圆弧倒角	非标准圆弧，机床难以加工出来	及时调整圆弧为标准尺寸

四、项目评价考核

项目教学评价

项目组名				小组负责人			
小组成员				班级			
项目名称				实施时间			
评价类别	评价内容	评价标准	配分	个人自评	小组评价	教师评价
学习准备	课前准备	笔记收集、整理,自主学习	5			
学习过程	信息收集	能收集有效的信息	5			
	图样分析	能根据项目要求分析图样	10			
	方案执行	以加工完成的零件尺寸为准	35			
	问题探究	能在实践中发现问题,并用理论知识解释实践中的问题	10			
	文明生产	服从管理,遵守校规校纪和安全操作规程	5			
学习拓展	知识迁移	能实现前后知识的迁移	5			
	应变能力	能举一反三,提出改进建议或方案	5			
	创新程度	有创新建议提出	5			
学习态度	主动程度	主动性强	5			
	合作意识	能与同伴团结协作	5			
	严谨细致	认真仔细,不出差错	5			
总 计			100			
教师总评 (成绩、不足及注意事项)						
综合评定等级 (个人30%,小组30%,教师40%)						

项目六　鸟笼工艺品制作

一、项目导入

本项目讲述的是工艺品鸟笼，鸟笼的制作需用到线切割与电焊两个工种，鸟笼工艺品装配图如图 6-1 所示。

通过本项目的学习，学会零件图纸识图、加工工艺分析、数控电火花线切割机床加工操作及检测方法等技术技能。同时培养学生的观察创新能力，对材料的收集、组织、分析、提炼、信息整合等能力，以及实际的操作技能水平。

二、项目描述

（一）项目目标

1. 知识目标

（1）掌握鸟笼零件图的识读方法。
（2）掌握数控电火花线切割加工的原理及方法。
（3）掌握电焊机的加工方法。

2. 能力目标

（1）培养主动探索能力。
（2）培养观察分析能力。

3. 职业素养

（1）通过小组讨论合作，增强团队意识。
（2）养成安全规范操作的职业习惯。

（二）项目重点和难点

1. 项目重点

掌握数控电火花线切割加工方法。

2. 项目难点

（1）工件装夹方式的选择。

(2) 数控电火花线切割加工参数的选择与调节。

(3) 电焊加工表面质量分析。

(三) 项目准备

1. 设备资源

数控电火花线切割机、电焊机、百分表、游标卡尺、钢直尺、钼丝等。

2. 原材料准备

45 钢丝、45 钢板。

3. 相关资料

《特种加工》《电火花加工技术》《中国材料工程大典》。

4. 项目小组及工作计划

项目计划见表 6-1。

表 6-1 项目计划

任务	内容	零件	时间安排/h	人员安排/人	备注
任务一	鸟笼工艺品零件图技术要求分析	—	1	1	任务可以同时进行，人员可以交叉执行
任务二	鸟笼工艺品的加工工艺	—	2	1	
任务三	鸟笼工艺品的线切割加工内容及操作	—	4	1	
任务四	鸟笼工艺品的电焊装配操作	—	1	1	

三、项目工作内容

任务一 鸟笼工艺品零件图技术要求分析

(一) 相关知识准备

1. 零件图的定义

零件图是表达单个零件形状、大小和特征的图样，也是在制造和检验机器零件时所用的图样，又称零件工作图。在生产过程中，通常根据零件图样和图样的技术要求进行生产准备、加工制造及检验。因此，它是指导零件生产的重要技术文件。

2. 零件图的内容

1) 一组视图

要综合运用视图、剖视、剖面及其他规定和简化画法，选择能把零件的内、外结构形状表达清楚的一组视图。

2）完整的尺寸

用以确定零件各部分的大小和位置。零件图上应注出加工完成及检验零件是否合格所需的全部尺寸。

3）标题栏

说明零件的名称、材料、数量、日期、图样编号、比例以及描绘、审核人员签字等。根据国家标准，有固定形式及尺寸，制图时应按标准绘制。

4）技术要求

用一些规定的符号、数字、字母和文字注解，简明、准确地给出零件在使用、制造和检验时应达到的一些技术要求（包括表面粗糙度、尺寸公差、形状和位置公差、表面处理和材料处理等要求）。

3. 识图步骤

1）读标题栏

了解零件的名称、材料、画图的比例和重量等。

2）分析视图，想象形状

读零件的内、外形状和结构，是读零件图的重点。组合体的读图方法（包括视图、剖视、剖面等）仍然适用于读零件图。

从基本视图看出零件的大体内、外形状；结合局部视图、斜视图以及剖面等表达方法，读懂零件的局部或斜面的形状；同时，也从设计和加工方面的要求来了解零件一些结构的作用。

3）分析尺寸和技术要求

了解零件各部分的定形、定位尺寸和零件的总体尺寸，以及注写尺寸时所用的基准。还要读懂技术要求，如表面粗糙度、公差与配合等内容。

4）综合考虑

把读懂的结构形状、尺寸标注和技术要求等内容综合起来，就能比较全面地读懂这张零件图。

有时为了读懂比较复杂的零件图，还需参考有关的技术资料，包括零件所在的部件装配图以及与它有关的零件图。

（二）鸟笼图纸

1. 鸟笼图

鸟笼各零件图如图6-2~图6-6所示。

2. 技术要求分析

本项目讲述的是工艺品鸟笼，鸟笼的制作过程需用到线切割与电焊两个工种，鸟笼上所需的圆孔由线切割加工完成。

项目六 鸟笼工艺品制作

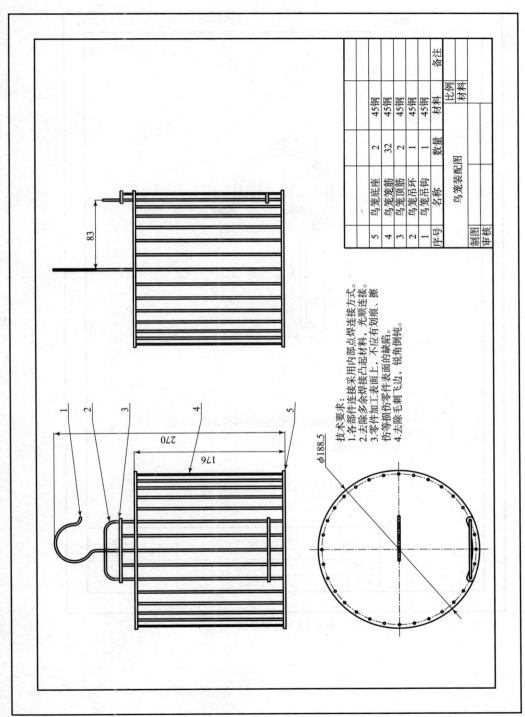

图6-1 鸟笼装配图

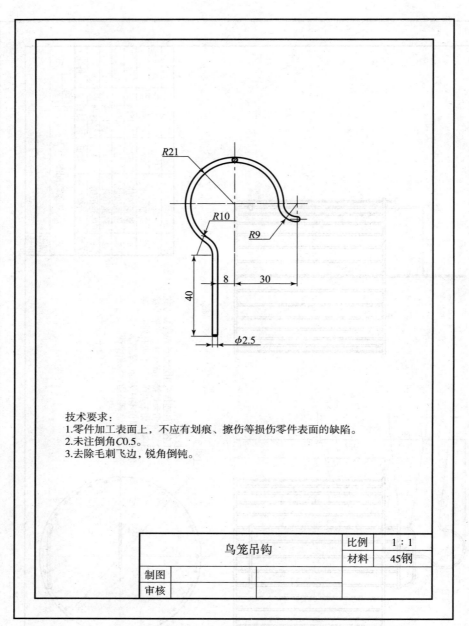

图 6-2 鸟笼吊钩

项目六 鸟笼工艺品制作

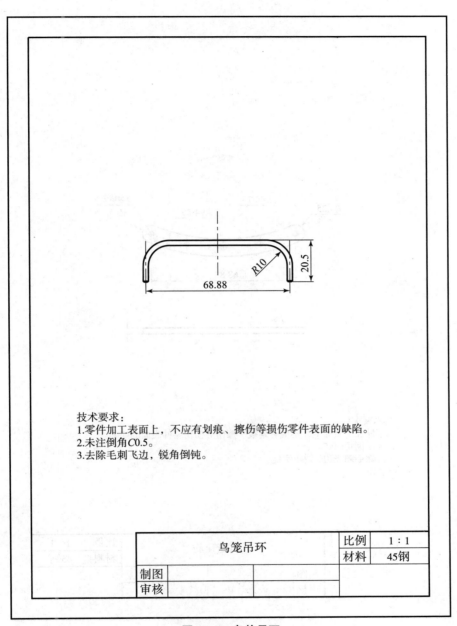

技术要求:
1.零件加工表面上,不应有划痕、擦伤等损伤零件表面的缺陷。
2.未注倒角C0.5。
3.去除毛刺飞边,锐角倒钝。

图6-3 鸟笼吊环

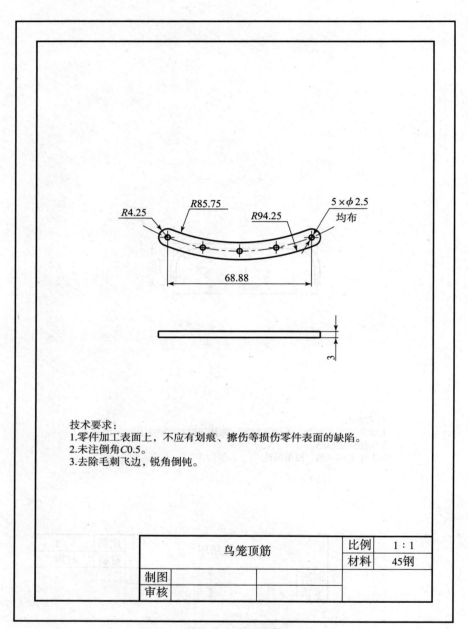

图 6-4 鸟笼顶筋

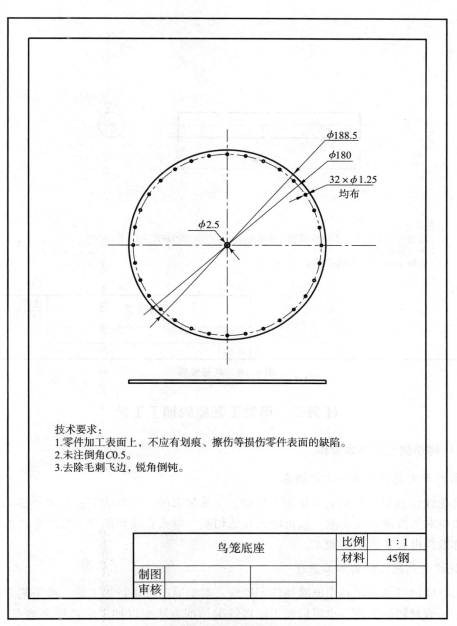

图 6-5 鸟笼底座

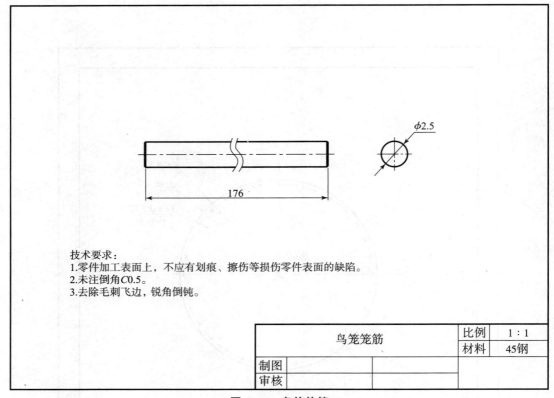

图6-6 鸟笼笼筋

任务二 鸟笼工艺品的加工工艺

(一) 线切割加工基本介绍

1. 数控电火花线切割加工的概念

电火花线切割加工是在电火花加工基础上发展起来的一种新的工艺形式,是用线状电极靠火花放电对工件进行线切割,故称电火花线切割。电火花线切割加工机床有数控装置控制室,故称数控电火花线切割加工。

2. 数控电火花线切割加工原理

电火花线切割加工是利用电腐蚀作用原理,对金属工件进行加工的一种工艺方法。它既可以加工一般材料的工件,也可以加工用传统的切削方法难以加工的各种高熔点、高硬度、高强度、高韧性的金属材料及精度要求高的工件,特别适合模具零件的加工,因此电火花加工在模具加工领域得到了广泛应用。

线切割加工是通过电极丝和工件之间进行脉冲放电(电极丝接负极,工件接正极)产生高温(约10 000 ℃),使金属熔化,同时与介质产生爆炸,取出材料的一种加工方法,如图6-7所示。线切割加工时,在电极丝和工件之间进行脉冲放电,当来一个脉冲时,在电极丝和工件之间产生一次火花放电,在放电通道的中心,温度瞬间时可达到10 000 ℃以上,高温使电极丝和工件金属熔化,甚至有少量的气化,同时会使电极丝和工件之间的工作液部分产生气化，这些气化后的工作液和金属蒸气瞬间产生热膨胀，并且具有爆炸的特性，这种热膨胀和局部微爆炸排出熔化和气化的金属材料而实现对工件材料进行电蚀切割加工。通常认为电极丝与工件之间的放电间隙在 0.01 mm 左右，若电脉冲的电压高，则放电间隙会大一些。线切割机床通过 XY 拖板和 UV 拖板的运动，使电极丝沿着预定的轨迹运动，从而达到加工工件的目的。

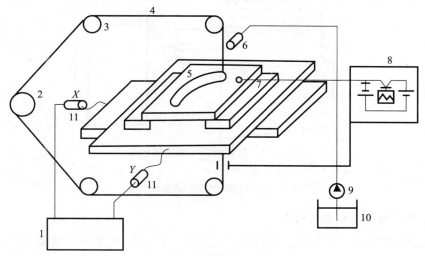

图 6-7 线切割加工原理

1—数控装置；2—储丝筒；3—导轮；4—电极丝；5—工件；6—喷嘴；
7—绝缘板；8—脉冲发生器；9—液压泵；10—水箱；11—控制步进电动机

3. 数控电火花线切割机床的基本组成

数控线切割机床的组成如图 6-8 所示。

1）工作台

工作台又称切割台，由工作台面、中拖板和下拖板组成。工作台面用以安装夹具和被切割工件，中拖板和下拖板分别由步进电动机拖动，通过齿轮变速及滚珠丝杠传动，完成工作台面的纵向和横向运动。工作台的纵、横向运动既可以手动完成，又可以自动完成。

2）走丝机构

走丝机构主要由储丝筒、走丝电动机和导轮等部件组成。储丝筒安装在储丝筒拖板上，由走丝电动机通过联轴器带动，正、反旋转。储丝筒的正、反旋转运动通过齿轮同时传给储丝筒拖板的丝杠，使拖板做往复运动。电极丝安装在导轮和储丝筒上，开动走丝电动机，电极丝以一定的速度做往复运动，即走丝运动。

3）供液系统

供液系统是由工作液箱、液压泵和喷嘴组成的，为机床的线切割加工提供足够、合适的工作液。工作液主要有矿物油、乳化液和水类（去离子水、纯净水）等，其主要作用有：对电极、工件和切屑进行冷却，产生爆炸压力，对放电区消电离及对放电产物除垢。

4）脉冲电源

脉冲电源是产生脉冲电流的能源装置，线切割脉冲电源是影响线切割加工工艺指标最关键的设备之一。为了满足线切割加工条件和工艺指标，对脉冲电源的要求为：较大的峰值电流，脉冲宽度要窄，要有较高的脉冲频率，线电极的损耗要小，参数设定方便。

5）控制系统

对整个线切割加工过程和钼丝轨迹做数字程序控制，可以根据 ISO 格式和 3B、4B、5B 格式的加工指令控制切割。机床的功能主要是由控制系统的功能决定的。

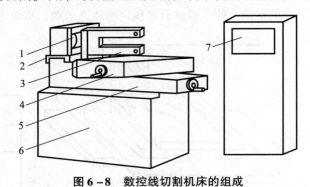

图 6-8 数控线切割机床的组成

1—储丝筒；2—走丝溜板；3—丝架；4—上工作台；5—下工作台；
6—床身；7—脉冲电源及微机控制柜

4. 快走丝线切割机床主机组成

快走丝线切割机床主机主要由坐标工作台（X、Y）、运丝部分、丝架和床身、工作液箱、机床电气箱、脉冲电源和数控系统等组成，如图 6-9 所示。

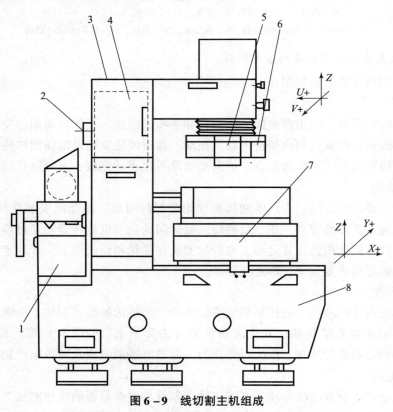

图 6-9 线切割主机组成

1—储丝筒；2—储丝筒操作面板；3—立柱；4—机床电气箱；
5—上导轮部；6—斜度切割装置；7—工作台；8—床身

（1）X、Y 坐标工作台用于装卡被加工的工件。控制台给 X 轴和 Y 轴执行机构发出进给信号，分别控制两个步进电动机，进行预定图形的加工。坐标工作台主要由拖板、导轨、丝杠运动副、齿轮传动机构四部分组成。

（2）运丝机构主要用来带动电极丝按一定线速度移动，并将电极丝整齐地绕在储丝筒上。

（3）丝架的主要功用是在电极丝按给定线速度运动时，对电极丝起支撑作用，并使电极丝整齐地绕在储丝筒上。

（4）床身主要起支撑坐标工作台、储丝筒、丝架等部件的作用。

5. 数控电火花线切割机床的型号及参数标准

我国机床型号的编制是根据 GB/T 15375—2008《金属切削机床型号编制方法》的规定进行的，机床型号由汉语拼音字母和阿拉伯数字组成，它表示机床的类别、特性和基本参数。

数控线切割机床型号 DK7725 的含义见表 6-2。

表 6-2 数控线切割机床型号 DK7725 的含义

D	K	7	7	25
机床类别代号（电加工机床）	机床特性代号（数控）	组别代号（电火花加工机床）	型别代号（高速走丝线切割机床）	基本参数代号（工作台横向行程 250 mm）

6. 数控电火花线切割机床 DK7725 主要技术参数

工作台行程尺寸（长×宽）	320 mm × 250 mm
切割最大厚度	300 mm
切割最大锥度	6°/100 mm
工作台最大承载质量	120 kg
加工件最大宽度	320 mm
加工件最大长度	500 mm
加工表面粗糙度	$Ra \leqslant 2.5\ \mu m$
加工精度	0.012 mm
切割速度	80 mm^2/min
控制方式	微机控制
机床质量	1 200 kg

7. 数控电火花线切割机床的分类

（1）按电极丝运动的速度可分为高速走丝和低速走丝。

（2）按工作液供给方式可分为冲液式线切割机床和浸液式线切割机床。

（3）按电极丝运动轨迹的控制形式可分为靠模仿形控制、光电跟踪控制和数字程序控制。

（4）按电源形式可分为 RC 电源、晶体管电源、分组脉冲电源及自适应控制电源等。

（5）按加工特点可分为大中小型及普通直臂切割型与锥度切割型等。

8. 数控电火花线切割加工特点

(1) 利用电腐蚀加工原理,工具电极与工件不直接接触,两者之间的作用力很小,不需要工具电极、工件和夹具具有足够的强度,以抵抗切割变形。

(2) 直接利用线状的电极丝做电极,不需要制作专用电极,可节约电极设计、制造费用,很适合小批量零件的加工和试制新产品。

(3) 电极丝材料不必比工件材料硬,可以加工用一般切削方法难以加工或无法加工的金属材料和半导体材料,如淬火钢、硬质合金等。

(4) 与一般切削加工相比,线切割加工的效率低,加工成本高,不适合形状简单的大批量零件的加工。

(5) 一般采用乳化液或水基工作液,可避免发生火灾,安全可靠,可实现昼夜无人值守的连续加工。

(6) 不能加工非导电材料、盲孔及纵向阶梯表面。

(二) 数控线切割加工工艺分析

1. 电极丝的选择与调整

1) 电极丝材料的性能要求

(1) 良好的导电性。电极丝应是良好的导电体,单位长度上的电阻越小越好。如果电极丝的导电性不好,消耗在电极丝电阻上的能量就多,这不但会使加工电源输送到放电间隙的能量减小,而且会消耗在电极丝上的能量使电极丝发热,容易造成断丝。

(2) 耐电腐蚀性强。电极丝在加工中也会被放电腐蚀,即电极丝发生损耗。这会使电极丝变细,强度降低,寿命减短。如果电极丝往复运转使用,还会影响加工精度。通常熔点高和导热性好将有助于减少电极丝损耗。

(3) 抗拉强度大。电极丝在使用时承受一定的张紧力,特别是快速走丝时,电极丝往复运转,受到的拉力更大些,因此电极丝应该具有足够大的抗拉强度。此外,弹性极限值亦应较高,经过长期拉伸不易产生永久变形,避免延伸造成松丝和断丝。

(4) 丝质均匀、平直。电极丝在放电间隙中必须是直的。为保证这一要求,电极丝不能出现弯折和打结现象。

(5) 较低的电子逸出功。电极丝材料的电子逸出功低,放电时能够发出大量电子,形成到阳极的强大电子流。

2) 电极丝材料的选择

电火花线切割加工使用的电极丝有钼丝、钨丝、钨钼丝、黄铜丝、铜钨丝等,其中以钼丝和黄铜丝应用较多。

采用钨丝加工时,可获得较高的加工速度,但放电后丝质变脆,容易断丝,故应用较少,只在慢速走丝、弱的电规准加工中尚有使用。钼丝比钨丝熔点低,抗拉强度低,但韧性好,在频繁急热急冷变化中,丝质不易变脆,不易断丝。因此,尽管加工速度比钨丝低,却仍被广泛采用。钨钼丝(钨钼各50%合金)加工效果比前两种都好,它具有钨、钼两者的特性,因此,使用寿命比钼丝长,加工速度比钼丝高。铜钨丝有较好的加工效果,但抗拉强度差些,价格比较昂贵,来源较少,故应用较少。采用黄铜丝加工时,加工速度较高,加工稳定性好,但抗拉强度差,损耗大。一般采用直径 0.1 mm 以上的黄铜丝,特别是在大型线切割加工设备中，采用直径 0.3 mm 左右的粗黄铜丝时加工效果较好。

3) 电极丝直径的选择

电极丝的直径是根据加工要求和工艺条件选取的。在加工要求允许的情况下，可选用直径大些的电极丝。直径大，抗拉强度大，承受电流大，可采用较强的电规准进行加工，能够提高输出的脉冲能量，提高加工速度。同时，电极丝粗，切缝宽，放电产物排除条件好，加工过程稳定，能提高脉冲利用率，也能提高加工速度。但是粗丝难以加工出尖角工件，降低了加工精度；切缝宽使材料的蚀除量变大，加工速度降低。电极丝直径太细，抗拉强度低，易断丝。切缝窄会使放电产物排除条件差，加工经常出现不稳定现象，导致加工速度降低，但是可得到较小半径的内尖角，使加工精度相应提高。

一般情况下，慢速走丝时，多采用 0.06~0.12 mm 直径的电极丝；快速走丝时，多采用 0.10~0.30 mm 直径的电极丝。在精密微细加工中，还有采用直径小于 0.06 mm 直径的电极丝的。采用铜丝时，电极丝直径稍粗些。

4) 电极丝上丝、紧丝对工艺指标的影响及调整

电极丝的上丝、紧丝是线切割操作的一个重要环节，它的好坏将直接影响到加工零件的质量和切割速度。当电极丝张力适中时，切割速度（$v_w = v_f \times$ 工件厚度）最大，如图 6-10 所示。在上丝、紧丝的过程中，如果上丝过紧，电极丝超过弹性变形的限度，由于频繁地往复弯曲、摩擦，加上放电时遭受急热、急冷变换的影响，可能发生疲劳而造成断丝。高速走丝时，若上丝过紧，则断丝往往发生在换向瞬间，严重时即使空走也会断丝。

但若上丝过松，由于电极丝具有延伸性，在切割较厚工件时，电极丝的跨距较大，除了它的振动幅度大以外，还会在加工过程中受放电压力的作用而弯曲变形，结果电极丝切割轨迹落后并偏离工件轮廓，即出现加工滞后现象，从而造成形状与尺寸误差，如图 6-11 所示。如切割较厚的圆柱体会出现腰鼓形状，严重时电极丝快速运转容易跳出导轮槽或限位槽而被卡断或拉断。所以，电极丝张力的大小，对运动时电极丝的振幅和加工稳定性有很大影响，即在上电极丝时应采取张紧电极丝措施。如在上丝过程中外加辅助张紧力，通常可逆转电动机或上丝后再张紧一次（如采用张紧手持滑轮）。为了不降低电火花线切割的工艺指标，张紧力在电极丝抗拉强度允许范围内应尽可能大一点，张紧力的大小应视电极丝的材料与直径的不同而异，一般高速走丝线切割机床钼丝张力应在 5~10 N。

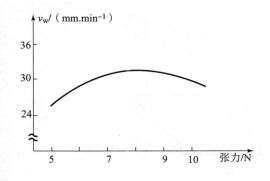

图 6-10 电极丝张力与进给速度图

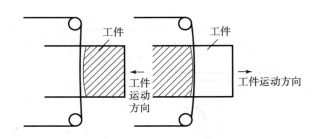

图 6-11 放电压力使电极丝弯曲示意图

5) 电极丝垂直度校正方法

如图 6-12 所示，用校正尺或校正杯校正时，应将校正工具慢慢移至电极丝，目测 X、

Y方向电极丝与校正工具的上下间隙是否一致；或者送上小能量脉冲电源，根据上下是否同时放电来观察电极丝的垂直度。

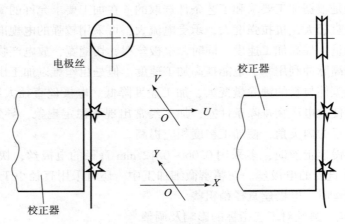

图 6-12　校正电极丝垂直度

在对电极丝进行垂直度校正之前，应将电极丝张紧，张力应与加工中使用的张力相同。用校正器校正电极丝时，应将电极丝表面处理干净，使其易于导电，否则校正精度将受到影响。

6）电极丝坐标位置的调整（对刀）

（1）目测法。利用穿丝处划出的十字基准线，分别沿划线方向观察电极丝与基准线的相对位置，根据两者的偏离情况移动工作台，当电极丝中心分别与纵横方向基准线重合时，工作台纵、横方向上的读数就确定了电极丝中心的位置，如图 6-13 所示。

（2）火花法。移动工作台使工件的基准面逐渐靠近电极丝，在出现火花的瞬时，记下工作台的相应坐标值，再根据放电间隙推算电极丝中心的坐标，如图 6-14 所示。此法简单易行，但往往因电极丝靠近基准面时产生的放电间隙与正常切割条件下的放电间隙不完全相同而产生误差。

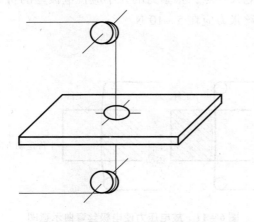

图 6-13　目测法调整电极丝位置

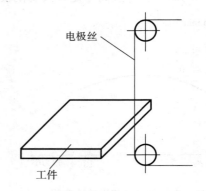

图 6-14　火花法调整电极丝位置

（3）接触感知法。目前装有计算机数控系统的线切割机都具有接触感知功能，用于电极丝定位最为方便。该功能是利用电极丝与零件基准面，由绝缘到短路的瞬间，两者间电阻突然变化的特点来确定电极丝接触到了零件，并在接触点自动停下来，显示该点的坐标，即为电极丝中心的坐标值。如图6-15所示，首先启动X（或Y）方向接触感知，使电极丝朝零件基准面运动并感知到基准面，记下该点坐标，据此算出加工起点的X（或Y）坐标；再用同样的方法得到加工起点的Y（或X）坐标，最后将电极丝移动到加工起点。

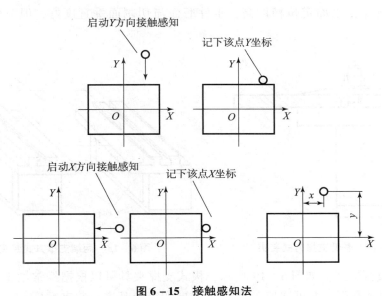

图6-15 接触感知法

（4）自动找中心法。这是电极丝在工件孔中心自动定位。如图6-16所示，首先让电极丝在X轴或Y轴方向与孔壁接触（使用半程移动指令G82），接着在另一轴的方向进行上述过程，经过几个循环后即可找到孔中心。

2. 线切割加工工件装夹

1）工件装夹要求

（1）工件的基准面应清洁无毛刺，经热处理的工件，清除穿丝孔内及扩孔台阶处的热处理残物及氧化皮。

（2）夹具应具有必要的精度，将其稳固地固定在工作台上，拧紧时用力要均匀。

（3）工件装夹的位置应有利于工件找正，并与机床行程相适应，工作台移动时工件不得与线架相碰。

（4）对工件的夹紧力要均匀，不得使工件变形或翘起。

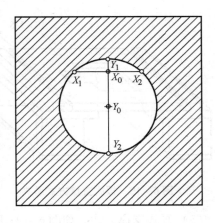

图6-16 自动找中心

（5）细小、精密、薄壁的工件应固定在不易变形的辅助夹具上。

（6）大批零件加工时，最好采用专用夹具，以提高生产效率。

2) 线切割加工中工件装夹的方法

(1) 悬臂支撑方式。如图 6-17 所示，悬臂支撑通用性强，装夹方便。但由于工件单端压紧，另一端悬空，使得工件不易与工作台平行，所以易出现上仰或倾斜的情况，致使切割表面与工件上下平面不垂直或达不到预定的精度。因此，只有在工件技术要求不高或悬臂部分较小的情况下才能采用。

(2) 两端支撑方式。如图 6-18 所示，两端支撑是把工件两端都固定在夹具上，这种方法装夹支撑稳定，平面定位精度高，工件底面与切割面垂直度好，但对较小的零件不适用。

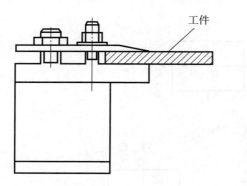

图 6-17　悬臂支撑方式装夹　　　　图 6-18　两端支撑方式装夹

(3) 板式支撑方式。如图 6-19 所示，板式支撑夹具可以根据经常加工工件的尺寸而定，可呈矩形或圆孔形，并可增加 X 和 Y 两方向的定位基准，装夹精度较高，适于常规生产和批量生产。

(4) 桥式支撑方式。如图 6-20 所示，桥式支撑是在双端夹具体下垫上两个支撑铁架。其特点是通用性强、装夹方便，其对大、中、小工件装夹都比较方便。

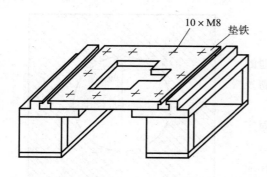 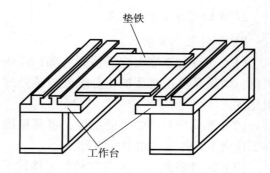

图 6-19　板式支撑方式装夹　　　　图 6-20　桥式支撑方式装夹

(5) 复式支撑方式。如图 6-21 所示，复式支撑夹具是在桥式夹具上，再装上专用夹具组合而成。其装夹方便，特别适用于成批零件加工，既可节省工件找正和调整电极丝相对应位置等辅助工时，又可保证工件加工的一致性。

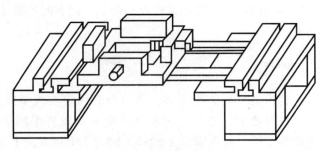

图 6-21 复式支撑方式装夹

3. 线切割加工中常用夹具

1）压板夹具

压板夹具主要用于固定平板状的工件，对于稍大的工件要成对使用。夹具上如有定位基准面，则加工前应预先用划针或百分表将夹具定位基准面与工作台面对应的导轨校正平行，这样在加工批量工件时较方便，因为切割型腔的划线一般是以模板的某一面为基准。夹具的基准面与夹具底面的距离是有要求的，夹具成对使用时两件基准面的高度一定要相等，否则若切割出的型腔与工件端面不垂直，会造成废品。在夹具上加工出 V 形的基准，则可用以夹持轴类工件。

2）分度夹具

分度夹具如图 6-22 所示，其是根据加工电动机转子、定子等多型孔的旋转形工件而设计的，可保证高的分度精度。近年来，因微机控制器及自动编程机具有对称、旋转等功能，所以分度夹具用得较少。

3）磁性夹具

磁性夹具采用磁性工作台或磁性表座夹持工件，不需要压板和螺钉，操作快速方便，定位后不会因压紧而变动，如图 6-23 所示。

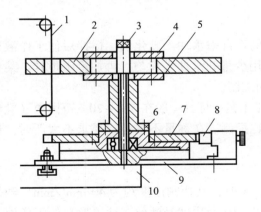

图 6-22 分度夹具

1—电极丝；2—工件；3—螺杆；4—压板；5—垫铁；6—轴承；
7—定位板；8—定位销；9—底座；10—工作台

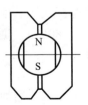 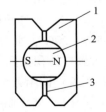

图 6-23 磁性夹具的基本原理

1—磁靴；2—永久磁铁；3—铜焊层

要注意保护夹具的基准面，避免工件将其划伤或拉毛。压板夹具应定期修磨基准面，保持两件夹具的等高性。夹具的绝缘性也应经常检查和测试,因有时绝缘体受损会造成绝缘电阻减小,影响正常的切割。

4. 工件的找正方法

1）拉表法

如图6-24所示,拉表法是利用磁力表架,将百分表固定在线架或其他"接地"位置上,百分表触头接触在工件基面上,然后旋转纵（或横）向丝杆手柄使拖板往复移动,根据百分表指示数值相应调整工件,校正应在 X 轴和 Y 轴两个坐标方向上进行。

2）划线找正法

如图6-25所示,固定在线架上的一个带有顶丝的零件将划针固定,划针尖指向工件图形的基准线或基准面,移动纵（或横）向拖板,根据目测调整工件找正。

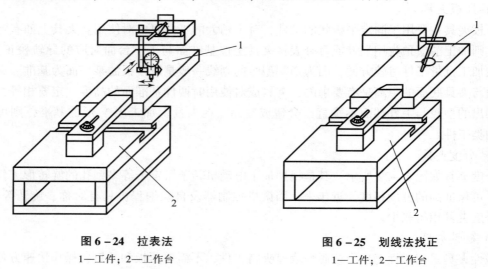

图6-24 拉表法
1—工件；2—工作台

图6-25 划线法找正
1—工件；2—工作台

5. 线切割工作液配制与使用方法及作用

1）工作液配制

（1）工作液的配制方法。一般按一定比例将自来水冲入乳化油,搅拌后使工作液充分乳化成均匀白色。天冷（在0 ℃以下）时可用少量开水冲入搅匀,再加冷水搅拌。某些工作液要求用蒸馏水配制,最好按生产厂的说明配制。

（2）工作液的配制比例。根据不同的加工工艺指标,一般在5%～20%范围内（乳化油5%～20%,水95%～80%）,通常均按质量比配制。在称量不方便或要求不太严时,也可大致按体积比配制。

2）使用方法

（1）新配制的工作液,当加工电流约为2 A时,其切割速度约为40 mm^2/min,若每天工作8 h,使用约2天后效果最好,继续使用8～10天后就易断丝,须更换新的工作液。加工时供液一定要充分,且要使工作液包住电极丝,这样才能使工作液顺利进入加工区,达到稳定加工的效果。

（2）对要求切割速度高或大厚度工件,浓度可适当小些,为5%～8%,这样加工比较稳定,且不易断丝。

(3) 对加工表面粗糙度和精度要求比较高的工件，浓度比可适当大些，为10%～20%，这可使加工表面洁白均匀，加工后的料芯可轻松地从料块中取出，或靠自重落下。

(4) 对材料为Cr12的工件，工作液用蒸馏水配制，浓度稍小些，这样可减轻工件表面的黑白交叉条纹，使工件表面洁白均匀。

3) 工作液种类

在电火花线切割中，可使用的工作液种类很多，有煤油、乳化液、去离子水、蒸馏水、洗涤剂、酒精溶液等。

4) 工作液作用

(1) 较好的冷却性。

(2) 一定的绝缘性。

(3) 较好的绝缘性。

(4) 对环境无污染，对人体无危害。

6. 工艺参数对加工质量的影响及选择

(1) 要求切割速度高时：若脉冲电源的空载电压高、短路电流大、脉冲宽度大，则切割速度高。但是切割速度和表面粗糙度的要求是互相矛盾的两个工艺指标，所以必须在满足表面粗糙度的前提下再追求高的切割速度。而且切割速度受到间隙消电离的限制，也就是说，脉冲间隔也要适宜。

(2) 要求表面粗糙度高时：若切割的工件厚度在80 mm以内，则选用分组波的脉冲电源为好，它与同样能量的矩形波脉冲电源相比，在相同的切割速度条件下，可以获得较好的表面粗糙度。无论是矩形波还是分组波，其单个脉冲能量小，则Ra值小。也就是说，脉冲宽度小、脉冲间隔适当、峰值电压低、峰值电流较小，表面粗糙度较好。

(3) 要求切割厚工件时：选用矩形波、高电压、大电流、大脉冲宽度和大的脉冲间隔可充分消电离，从而保证加工的稳定性。

(4) 进给速度对切割速度和表面质量的影响。

①进给速度调得过快，超过工件的蚀除速度，会频繁地出现短路，造成加工不稳定，使实际切割速度降低，加工表面发焦呈褐色，工件上下端面处有过烧现象。

②进给速度调得太慢，远远落后于工件可能的蚀除速度，极间将会偏于开路，使脉冲利用率太低，切割速度大大降低，加工表面发焦呈淡褐色，工件上下端面处有过烧现象。

上述两种情况，都可能引起进给速度忽快忽慢，加工不稳定，且易断丝，加工表面出现不稳定条纹，或出现烧蚀现象。

进给速度调得稍慢，加工表面较粗、较白，两端有黑白交错的条纹。

③进给速度调得适宜。

加工稳定，切割速度高，加工表面细而亮，丝纹均匀，可获得较好的表面粗糙度和较高的精度。

表6-3所示为表面粗糙度和脉冲宽度的选择。

a. 脉冲间隙的选择：由于厚度越大排屑越困难，所以要求脉冲间隙与工件厚度成正比，见表6-4。

表6-3 表面粗糙度和脉冲宽度的选择

$Ra/\mu m$	2.0	2.5	3.2	4.0
$T_I/\mu s$	4	8	16	32

表6-4 脉冲间隔与工件厚度

H/mm	10~40	50	70	≥80
$T_o/\mu s$	5	7	9	15

b. 功放管的选择：功放管选择得越多，加工电流越大，表面粗糙度越差，为保证稳定性，工件越厚，投入功放管越多，见表6-5。

表6-5 功放管数目与工件厚度

H/mm	≥10	≥40	≥80	≥100
n	≥1	≥2	≥3	≥4

（5）脉冲宽度对工艺指标的影响。在一定工艺条件下，脉冲宽度T_I对线切割速度v和表面粗糙度Ra的影响：增加脉冲宽度会使线切割速度提高，但表面粗糙度变差。这是因为脉冲宽度增加会使单个脉冲放电能量增大，则放电痕也大。同时，随着脉冲宽度的增加，电极丝损耗变大。

通常，电火花线切割加工用于精加工和半精加工时，单个脉冲放电能量应限制在一定范围内。当短路峰值电流选定后，脉冲宽度要根据具体的加工要求来选定，精加工时，脉冲宽度可在20 μs内选择，半精加工时，可在20~60 μs内选择。

（6）脉冲间隔对工艺指标的影响。在一定的工艺条件下，脉冲间隔T_o对线切割速度v和表面粗糙度Ra的影响：减小脉冲间隔，线切割速度提高，表面粗糙度Ra稍有增大，这表明脉冲间隔对线切割速度影响较大，对表面粗糙度影响较小。因为在单个脉冲放电能量确定的情况下，脉冲间隔较小，致使脉冲频率提高，即单位时间内放电加工的次数增多，平均加工电流增大，故线切割速度提高。

实际上，脉冲间隔不能太小，它受间隙绝缘状态恢复速度限制。如果脉冲间隔太小，放电产物来不及排除，放电间隙来不及充分消电离，将使加工变得不稳定，易烧伤工件或断丝。但是脉冲间隔也不能太大，因为这会使线切割速度明显降低，严重时不能连续进给，使加工变得不够稳定。

一般脉冲间隔在10~250 μs范围内，基本上能适应各种加工条件，可进行稳定加工。

脉冲间隔和脉冲宽度与工件厚度有很大关系。一般来说，工件厚，脉冲间隔也要大，以保持加工稳定性。

（7）短路峰值对工艺指标的影响。在一定的工艺条件下，短路峰值电流I对线切割速度v和表面粗糙度Ra的影响：当其他工艺条件不变时，增加短路峰值电流，线切割速度提高，表面粗糙度变差。这是因为短路峰值电流大，表面相应的加工电流峰值就大，单个脉冲能量大，所以放电痕大，故线切割速度高、表面粗糙度差。

增加短路峰值电流，不但会使工件电痕变大，而且会使电极丝损耗变大，这两者均会使加工精度稍有降低。

(8) 开路电压对工艺指标的影响。在一定的工艺条件下,开路电压 u 对线切割速度 v 和表面粗糙度 Ra 的影响:随着开路电压峰值提高,加工电流增大,线切割速度提高,表面变粗糙。因电压高使加工间隙变大,所以加工精度略有降低。但间隙大,有利于放电产物的排除和消电离,从而提高了加工稳定性和脉冲利用率。

采用乳化液介质和高速走丝方式,开路电压峰值一般都在 60~150 V 的范围内,个别的为 300 V 左右。

任务三 鸟笼工艺品的线切割加工内容及操作

(一) 数控线切割机床操作内容及步骤

1. 开关机步骤

(1) 合上机床主机上电源开关。
(2) 合上机床控制柜上电源开关,启动计算机,双击计算机桌面上的"YH"图标,进入线切割控制系统。
(3) 解除机床主机上的"急停"按钮。
(4) 按机床润滑要求加注润滑油。
(5) 开启机床空载运行 2 min,检查其工作状态是否正常。
(6) 按所加工零件的尺寸、精度和工艺等要求,在线切割机床自动编程系统中编制线切割加工程序,并送控制台,或手工编制加工程序,并通过软驱读入控制系统。
(7) 在控制台上对程序进行模拟加工,以确认程序准确无误。
(8) 工件装夹。
(9) 开启运丝筒。
(10) 开启冷却液。
(11) 选择合理的电加工参数。
(12) 手动或自动对刀。
(13) 按控制台上的"加工"键,开始自动加工。
(14) 加工完毕后,按"Ctrl"+"Q"键退出控制系统,并关闭控制柜电源。
(15) 拆下工件,清理机床。
(16) 关闭机床主机电源。

2. 图样分析

图样分析对保证工件质量和工件的综合技术指标是有决定意义的。首先要挑出不能进行或不宜用线切割加工的工件图样,而可以用数控线切割加工的工件,应仔细考虑其尺寸大小、尺寸精度、工件厚度、工件材料、表面粗糙度和配合间隙等方面的内容。

3. 工艺准备

具体见任务二中鸟笼加工工艺分析部分。

4. 工件装夹

(1) 工件装夹前先校正电极丝与工作台的垂直度。

(2) 选择合适的夹具将工件固定在工作台上。

(3) 按工件图纸要求用百分表或其他量具找正基准面,使之与工作台的 X 向或 Y 向平行。

(4) 工件装夹位置应使工件切割区在机床行程范围之内。

(5) 调整好机床线架高度,切割时,保证工件和夹具不会碰到线架的任何部分。

5. 对刀操作

在切割加工前,应将电极丝调整到切割的起始坐标位置上,通过手轮摇动 XY 拖板使电极丝的位置在工件切割的起始坐标位置上。

6. 自动加工

自动加工,就是让机床按照预先编好的加工程序自动切割工件,通常操作如下:设置切割参数。选择参数设置中的各参数设置,如当前坐标值、加工比例、工件厚度及切割方向等。

(二) HL 线切割自动编程控制系统简介

数控电火花线切割程序编制的方法有手工编程和自动编程。手工编程是线切割操作者的基本功,一般简单形状的线切割加工可以采用手工编程。数控电火花线切割自动编程控制系统有 HL 线切割自动编程控制系统和 YH 线切割自动编程控制系统。

HL 线切割自动编程控制系统是目前国内最受欢迎的线切割机床控制系统之一,它的强大功能、高可靠性和高稳定性已得到行内的广泛认可。

HL – PCI 版本将原 HL 卡的 ISA 接口改进为更先进的 PCI 接口,因为 PCI 接口的先进特性,使得 HL – PCI 卡的总线部分与机床控制部分能更好地分隔,从而进一步提高 HL 系统的抗干扰能力和稳定性,而且安装接线更加简单、明了,维修方便。HL – PCI 卡对电脑配置的要求不高,而且兼容性比 ISA 卡更好,无须硬盘、软盘也能启动运行。

(三) HL 线切割自动编程控制系统

1. HL 线切割控制编程系统初始界面

HL 线切割控制编程系统初始界面如图 6 – 26 所示。

图 6 – 26 HL 线切割控制编程系统初始界面

2. PRO 绘图基本操作

进入系统后的图形显示区如图 6-27 所示。

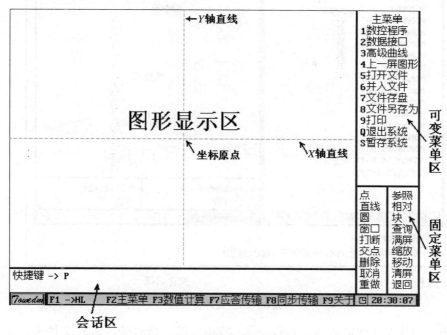

图 6-27 图形显示区

（1）主菜单。

①数据接口——根据会话区提示，选择：

a. DXF 文件并入：将 AutoCAD 的 Dxf 格式图形文件并入当前正在编辑的线切割图形文件，支持点、线、多段线、多边形、圆、圆弧、椭圆的转换，支持 AutoCAD 的 R14 及 R2000 版本。

b. 输出 DXF 文件：将当前正在编辑的线切割图形文件输出为 AutoCAD 的 Dxf 格式图形文件，数据点也被保存。

c. 3B 并入：将已有的 3B 文件当成图形文件并入。

d. YH 并入：并入 YH2.0 格式的图形文件。

②上一屏图形——恢复上一屏图形。当图形被放大或缩小之后，用此菜单可轻便恢复上一图形状态。

③文件管理器。

文件管理器除可用于文件的读取和存盘外，还可进行图形预览、文件排序等，如图 6-28 所示。其操作如下：

a. ↑ ↓ ← →：箭头键用于选择已有的文件，也可单击选择。在"预览区"可即时预览选中的文件。

b. Delete：删除所选择的文件。

c. F6：按文件名排序。

d. F7：按时间排序。

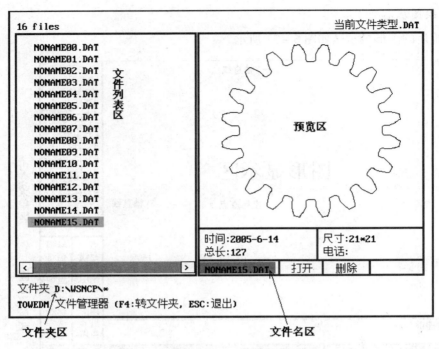

图 6-28 文件管理器

e. Tab：切换要修改的区域。每按一下"Tab"键，修改的区域在文件夹、文件名和电话之间切换，切换到的区域以绿色显示，也可单击要修改的区域。用户此时可用键盘输入、修改绿色区域中的内容。

f. F4：转换文件夹。每按一下"F4"键，当前文件夹在 D:\WSNCP（硬盘）与在程序进入时的文件夹（虚拟盘）之间转换。如系统无配置硬盘，则 D:\WSNCP 也是虚拟盘。

g. Esc/F3：退出文件管理器。

具体操作例子：

①打开、并入一个已有文件：用鼠标或↑、↓、←、→箭头选择"文件列表区"中的一个文件名，单击"打开"按钮或按"Enter"键，也可双击"文件列表区"中的某个文件名。

②打开一个不存在的文件：单击或按"Tab"键切换，令"文件名区"变绿色，键入文件名，单击"打开"或"载入"按钮，或按"Enter"键。

③文件存盘、文件另存：单击或按"Tab"键切换，令"文件名区"变绿色，键入文件名，单击"保存"按钮或按"Enter"键。也可选择"文件列表区"中的一个已有文件名，然后保存，这时会提示"覆盖旧文件 Y/N?"，请按需要回答是（Y）或不是（N）。

④更改文件夹：单击或按"Tab"键切换，令"文件夹区"变绿色，键入已知的文件夹（如 E:，F:\FILE 等）。也可按"F4"键，在两个固定的文件夹之间切换。

注意：如无更改文件夹，所有文件只是储存在虚拟盘，停电后将无法保存。用户须自行在 HL 系统内将文件从虚拟盘存入图库。

⑤打印：打印功能是将当前屏显输出到位图文件"$$$.BMP"。

⑥退出系统：退出图形状态。

⑦暂存系统：在 WIN98 下运行时，用于切换操作程序。
(2) 固定菜单。
①进入点菜单，见表 6-6。

表 6-6 点菜单

菜单	屏幕显示	解释
极/坐标点	点 <X, Y> = （若要选取原点，可在屏幕上选取坐标原点或直接打入字母 O）	1. 普通输入格式：x, y。 2. 相对坐标输入格式：@ x, y（"@"为相对坐标标志，"x"是相对的 X 轴坐标，"y"是相对的 Y 轴坐标）。以前一个点为相对参考点，可用光标先选一参考点。 3. 相对极坐标输入格式：< a, l（"<"为相对极坐标标志，"a"指角度，"l"是长度）。以前一个点为相对参考点，如先用光标选一参考点，则会提示输入极径和角度
光标任意点	用光标指任意点	用光标在屏幕上任意定一个点
圆心点	圆，圆弧 =	求圆或圆弧的圆心点
圆上点	圆，圆弧 = 角度 =	求在圆上某一角度的点
等分点	选定线，圆，弧 = 等分数 <N> = 起始角度 <A> =	直线、圆或圆弧的等分点
点阵	点阵基点 <X, Y> = 点阵距离 <Dx, Dy> = X 轴数 <Nx> = Y 轴数 <Ny> =	从已知点阵端点开始，以（D_x，D_y）为步距，X 轴数为 X 轴上点的数目，Y 轴数为 Y 轴上点的数目作一个点阵列。改变步距 D_x，D_y 的符号就可以改变点阵端点为左上角、左下角、右上角和右下角。可使用此功能配合辅助作图，能加快作图速度。数控程序的阵列加工也需要此功能配合
中点	选定直线，圆弧 =	直线或圆弧的中点
两点中点	选定点一 <X, Y> = 选定点二 <X, Y> =	两点间的中点
CL 交点	选定线圆弧一 = 选定线圆弧二 =	直线、圆或圆弧的交点，同"交点"功能有所不同，"CL 交点"不要求线、圆间有可视的交点，执行此操作时，系统会自动将线、圆延长，然后计算它们的交点
点旋转	选定点 <X, Y> = 中心点 <X, Y> = 旋转角度 <A> = 旋转次数 <N> =	旋转复制点
点对称	选定点 <X, Y> = 对称于点，直线 =	求点的对称点

续表

菜单	屏幕显示	解释
删除孤立点	删除孤立点	删除孤立的点
查两点距离	点一 <X, Y> = 点二 <X, Y> = 两点距离 <L> = ???	计算两点间的距离，当在光标捕捉范围内能捕捉一个点时，取该点为其中一个点，否则，取鼠标确认键按下时光标所在位置的坐标值

②进入直线菜单，见表6-7。

表6-7 直线菜单

直线	屏幕提示	解释
二点直线	二点直线 直线端点 <X, Y> = 直线端点 <X, Y> = 直线端点 <X, Y> =	过一点作直线； 起点； 到一点； 到一点
角平分线	选定直线一 = 选定直线二 = 直线 <Y/N？>	求两直线的角平分线； 选择两直线之一
点+角度	选定点〈X, Y〉= 角度〈A=90〉=	求过某点并与 X 轴正方向成角度 A 的辅助线； 直接按"Enter"键为90°
切+角度	切于圆，圆弧 角度 <A> = 直线 <Y/N？>	切于圆或圆弧并与 X 轴正方向成角度 A 的辅助线
点线夹角	选定点 <X, Y> = 选定直线 = 角度 <A=90> = 直线 <Y/N？>	求过一已知点并与某条直线成角度 A 的直线
点切于圆	选定点 <X, Y> = 切于圆，圆弧 直线 <Y/N？>	已知直线上一点，并且该直线切于已知圆
二圆公切线	切于圆，圆弧一 = 切于圆，圆弧二 = 直线 <Y/N？>	作两圆或圆弧的公切线。如果两圆相交，可选直线为两圆的两条外公切线。如果两圆不相交，可选直线为两圆的两条外公切线加两条内公切线
直线延长	选定直线 = 交于线，圆，弧	延长直线直至于另一选定直线、圆或圆弧相交。 有两个交点时，选靠近光标的交点
直线平移	选定直线 = 平移距离 <D> = 直线 <Y/N？>	平移复制直线。如选定直线为实直线，复制后也为实直线；如选定直线为辅助线，结果也为辅助线

续表

直线	屏幕提示	解释
直线对称	选定直线 = 对称于直线 =	对称复制直线； 已知某一直线，对称于某一直线
点射线	选定点 <X, Y> = 角度 <A> = 交于线，圆，弧	过某点与 X 轴正方向成角度 A 并且相交于另一已知直线或圆或圆弧的直线； 有两个交点时，选靠近光标的交点
清除辅助线		删除所有辅助线
查两线夹角	选定直线一 = 选定直线二 = 两线夹角 = ???	计算两已知直线的夹角

③进入圆菜单，见表6-8。

表6-8 圆菜单

菜单	屏幕显示	解释
圆心+半径	圆心 <X, Y> = 半径 <R> =	按照给定的圆心和半径作圆
圆心+切	圆心 <X, Y> = 切于点，线，圆 = 圆 <Y/N?>	已知圆心及圆相切于另一已知点、直线、圆或圆弧作圆； 出现多个圆时，选择所要的圆
点切+半径	圆上点 <X, Y> = 切于点，线，圆 半径 <R> = 圆 <Y/N?>	已知圆上一点及圆与另一点、直线、圆或圆弧相切，并已知半径作圆
两点+半径	点一 <X, Y> = 点二 <X, Y> = 半径 <R> =	已知圆上两点及半径作圆
心线+切	心线 = 切于点，线，圆 半径 <R> = 圆 <Y/N?>	给定圆心所在直线，并已知圆相切于一已知点、直线、圆或圆弧作圆
双切+半径 （过渡圆弧）	切于点，线，圆 切于点，线，圆 圆 <Y/N?>	已知圆与两已知点、直线、圆或圆弧相切，且已知半径作圆（等同于 Autop 的过渡圆弧）
三切圆	点，线，圆，弧一 = 点，线，圆，弧二 = 点，线，圆，弧三 = 圆 <Y/N?>	求任意三个元素的公切圆

续表

菜单	屏幕显示	解释
圆弧延长	圆弧 交于线，圆，弧	延长圆弧与另一直线、圆或圆弧相交
同心圆	圆，圆弧 偏移值 <D> =	作圆或圆弧按给定数值偏移后的圆或圆弧
圆对称	圆，圆弧 对称于直线 =	作圆或圆弧的对称圆、圆弧
圆变圆弧	圆 = 圆弧起点 <X，Y> = 圆弧终点 <X，Y> =	将选定圆按给定起始点和终止点编辑成圆弧
尖点变圆弧	半径 <R> = 用光标指尖点	变尖点为圆弧，必须保证尖点只有两个有效图元（此处只能是直线或圆弧）且端点重合，否则此操作不能成功
圆弧变圆	圆弧 = 圆弧 = 按"ESC"键退出	变圆弧为圆

④打断：要执行打断先要确定在你要打断的直线、圆或圆上有两个点存在。执行打断后光标所在的两点间的图元部分被剪掉。如果在执行打断操作前预先按下"Ctrl"键，将执行反向打断。此时光标两点间的图元被保留，其余的部分被剪掉。辅助线不能被打断。

如图 6-29 所示，用光标打断（直线、圆、圆弧），操作完毕，按"Esc"键退出。

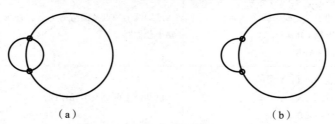

（a） （b）

图 6-29 圆的打断

⑤交点：捕捉交点，要求交点在两相交图元内。

移动光标至需要求的交点附近，按"Enter"键或鼠标左键，自动求出准确的交点。操作完毕，按"Esc"键终止。

当只拾取点时也可以不预先使用此操作，而直接选图元交接处为点。

⑥删除：删除几何元素，对点、直线、圆、圆弧进行删除，键入"All"回车，则全部图形将被删除，如删除某一元素，只要将光标移动到被删除的元素上，再按"Enter"键或鼠标左键即可。操作完毕，按"Esc"键终止。

⑦取消：取消上一部操作，如果上一次操作中绘制了图元，就将它删除；如果上一次操作删除了图元，就将它恢复。

会话区提示如下：

取消上一步输入的图形；

＜Y/N＞：Y

⑧重做：将上一次取消操作中删除的图元或其他操作中删除的图元恢复，或将上一次取消操作恢复的图元再删除。只支持一步重做操作。

⑨参照：建立用户参照坐标系。

⑩相对：Towedm 提供相对坐标系，以方便一些有相对坐标系要求的图形处理。

a. 相对平移。

屏幕显示：

平移距离＜Dx，Dy＞＝相对平移距离

将当前整个图形往 X 轴方向平移 D_x、Y 轴方向平移 D_y，如图 6－30 所示。

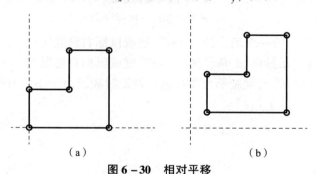

图 6－30　相对平移

（a）没有相对平移；（b）平移（D_x，D_y）＝5，5

b. 相对旋转。

屏幕显示：

旋转角度＜A＞＝绕原点旋转 A 角

将当前整个图形绕原点旋转 A 角度。

⑪取消相对。

取消已做的相对操作，恢复相对操作前的图形状态。

⑫对称处理。

屏幕显示：

对称于坐标轴＜X/Y？＞

将当前整个图形对称于 X 或 Y 轴。

⑬原点重定。

屏幕显示：

新原点＜X，Y＞＝

以一个点作为新的坐标原点。

⑭块菜单。

Towedm 块菜单可以对图形的某一部分或全部进行删除、缩放、旋转、复制和对称处理，对被处理的部分，首先必须用窗口建块或用增加元素方法建块，块元素以洋红色表示。

⑮窗口选定（见图 6－31）。

屏幕显示：

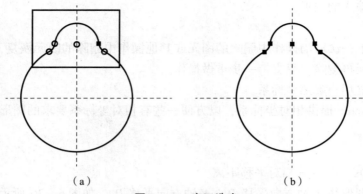

图 6-31 窗口选定
(a) 用窗口选定；(b) 建块后

第一角点：指定窗口的一个角，按"Esc"键或鼠标右键退出。
第二角点：指定窗口的另一个角，按"Esc"键或鼠标右键退出。
建块后，矩形窗口内的元素显示为洋红色。辅助线和点由于不是有效图元，故不能被选定为块。
⑯增加元素。
屏幕显示：
增加块元素盘→
如需增加某一元素到块中，则移动鼠标选取，被选取的块元素显示为洋红色。
⑰减少加元素。
屏幕显示：
减少块元素盘→
如需在块中减少某一元素，则移动鼠标选取，被减少的块元素恢复为正常颜色。
⑱取消块
屏幕显示：
取消块 <Y/N？>
按确认键后，将所有块元素恢复为非块，全部洋红色元素恢复为正常颜色。
⑲删除块元素——将所有块元素删除。
屏幕提示：
删除块元素 <Y/N？>
按确认键后，将删除所有洋红色显示的元素。
⑳块平移（块复制）——平移复制所有块的元素。
屏幕提示：
平移距离 <Dx, Dy> =
平移次数 <N> =
其结果如图 6-32 所示。
㉑块旋转——旋转复制所有块的元素。
屏幕提示：

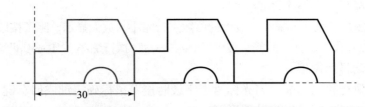

图 6-32 平移距离 <Dx,Dy> =30,0,平移次数 <N> =2 的结果

旋转中心 <X,Y> =
绕旋角度 <A> =
旋转次数 <N> = 旋转次数（不包括本身）
其结果如图 6-33 所示。
㉒块对称：对称复制所有块的元素。
屏幕提示：
对称于点，直线 = 对称于某一点或直线
其结果如图 6-34 所示。

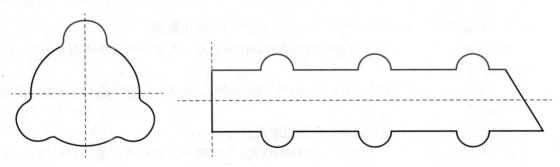

图 6-33 旋转　　　　　　　　图 6-34 将块元素作 X 轴对称

㉓块缩放：按输入的比例在尺寸上缩放所有块的元素。
㉔清除重合线：清除重合的线、圆弧。如果错误地多次并入同一个文件，可以使用此功能清除重复的线、圆弧。
㉕查询：查询点、直线、圆、圆弧等几何信息。
会话区提示如下：
查询（点，线，圆，弧）=
用光标选取要查询的几何元素，信息格式如下：

1. 点	X0 = 横坐标	Y0 = 纵坐标	
2. 辅助线	X0 = 参考点横坐标	Y0 = 参考点纵坐标	A = 角度
3. 直线	X1 = 第一点横坐标	Y1 = 第一点纵坐标	
	X2 = 第二点横坐标	Y2 = 第二点纵坐标	
	A = 角度	L = 长度	
4. 圆	X0 = 圆心横坐标	Y0 = 圆心纵坐标	R = 半径
5. 圆弧	X0 = 圆心横坐标	Y0 = 圆心纵坐标	R = 半径
	A1 = 起始点角度	A2 = 终止点角度	

㉖满屏：满屏幕显示整个图形。

㉗缩放：将图形按输入的缩小、放大的倍数进行缩小、放大显示。除了按以上方式缩小、放大图形外，也可以在作图的任一时候，按下"PageDown"执行缩小、"PageUp"执行放大功能。

㉘移动：拖动显示图形。

操作方法：执行移动功能，当光标为十字线时按下鼠标确定键或回车键，使光标变为一四向箭头，再移动光标就可以拖动图形了。

要结束拖动状态只要再次按下鼠标确定键或再次按回车键即可，光标将同时变回为原十字线图形。也可以在作图的任一时候，按下"Ctrl"+箭头键来执行移动操作。

㉙清屏：隐藏所有图形。

㉚退回：退回主菜单，并在会话区显示当前文件名。

㉛加工路线。

开始加工代码的生成过程：

a. 选择加工起始点和切入点。

b. 回答加工方向。

c. 给出尖点圆弧半径。

d. 给出补偿间隙，根据图形上箭头所提示的正负号来给出数值。

e. 操作完成后如果无差错，即会给出生成后的代码信息，有错误则给出错误提示。

提示信息格式如下：

R=尖点圆弧，F=间隙补偿，NC=代码段数，L=路线总长，X=X轴校零，Y=Y轴校零

㉜代码存盘。

将已生成的加工代码保存到磁盘，存盘后扩展名为".3B"。

如果当前文件文件名为空，则以NONAME00.3B存到磁盘，因为有可能覆盖已有的3B文件，因此必须先将图形文件存盘（参见文件管理）。

任务四 鸟笼工艺品的电焊装配操作

（一）电焊加工原理介绍

1. 电焊机组成

电焊机基本组成部分主要分为主机部分、辅机部分以及其他系统等。

主机部分又可以分为机座、活动机架、固定机架、定缝刀组成、出口夹钳组成电极、入口夹钳组成电极、出入口对中装置、入口活动机架钳口高度调整机构、锻压推进及调整机构等。

辅机部分包括电极清扫装置、出入口对中装置、入口挑套机构、冲边月牙剪、冲信号孔装置、焊缝刨光机、焊缝牵引装置等。

其他系统主要包括气动系统、液压系统、电气控制系统和冷却系统等。

交流电焊机又称弧焊变压器，是一种特殊的降压变压器，它由降压变压器、阻抗调节器、手柄和焊接电弧等组成。

2. 交流电焊机具有电压陡降的特性

一般的用电设备都要求电源的电压不随负载的变化而变化，其电压是恒定的，如为

380 V（单相）或 220 V。虽然接入焊接变压器的电压是一定的（如为 380 V 或 220 V），但通过这种变压器后所输出的电压可随输出电流（负载）的变化而变化，且电压随负载增大而迅速降低，此称为陡降特性或称下降特性。这就满足了焊接所需的各种电压要求。

（1）初级电压：接入电焊机的外电压。由于弧焊变压器初级线圈两端要求的电压为单项 380 V，因此一般交流电焊机接入电网的电压为单项 380 V。

（2）零电压：保证焊接过程频繁短路（焊条与焊件接触）时，电压能自动降至趋近于零，以限制短路电流不致无限增大而烧毁电源。

（3）空载电压：为了满足引弧与安全的需要，空载（焊接）时，要求空载电压为 60～80 V，这既能顺利起弧，又对人身比较安全。

（4）工作电压：焊接起弧以后，要求电压能自动下降到电弧正常工作所需的电压，即工作电压（为 20～40 V），此电压也为安全电压。

（5）电弧电压：电弧两端的电压，此电压在工作电压的范围内。焊接时，电弧的长短会发生变化：电弧长度长，电弧电压应高些；电弧长度短，则电弧电压应低些。因此，弧焊变压器应适应电弧长度的变化而保证电弧的稳定。

3. 交流电焊机具有焊接电流的可调节性

为了适应不同材料和板厚的焊接要求，焊接电流能从几十安培调到几百安培，并可根据工件的厚度和所用焊条直径的大小任意调节所需的电流值。电流的调节一般分为两级：一级是粗调，常通过改变输出线头的接法（Ⅰ位置连接或Ⅱ位置连接），从而改变内部线圈的圈数来实现电流大范围的调节，粗调时应在切断电源的情况下进行，以防止触电伤害；另一级是细调，常通过改变电焊机内可动铁芯（动铁芯式）或可动线圈（动圈式）的位置来达到所需电流值，细调的操作是通过旋转手柄来实现的，当手柄逆时针旋转时电流值增大，当手柄顺时针旋转时电流值减小，细调应在空载状态下进行。各种型号的电焊机粗调与细调的范围，可查阅标牌上的说明。

交流电焊机由变压器、调节和指示装置等组成，它将电网的交流电压变为适合弧焊的交流电压，并配以焊钳进行手工电弧焊。其外形、接线及相应工具如图 6-35 所示。

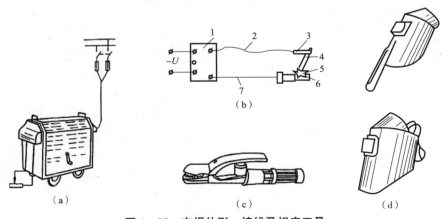

图 6-35 电焊外形、接线及相应工具
(a) 电焊机；(b) 焊接回路；(c) 电焊钳；(d) 面罩
1—电焊机；2—电源电缆；3—电焊钳；4—电焊条；5—电弧；6—工件；7—接地线

4. 电焊机加工原理

电焊是工件和焊条接电源的不同极（正极或负极），焊条与工件瞬间接触使空气电离产生电弧，电弧具有很高的温度，为 5 000~6 000 K，使工件表面熔化形成熔池，焊条金属熔化后涂敷在工件表面形成冶金结合。

（二）电焊使用注意事项

(1) 电焊机作业前，应清除上、下两电极的油污。通电后，机体外壳应无漏电。

(2) 电焊机启动前，应先接通控制线路的转向开关和焊接电流的小开关，调整好极数，再接通水源、气源，最后接通电源。

(3) 电焊机通电后，应检查电气设备、操作机构、冷却系统、气路系统及机体外壳有无漏电现象，电极触头应保持光洁。有漏电时，应立即更换。

(4) 电焊机作业时，气路、水冷系统应畅通。气体应保持干燥，排水温度不得超过 40 ℃，排水量可根据气温调节。

(5) 点焊机严禁在引燃电路中加大熔断器。当负载过小使引燃管内电弧不能发生时，不得闭合控制箱的引燃电路。

(6) 当电焊机控制箱长期停用时，每月应通电加热 30 min，更换闸流管时，应加热 30 min。正常工作的控制箱的预热时间不得小于 5 min。

(7) 电焊机焊接操作及配合人员必须按规定穿戴劳动防护用品，且必须采取防止触电、高空坠落、瓦斯中毒和火灾等事故的安全措施。

(8) 电焊机现场使用的是焊机，应设有防雨、防潮、防晒的机棚，并应装设相应的消防器材。

(9) 在用电焊机进行安全高空焊接或切割时，必须系好安全带，焊接周围和下方应采取防火措施，并应由专人监护。

(10) 电焊机安全使用。当清除焊缝焊渣时，应戴防护眼镜，头部应避开敲击焊渣飞溅方向。

(11) 电焊机必须安全使用。雨天不得在露天电焊。在潮湿地带作业时，操作人员应站在铺有绝缘物品的地方，并应穿绝缘鞋。

四、项目评价考核

项目教学评价

项目组名					小组负责人		
小组成员					班级		
项目名称					实施时间		
评价类别	评价内容	评价标准	配分	个人自评	小组评价	教师评价
学习准备	课前准备	笔记收集、整理,自主学习	5			
学习过程	信息收集	能收集有效的信息	5			
	图样分析	能根据项目要求分析图样	10			
	方案执行	以加工完成的零件尺寸为准	35			
	问题探究	能在实践中发现问题,并用理论知识解释实践中的问题	10			
	文明生产	服从管理,遵守校规校纪和安全操作规程	5			
学习拓展	知识迁移	能实现前后知识的迁移	5			
	应变能力	能举一反三,提出改进建议或方案	5			
	创新程度	有创新建议提出	5			
学习态度	主动程度	主动性强	5			
	合作意识	能与同伴团结协作	5			
	严谨细致	认真仔细,不出差错	5			
总 计			100			
教师总评 (成绩、不足及注意事项)						
综合评定等级(个人30%,小组30%,教师40%)						

项目七 水管工艺台灯制作

一、项目导入

如图 7-1 所示,水管台灯是在日常生活中比较有创意的一种台灯。本项目案例来源于生活,用于生活。本项目主要讲述钳工的装配和组装,包括机械的加工和装配以及测量原理,加上自己的创意理念。

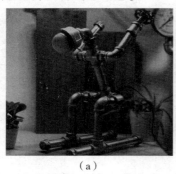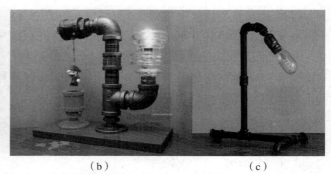

图 7-1 生活中的创意台灯

二、项目描述

1. 项目目标

(1) 根据给定材料或自己创意材料能够编制水管台灯的制作步骤。

(2) 根据加工工艺方案能够完成水管台灯工艺品加工工艺方案的制定。

(3) 能够正确使用量具对水管台灯工艺品进行质量检验及质量分析。

2. 项目重点和难点

(1) 项目重点:掌握零件加工工艺分析、零件数控机床加工操作。

(2) 项目难点:数控工艺分段编程法在零件编程中的应用。

3. 项目准备

1) 设备资源

虎口钳、工作台、台钻等,机床根据学生 30 人,每 3 人配一台,共 10 台机床,各种常用车刀若干把,通用量具及工具若干。

2) 原材料准备

水管接头、各种尺寸管节、黄铜等。

3）相关资料

《机械加工手册》《金属切削手册》和《数控编程手册》。

4）项目小组及工作计划

（1）分组：每组学员为4~6人，应注意强弱组合。

（2）编写项目计划（包括任务分配及完成时间），见表7-1。

表7-1　项目计划安排表

任务	内容	零件	时间安排/h	人员安排/人	备注
任务一	水管工艺台灯零件图技术要求分析	—	1	1	任务可以同时进行，人员可以交叉执行
任务二	水管工艺台灯的加工工艺	—	2	1	
任务三	水管工艺台灯的加工内容及操作	—	4	1	
任务四	水管工艺台灯电路检测与质量分析	—	1	1	

三、项目工作内容

任务一　水管工艺台灯零件图技术要求分析

1. 三维实物图和零件加工图

水管台灯三维实物图，如图7-2和图7-3所示。

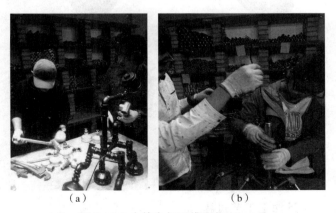

（a）　　　　　　　　（b）

图7-2　水管台灯三维实物（一）

2. 技术要求分析

水管台灯是由管节、水管和接头以及线路组成的。台灯零件要保证合理的尺寸要求，而且配合完整，即接合面应平整；保证各项尺寸精度，且零件加工后其相应端面必须与外圆中心线重合度要求。因此，加工中要保证水管螺纹的加工要求，并且保证装配的安全可靠。

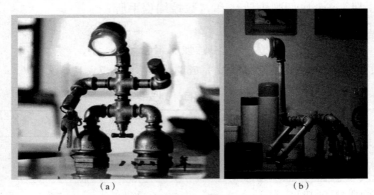

图7-3 水管台灯三维实物（二）

任务二 水管工艺台灯的加工工艺

（一）相关知识准备

（1）水管管径尺寸及螺纹大小，可以用不同尺径的水管，通过用外丝连接，将各种型号的水管和各种形状的管箍组合［图7-4（a）~图7-4（d）］，要求各种水管有相同的螺纹要求，对螺纹参数进行选择，并通过机床加工成统一尺寸的构件。

（2）了解工艺中各种材料的配合尺寸，通过测量并加工成合适的尺寸。

（3）根据材料的表面粗糙度、同轴度及表面质量要求，通过车、铣、钻、磨等工艺，将坯料加工成合适的成品。

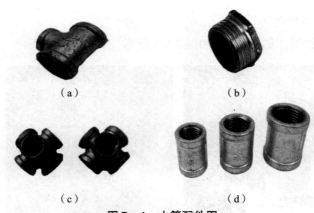

图7-4 水管配件图

(a) 三通；(b) 补芯；(c) 直立六通；(d) 内丝速接

（二）水管台灯特点及加工工艺过程

1. 水管台灯技术要求分析

在对水管螺纹进行加工时需熟悉标准螺纹。在整个螺纹加工中对同轴度和表面质量要求较高。

2. 加工工艺编制

水管台灯加工工艺过程见表 7-2。

表 7-2 水管台灯加工工艺过程

数控加工工艺过程综合卡片		产品名称	零件名称	零件图号	材料	
厂名（或院校名称）		台灯工艺品	水管台灯		普通水管零件	
序号	工序名称	工序内容及要求	工 序 简 图		设备	工夹具
01	下料	水管 $\phi25$ mm×55 mm（留夹持量）	略		锯床	略
02	加工外圆螺纹	夹住毛坯$\phi25$ mm，留足够长度，粗、精加工 21 mm	略		CA6140	三爪自定心卡盘
05	加工外圆轮廓	轮廓面	略		CA6140	三爪自定心卡盘
06	加工右端	加工螺纹	略		CA6140	三爪自定心卡盘

3. 水管台灯加工的工艺过程分析

由于下料长度不等，可以根据所需要的尺寸，直接加工切断。注意表面粗糙度和工件的同轴度。制定加工工艺路线，对于加工质量要求高或比较复杂工件，通常将整个工艺路线划分为以下几个阶段。

（1）粗加工阶段：主要任务是切除毛坯的大部分余量，并制出精基准。

（2）半精加工阶段：任务是减小粗加工留下的误差，为主要表面的精加工做好准备，同时完成零件上各次要表面的加工。

（3）精加工阶段：任务是保证各主要表面达到图样规定要求。

（4）光整加工阶段：主要任务是减小表面粗糙度值和进一步提高精度。

4. 刀具及切削用量的选择

刀具及切削用量的选择见表 7-3。

表 7-3 刀具及切削用量

序号	加工面	刀具号	刀具规格		主轴转速 $n/(\text{r}\cdot\text{min}^{-1})$	进给量 $f/(\text{mm}\cdot\text{min}^{-1})$
			类型	材料		
1	外圆粗车	T0101	90°偏刀（机夹式）	涂层刀	600	0.2
2	外圆精车	T0101	90°偏刀（机夹式）		1 300	0.1
3	外圆切断	T0202	硬质合金刀		200	0.2

任务三　水管工艺台灯的加工内容及操作

（一）相关知识准备

1. 单向晶闸管的结构与符号

晶体闸流管又称可控硅，简称晶闸管，是在晶体管基础上发展起来的一种大功率半导体器件。它的出现使半导体器件由弱电领域扩展到强电领域。晶闸管也像半导体二极管那样具有单向导电性，但它的导通时间是可控的，主要用于整流、逆变、调压及开关等方面。

晶闸管外形如图7-5（a）所示，有小型塑封型（小功率）、平面型（中功率）和螺栓型（中、大功率）几种。单向晶闸管的内部结构如图7-5（b）所示，它是由 PNPN 四层半导体材料构成的三端半导体器件，三个引出端分别为阳极 A、阴极 K 和门极 G。单向晶闸管的阳极与阴极之间具有单向导电的性能，其内部可以等效为由一只 PNP 三极管和一只 NPN 三极管组成的复合管，如图7-5（c）所示。图7-5（d）所示为其电路图形符号。

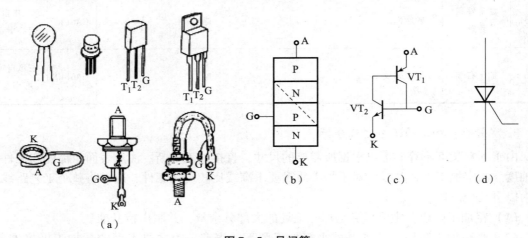

图7-5　晶闸管
(a) 晶闸管外形；(b) 结构图；(c) 等效电路；(d) 电路图形符号

2. 单向晶闸管工作条件测试

晶闸管测试电路如图7-6所示。

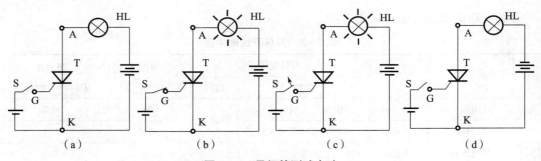

图7-6　晶闸管测试电路

3. 晶闸管的工作特性

1）晶闸管的工作原理

（1）正向阻断状态。当晶闸管的阳极 A 和阴极 K 之间加正向电压而控制极不加电压时，管子不导通，称为正向阻断状态。

（2）触发导通状态。当晶闸管的阳极 A 和阴极 K 之间加正向电压且控制极和阴极之间也加正向电压时，若 VT_2 管的基极电流为 I_{B2}，则其集电极电流为 I_{C2}；VT_1 管的基极电流 I_{B1} 等于 VT_2 管的集电极电流 I_{C2}，因而 VT_1 管的集电极电流 I_{C1} 为 I_{C2}，该电流又作为 VT_2 管的基极电流，再一次进行上述放大过程，形成正反馈。在很短的时间内（一般几微秒），两只管子均进入饱和状态，使晶闸管完全导通，这个过程称为触发导通过程。当它导通后，控制极就失去控制作用，管子依靠内部的正反馈始终维持导通状态。此时阳极和阴极之间的电压一般为 0.6～1.2 V，电源电压几乎全部加在负载电阻上；阳极电流 I 可达几十安至几千安。

（3）正向关断。使阳极电流 I_F 减小到小于一定数值 I_H，导致晶闸管不能维持正反馈过程而变为关断，这种关断称为正向关断，I_H 称为维持电流；如果在阳极和阴极之间加反向电压，则晶闸管也将关断，这种关断称为反向关断。

因此，晶闸管的导通条件为：在阳极和阴极间加电压，同时在控制极和阴极间加正向触发电压。其关断方法为：减小阳极电流或改变阳极与阴极的极性。

2）晶闸管的型号及主要参数

图 7-7 所示为 KP 系列参数表示方式和 3CT 系列参数表示方式。

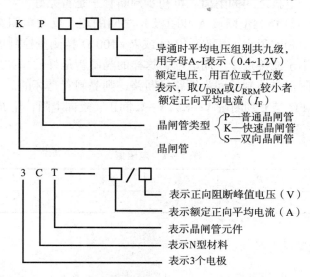

图 7-7　KP 系列参数表示方式和 3CT 系列参数表示方式

为了正确地选择和使用晶闸管，还必须了解它的电压、电流等主要参数的意义。晶闸管的主要参数有以下几项。

（1）额定正向平均电流 I_F。在规定的散热条件和环境温度及全导通的条件下，晶闸管可以连续通过的工频正弦半波电流在一个周期内的平均值，称为正向平均电流 I_F，如 50 A 晶闸管就是指 I_F 值为 50 A。

然而，这个电流值并不是一成不变的，晶闸管允许通过的最大工作电流还受冷却条件、环境温度、元件导通角、元件每个周期的导电次数等因素的影响。工作中,阳极电流不能超过额定值,以免 PN 结的结温过高,使晶闸管烧坏。

(2) 维持电流 I_H。在规定的环境温度和控制极断开的情况下,维持晶闸管导通状态的最小电流称为维持电流。在产品中,即使同一型号的晶闸管,维持电流也各不相同,通常由实测决定。当正向工作电流小于 I_H 时,晶闸管自动关断。

(3) 正向阻断峰值电压 U_{DRM}。在控制极断路及晶闸管正向阻断的条件下,可以重复加在晶闸管两端的最大正向峰值电压,用 U_{DRM} 表示。使用时若电压超过,则晶闸管即使不加触发电压也能从正向阻断转为导通。

(4) 反向峰值电压 U_{RRM}。在控制极断开时,可以重复加在晶闸管两端的反向峰值电压,用 U_{RRM} 表示。

(5) 控制极触发电压 U_G 和电流 I_G。在晶闸管的阳极和阴极之间加 6 V 直流正向电压后,能使晶闸管完全导通所必需的最小控制极电压和控制极电流。

(6) 浪涌电流 I_{FSM}。在规定时间内,晶闸管中允许通过的最大正向过载电流,此电流应不致使晶闸管的结温过高而损坏。在元件的寿命期内,浪涌的次数有一定的限制。

(二) 晶闸管的检测

1. 晶闸管的简易检测

对于晶闸管的三个电极,可以用万用表粗测其好坏。依据 PN 结单向导电原理,用万用表欧姆挡测试元件三个电极之间的阻值,可初步判断管子是否完好。

如用万用表 $R×1$ kΩ 挡测量阳极 A 和阴极 K 之间的正、反向电阻都很大,在几百千欧以上,且正、反向电阻相差很小;用 $R×10$ Ω 或 $R×100$ Ω 挡测量控制极 G 和阴极 K 之间的阻值,其正向电阻应小于或接近于反向电阻,这样的晶闸管是好的。如果阳极与阴极或阳极与控制极间有短路,阴极与控制极间为短路或断路,则晶闸管是坏的。

用万用电表 $R×1$ kΩ 挡分别测量 A—K、A—G 间正、反向电阻;用 $R×10$ Ω 挡测量 G—K 间正、反向电阻,记入表 7-4。

表 7-4 电阻值 单位:kΩ

R_{Ak}	R_{kA}	R_{AG}	R_{GA}	R_{GK}	R_{KG}	结论

2. 单相半波可控整流电路

1) 电路组成

单相半波可控整流电路与单相半波整流电路相比较,所不同的只是用晶闸管代替了整流二极管。

2) 工作原理

接上电源,在电压 U_2 正半周开始时,如果电路中 A 点为正,K 点为负,对应在图 7-6 的 α 角范围内。此时晶闸管 T 两端具有正向电压,但是由于晶闸管的控制极上没有触发电压 U_G,因此晶闸管不能导通。

经过 α 角度后,在晶闸管的控制极上加上触发电压 U_G,如图 7-6 (b) 所示。晶闸管 T

被触发导通,负载电阻中开始有电流通过,在负载两端出现电压 U_o。在 T 导通期间,晶闸管压降近似为零。

此 α 角称为控制角(移相角),是晶闸管阳极从开始承受正向电压到出现触发电压 U_G 之间的角度。改变 α 角度,就能调节输出平均电压的大小。α 角的变化范围称为移相范围,通常要求移相范围越大越好。

经过 π 以后,U_2 进入负半周,此时电路 a 端为负、b 端为正,晶闸管 T 两端承受反向电压而截止,所以 $i_o = 0$,$U_o = 0$。

在第二个周期出现时,重复以上过程。晶闸管导通的角度称为导通角,用 θ 表示。由图 7-6(b)可知:

$$\theta = \pi - \alpha$$

3)输出平均电压

当变压器次级电压为 $u_2 = \sqrt{2}U_2\sin\omega t$ 时,负载电阻 R_L 上的直流平均电压可以用控制角 α 表示,即

$$U_o = 0.45 U_2 \cdot \frac{1 + \cos\alpha}{2} \quad (7-1)$$

从式(7-1)可以看出,当 α = 0° 时(θ = π),晶闸管在正半周全导通,$U_o = 0.45U_2$,输出电压最高,相当于不控二极管单相半波整流电压。若 α = π,$U_o = 0$,则 θ = 0°,晶闸管全部关断。

根据欧姆定律,负载电阻 R_L 中的直流平均电流为

$$I_o = \frac{U_o}{R_L} = 0.45 \frac{U_2}{R_L} \cdot \frac{1 + \cos\alpha}{2} \quad (7-2)$$

此电流即为通过晶闸管的平均电流。

例 7-1 在单相半波可控整流电路中,负载电阻为 8 Ω,交流电压有效值 U_2 = 220 V,控制角 α 的调节范围为 60°~180°,求:

(1)直流输出电压的调节范围。
(2)晶闸管中最大的平均电流。
(3)晶闸管两端出现的最大反向电压。

解:(1)当控制角为 60° 时,由式(7-1)得出直流输出电压最大值

$$U_o = 0.45 \times 220 \times \frac{1 + \cos 60°}{2} = 74.25 \text{ (V)}$$

控制角为 180° 时得直流输出电压为零。

所以控制角 α 在 60°~180° 范围变化时,相对应的直流输出电压在 74.25~0 V 调节。

(2)晶闸管的最大平均电流与负载电阻中的最大平均电流相等,由式(7-2)得

$$I_F = I_o = \frac{U_o}{R_L} = \frac{74.25}{10} = 7.425 \text{ (A)}$$

(3)晶闸管两端出现的最大反向电压为变压器次级电压的最大值

$$U_{FM} = U_{RM} = \sqrt{2}U_2 = \sqrt{2} \times 220 = 311 \text{ (V)}$$

再考虑到安全系数为 2~3,所以选择额定电压为 600 V 以上的晶闸管。

4) 电感性负载和续流二极管

电感性负载可用电感元件 L 和电阻元件 R 串联表示，如图 7-7 所示。晶闸管触发导通时，电感元件中存储了磁场能量，当 U_2 过零变负时，电感中产生感应电势，晶闸管不能及时关断，造成晶闸管的失控。为了防止这种现象的发生，必须采取相应措施。

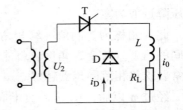

图 7-8 具有电感性负载的单相半波可控整流电路

通常是在负载两端并联二极管 D（图 7-8 中虚线）来解决。当交流电压 U_2 过零值变负时，感应电动势 e_L 产生的电流可以通过这个二极管形成回路。因此这个二极管称为续流二极管。这时 D 的两端电压近似为零，晶闸管因承受反向电压而关断。有了续流二极管以后，输出电压的波形就和电阻性负载时一样。

值得注意的是，续流二极管的方向不能接反，否则将引起短路事故。

3. 单相桥式半控整流电路

1) 电路组成

单相桥式半控整流电路如图 7-9（a）所示，其主电路与单相桥式整流电路相比，只是其中两个桥臂中的二极管被晶闸管 T_1、T_2 所取代。

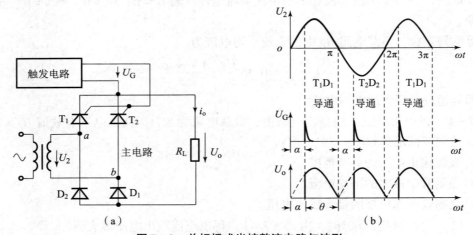

图 7-9 单相桥式半控整流电路与波形
（a）电路图；（b）波形图

2) 工作原理

接上交流电源后，在变压器副边电压 U_2 正半周时（a 端为正、b 端为负），T_1、D_1 处于正向电压作用下，当 $\omega t = \alpha$ 时，控制极引入的触发脉冲 U_G 使 T_1 导通，电流的通路为：$a \to T_1 \to R_L \to D_1 \to b$，这时 T_2 和 D_2 均承受反向电压而阻断。在电源电压 U_2 过零时，T_1 阻断，电流为零。同理在 U_2 的负半周（a 端为负、b 端为正），T_2、D_2 处于正向电压作用下，当 $\omega t = \pi + \alpha$ 时，控制极引入的触发脉冲 U_G 使 T_2 导通，电流的通路为：$b \to T_2 \to R_L \to D_2 \to a$，这时 T_1、D_1 承受反向电压而阻断。当 U_2 由负值过零时，T_2 阻断。可见，无论 U_2 在正或负半周内，流过负载 R_L 的电流方向是相同的，其负载两端的电压波形如图 7-9（b）所示。

由图7-9（b）可知，输出电压平均值比单相半波可控整流大一倍，即

$$U_\text{o} = 0.9 U_2 \cdot \frac{1 + \cos\alpha}{2} \qquad (7-3)$$

从式（7-3）可以看出，当 $\alpha = 0°$ 时（$\theta = \pi$），晶闸管在半周内全导通，$U_\text{o} = 0.9 U_2$，输出电压最高，相当于不可控二极管单相桥式整流电压。若 $\alpha = \pi$，$V_\text{o} = 0$，则 $\theta = 0°$，晶闸管全部关断。

根据欧姆定律，负载电阻 R_L 中的直流平均电流为

$$I_\text{o} = \frac{U_\text{o}}{R_\text{L}} = 0.9 \frac{U_2}{R_\text{L}} \cdot \frac{1 + \cos\alpha}{2} \qquad (7-4)$$

流经晶闸管和二极管的平均电流为

$$I_\text{T} = I_\text{D} = \frac{1}{2} I_\text{o} \qquad (7-5)$$

晶闸管和二极管承受的最高反向电压均为 $\sqrt{2} U_2$。

综上所述，可控整流电路是通过改变控制角的大小实现调节输出电压大小的目的，因此，也称相控制整流电路。

4. 晶闸管的保护

晶闸管的主要缺点是承受过电压、过电流的能力较弱。当晶闸管承受过电压过电流时，晶闸管温度急剧上升，可能会烧坏 PN 结，造成元件内部短路或开路。为了使元件能可靠地长期运行，必须对电路中的晶闸管采取保护措施。

1) 晶闸管的过电流保护

产生过电流的原因通常有负载短路、过载、误触发等。晶闸管的过电流保护方法有：快速熔断器保护、灵敏继电器保护、过载截止保护等。其中快速熔断器保护应用最为广泛，下面介绍这种保护方法。

普通熔断器的熔体熔断时间比晶闸管过电流损坏时间长得多，因此很难对晶闸管进行过电流保护。而快速熔断器熔体的熔断时间通常极短，过电流越大，它的熔断速度就越快，因此，能在晶闸管损坏之前有效地将过电流的电路切断。

快速熔断器在电路中的位置有三种，如图7-10所示。其一是熔断器串联在可控整流电路的交流侧（如图7-10中的FU1），这种连接方法的保护范围较大，但是熔断器熔断之后不能立即判断出是什么故障；其二是熔断器与晶闸管串联（如图7-10中的FU2），这种连接方法能对晶闸管元件进行可靠的过电流保护；其三是熔断器与直流负载 R_L 串联（如图7-10中的FU3），这种连接方法能在负载短路或过载时进行有效保护。

在选择熔体时，要注意熔体的额定电流是指有效值，而晶闸管的额定电流是指正弦半波的平均值，因此在选择快速熔断器的熔体时，必须进行换算。例如控制角 α 为零时，50 Hz 的正弦半波电流有效值是其平均值的 1.57 倍，当晶闸管电流为 100 A 时，配用的熔体额定电流应为 150 A。

2) 晶闸管的过电压保护

如果可控整流电路中含有电感元件，则在开关拉闸、电感负载切除、晶闸管由导通到阻断等时，都可能引起晶闸管的过电压，使晶闸管损坏。晶闸管的过电压保护方法有：阻容吸收保护和硒堆保护等。其中阻容吸收保护的应用最为广泛，下面介绍这种保护方法。

阻容吸收保护是利用阻容元件来吸收过电压,其实质就是将过电压的能量转换成电容器中的电场能量,同时在转换过程中又把一部分能量消耗在电路的电阻上。由于电容器两端电压不会突变,从而使晶闸管在电路中免受过电压的影响。除此以外,阻容吸收保护还具有抑制 LC 回路振荡的作用。

阻容吸收元件在电路中的位置有三种,如图 7-11 所示,它可以并联在交流侧(如图 7-11 中 C_1R_1)、并联在晶闸管元件侧(如图 7-11 中 C_2R_2)或并联在电感负载侧(如图 7-11 中 C_3R_3)。

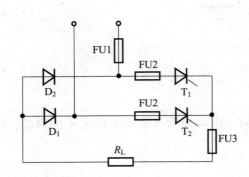

图 7-10　快速熔断器在电路中的位置

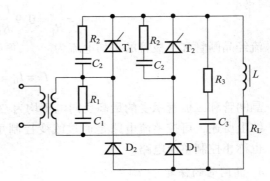

图 7-11　阻容保护在电路中的位置

任务四　水管工艺台灯电路检测与质量分析

正确使用检测工具是保证产品精度、提高产品质量的有效手段。在操作中,安全使用电子元件是电路安全的重要保证。

(一) 元器件标注法

(1) 直标法:用阿拉伯数字和文字符号在电阻上直接标出其主要参数的标注方法称为直标法。这种标注方法用于体积较大的元器件上。

(2) 文字符号法:用阿拉伯数字和文字符号两者有规律地组合,在电阻上标出主要参数的标示方法称为文字符号法。

该方法用符号 R 或 Ω 表示 Ω,k 表示 kΩ,M 表示 MΩ,电阻值(阿拉伯数字)的整数部分写在符号的前面,小数部分写在符号的后面。

如 3R9 为 3.9 Ω,4k7 = 4 700 Ω。电容标注中,4μ7 = 4.7 μF,3p32 = 3.32 pF。

(3) 数码表示法:用三位数码表示元器件的标称值,用相应字母表示允许偏差的方法称为数码表示法。其中,数码按从左到右的顺序,第一、二位为元件的有效值,第三位为数值的倍率。当第三位是 9 时为特例,表示 10^{-1}。电阻的单位为 Ω,电容的单位为 pF。

例 7-2　10^2J 的标称阻值为 $10 \times 10^2 = 1$ kΩ,J 表示该电阻的允许误差为 ±5%。电阻 10^5 表示 1M 欧,272 表示 2.7 kΩ。电容 223 表示 22 000 pF,479 表示 4.7 pF。

色标法:用不同颜色的色带或色点在元器件表面标出元器件的标称值、精度等参数,称为色码标注法,简称色标法。国际通用的色码规定见表 7-5。

表 7-5 国际通用的色码规定

颜色	黑	棕	红	橙	黄	绿	蓝	紫	灰	白	金	银	无
有效数字	0	1	2	3	4	5	6	7	8	9	—	—	—
倍率	10^0	10^1	10^2	10^3	10^4	10^5	10^6	10^7	10^8	10^9	10^{-1}	10^{-2}	—
偏差/%	—	±1	±2			±0.5	±0.2	±0.1			±5	±10	±20

这种表示方法常用在小型电阻上。色标法常用的有四色标法和五色标法两种。

它是在靠近电阻器的一端画有四道或五道（精密电阻）色环。其中，第一道色环、第二道色环以及精密电阻的第三道色环都表示其相应位数的数字；其后的一道色环则表示前面数字再乘以 10 的 n 次幂；最后一道色环表示阻值的容许误差，如图 7-12 所示。

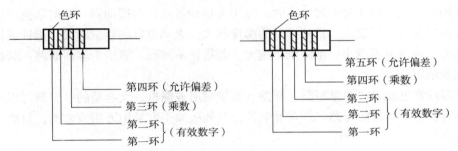

图 7-12 色环

例 7-3 色环电阻的色环为：棕黑红金 = 10×10^2 = 1 000（Ω），棕黑金金 = 10×0.1 = 1（Ω），棕黑黑黄棕 = 100×10^4 = 100（kΩ）。

色环电阻是应用于各种电子设备的最多的电阻类型，无论怎样安装，维修者都能方便地读出其阻值，便于检测和更换。但在实践中发现，有些色环电阻的排列顺序不甚分明，往往容易读错，在识别时，可运用以下技巧加以判断。

技巧 1：先找标志误差的色环，从而排定色环顺序。最常用的表示电阻误差的颜色是：金、银、棕，尤其是金环和银环，一般很少用作电阻色环的第一环，所以在电阻上只要有金环和银环，就可以基本认定这是色环电阻的最末一环。

技巧 2：棕色环是否是误差标志的判别。棕色环既常用作误差环，又常作为有效数字环，且常常在第一环和最末一环中同时出现，使人很难识别谁是第一环。在实践中，可以按照色环之间的间隔加以判别：如对于一个五道色环的电阻而言，第五环和第四环之间的间隔比第一环和第二环之间的间隔要宽一些，据此可判定色环的排列顺序。

技巧 3：在仅靠色环间距还无法判定色环顺序的情况下，还可以利用电阻的生产序列值来加以判别。例如有一个电阻的色环读序是：棕、黑、黑、黄、棕，其值为：$100 \times 10^4 \Omega$ = 1 MΩ，误差为 1%，属于正常的电阻系列值；若是反顺序读：棕、黄、黑、黑、棕，其值为 140×100 Ω = 140 Ω，误差为 1%。显然按照后一种排序所读出的电阻值，在电阻的生产系列中是没有的，故后一种色环顺序是不对的。

（二）电阻检测

电阻的检测方法是：用万用表的欧姆挡测量电阻的阻值，将测量值和标称值进行比较，从而判断电阻是否出现短路、断路、老化（实际阻值与标称阻值相差较大的情况）及调节障碍（针对电位器或微调电阻）等故障。

（三）电容器检测

电容是由两个中间隔以绝缘材料（介质）的电极组成的，具有存储电荷能力的电子元件。电路中有阻直流通交流、阻低频通高频的特性，起到旁路、耦合、滤波和调谐等作用。反映电容器物理性能的主要参数为容量和耐压，有的直接标明，有的采用工程编码，也有的标在外包装上。有的电容器是有极性的，且在电容器上还会标明极性的方向。电解电容出厂的时候，一般脚较长一端的为正极，脚短的一端为负极。在电解电容的表面上，通常也在负极这一端标负号"－"。

表示电容单位的常用字母有 m、μ、n、p 等。mF 表示毫法（10^{-3}F），μF 表示微法（10^{-6}F），nF 表示纳法（10^{-9}F），pF 表示皮法（10^{-12}F）。

用万用表的电阻挡测量电解电容时，万用表指针从左往右摆动到一定的数值后应当能返回到左边的起点或靠近起点。指针摆动的幅度越大，表示电容的容量越大；指针返回起点时离起点越近，表示电容越小、绝缘电阻越大。若指针不摆动，表示电容器断路；若摆动后不返回，则表示短路。

电容器的常见故障主要是短路、断路、容量减退或漏电。大容量的电容器可以用万用表查找。小容量的电容器除短路、严重漏电外，其他故障不容易用万用表检测，只能采用专用的电容表测量。

（四）二极管

二极管是一种具有单向导电特性的元件。二极管在电路中的作用是整流、检波、稳压、隔离、开关、保护和指示等。

所谓单向导电性，就是指当电流从它的正极流过时，它的电阻很小；当电流从它的负极流过时，它的电阻很大，所以二极管是一种有极性的组件。二极管一般有两个脚，分别为阳极（正极）和阴极（负极），如图 7-13 所示。

有一种类型的二极管叫发光二极管，它的作用是表示电路是否正在工作。现在有些高亮 LED 可作照明用灯，如手机显示屏背光源、某些装饰灯等。发光二极管的电路符号是"LED"，极性用平边表示，标在组件体上，或用一缺口表示，或用一条长的管脚表示，如图 7-14 所示。

图 7-13　二极管符号　　　　图 7-14　发光二极管符号

二极管在使用时必须先判别其性能的优劣，然后判别"＋""－"极引脚，在接入电路时二极管引脚的极性是不能接反的。

1. 测量原理

二极管是一种正向导通（正向电阻小）、反向截止（反向电阻大）的元器件，这两个电阻数值相差越大，表明二极管的质量越好。测量二极管即应用此原理。

所谓正向连接，即电源的"＋"极通过限流电阻与二极管的"＋"极连接，电源的"－"极与二极管的"－"连接；反向连接刚好和正向连接相反。

2. 测量方法

（1）把万用表打至电阻挡（Ω挡）并调到 1 kΩ 的量程上。

（2）把红表针和黑表针分别与二极管的两引脚连接，观察其阻值并记下；最后把两表针对调再与二极管两引脚连接，再次观察并记录下阻值。

3. 质量判别

若测得阻值大的越大，阻值小的越小，则表示管子质量好；若两值相差不大（都很小或都很大），则表示管子有问题，不能使用。

4. 极性判别

当测得阻值小时，黑表针所接二极管的那端引脚是二极管的"＋"极，红表针所接二极管的那端引脚是二极管的"－"极。

注意：（1）万用表的黑表针其实是接表内电池的"＋"极，而红表针是接表内电池的"－"极，这一点很多同学都会弄错。

（2）测量时不能用手指捏着管脚和表针，这样人体的电阻就相当于与二极管并联，会影响到测量的准确度。

（五）三极管

通过工艺的方法，把两个二极管背靠背地连接起来组成了三极管。按 PN 结的组合方式有 PNP 型和 NPN 型。

三极管的简易测试步骤：

1）找基极

假设三极管的任一引脚为基极，用万用表 $R \times 1$ kΩ 挡测电阻。

（1）用其中一根表针如黑表针接假设的基极，另外一根表针红表针分别接触其余两极，记住表头指针的偏转角度。这两次测量表头指针的偏转要非常接近，否则重新假设一个基极再测。

（2）换电表的另外一根表针红表针和三极管假设的基极相接，黑表针分别接触其余两极，此时两次测量指针的偏转角度也要接近。

（3）如果步骤（1）和（2）的电表指针的偏转角度完全相反，如第一次的阻值很小，而第二次的阻值很大，则说明假设的基极是对的。

2）判断类型

在第一步中，表头指针偏转角度大即电阻小的测量中，如果是红表针接基极，说明三极管为 PNP 型三极管；若黑表针接的是基极，则为 NPN 类型三极管。

3）找 C 和 E 极

在找出基极和判断出三极管的类型后，如果对应 NPN 型三极管：

（1）假设三极管的一个电极为 C 极，用手指接触假设的 C 极和 B 极（注意 C 和 B 不能碰在一起），将万用表的红表针接假设的 C 极，黑表针接 E 极，记住指针偏转的角度。

（2）假设另外一个电极为 C 极，重复上一步的测量，记住此时指针的偏转角度。

（3）前两步测量中，指针的角度偏转大的那次假设的 C 极是正确的。

如果是 PNP 类型的三极管：

(1) 假设三极管的一个电极为 C 极,用手指接触假设的 C 极和 B 极(注意 C 和 B 不能碰在一起),将万用表的黑表针接假设的 C 极、红表针接 E 极,记住指针偏转的角度。

(2) 假设另外一个电极为 C 极,重复上一步的测量,记住此时指针的偏转角度。

(3) 前两步测量中,指针的角度偏转大的那次假设的 C 极是正确的。

(六)接线步骤

第一步:首先区分插头颜色,有两个灯,插头上面有两个控制开关,即插头线上有两组供电线,共用其中一根线(因为是两脚插头,不分火线、零线),首先要判断共用线,步骤如下:

(1) 把导线剥出一段铜线,并把三根线分开,防止短接。

(2) 把两个开关都关闭,插上有电的插座。

(3) 用电笔分别测量三个线头,如果只有其中一条有电,则这根就是共用线(直接从插头过去的),如果都没有电,那就把插头拔出反转再插回插座重新测试,找到共用线,记住线色,即其余两根为控制线;如果同时有两根线有电,则剩下没电的那一根是共用线。

第二步:确认灯座共用线。

从灯座出来两条白线、两条黑线,这就是两个灯泡的线,一般白色的是一组、黑色的是一组(你也可以看看这线是否为同一个地方出来的,如果是两个地方出来的,则同一个地方出来的是一组,此时颜色就需要自己记住了),区分好两个灯泡的接线后,把两个灯泡引线中的一根并接起来,用来接插头的共用线,其余两根分别接插头线余下的两根线,不过上面的两根黑线已经接到平行线的黑线上了(这个是否出厂的时候就已经接好的,还是自己接的,需检查确认)。

第三步:接线。

(1) 把插头线从底座相应的孔中穿进去(一般有一圈胶的),预留足够接线长度后在靠近底座壳的位置打个结,防止线被扯出来。

(2) 用插头线的共用线接平衡线的白线,其余两根控制线分别接两根白线。

第四步:如果不容易区分灯泡的共用线,可以尝试一下两根黑线或者两根白线接起来作为共用线,通电之后如何调节其中一个控制开关,两个灯泡都变光,那就换一根白线、一根黑线接起来作为共用线。

(七)灯具元件调试及电路分析

利用单结晶体管的负阻特性和 *RC* 电路的充放电特性,可组成单结晶体管振荡电路,其基本电路如图 7-15 所示。

当合上开关 S 接通电源后,将通过电阻 R 向电容 C 充电(设 C 上的起始电压为零),电容两端电压 U_C 按 $\tau = RC$ 的指数曲线逐渐增加。当 U_C 升高至单结晶体管的峰点电压 U_P 时,单结晶体管由截止变为导通,电容向电阻 R_1 放电,由于单结晶体管的负阻特性,且 R_1 又是一个 50~100 Ω 的小电阻,电容 C 的放电时间常数很小,放电速度很快,于是在 R_1 上输出一个尖脉冲电压 U_G。在电容放电过程中,U_E 急剧下降,当 $U_E \leq U_V$(谷点电压)时,单结晶体管便跳变到截止区,输出电压 U_G 降到零,即完成一次振荡。

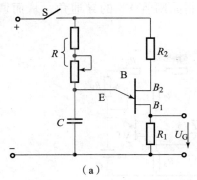 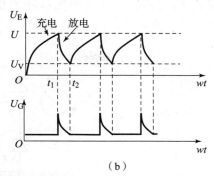

图 7-15 单结晶体管振荡电路

（a）电路图；（b）波形图

放电一结束，电容又开始重新充电并重复上述过程，结果在 C 上形成锯齿波电压，而在 R_1 上得到一个周期性的尖脉冲输出电压 U_G，如图 7-16（b）所示。

调节 R（或变换 C）以改变充电的速度，从而调节图 7-16（b）中的 t_1 时刻，如果把 U_G 接到晶闸管的控制极上，就可以改变控制角 α 的大小。

单结晶体管振荡电路如图 7-16 所示。

仪器仪表：示波器 1 台，MF47 万用表 1 只。

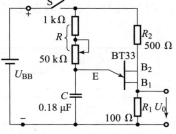

图 7-16 单结晶体管振荡电路

制作调试步骤：

（1）将元器件按要求整形，插入通用电路板的相应位置，并连接好导线。

（2）闭合开关，接通电源，分别用示波器观察电容 C 两端电压 U_C 及电路输出电压 U_o。在图 7-17 相应坐标中作出 U_C、U_o 波形。

（3）调节电路中电位器阻值，观察两波形变化，可以看出，改变电位器阻值将改变输出脉冲的频率、幅值。

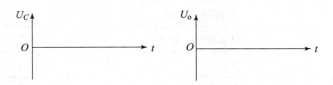

图 7-17 U_C、U_o 波形图

（八）调光电路的组成与工作原理

在图 7-18 所示电路中，VT、R_1、R_2、R_3、R_P、C 组成单结晶体管张弛振荡器。接通电源前，电容器 C 上电压为零。接通电源后，电容经由 R_4、R_P 充电，电压 U_E 逐渐升高。当达到峰点电压时，VT-b_1 间导通，电容上电压向电阻放电。当电容上的电压降到谷点电压时，单结晶体管恢复阻断状态。此后，电容又重新充电，重复上述过程，结果在电容上形成锯齿状电压，在电阻 R_3 上则形成脉冲电压。此脉冲电压即为晶闸管 V5 的触发信号。在 V1~V4 桥式整流电路输出的每一个半波时间内，振荡器产生的第一个脉冲为有效触发信

号。调节 R_P 的阻值,可改变触发脉冲的相位,控制晶闸管 V5 的导通角,从而调节灯泡亮度。

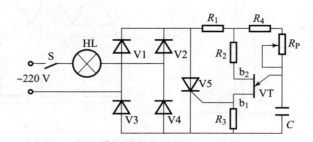

图 7-18　家用调光台灯电路

(九) 台灯电路的制作与质量分析

(1) 按材料清单清点元器件（表 7-6）。

表 7-6　元器件清单

元　件	名称规格	数　量
V1 ~ V4	二极管 IN4007	4
V5	晶闸管 3CT	1
VT	单结晶体管 BT33	1
R_1	电阻器 51 kΩ	1
R_2	电阻器 300 Ω	1
R_3	电阻器 100 Ω	1
R_4	电阻器 18 kΩ	1
R_P	带开关电位器 470 kΩ	1
C	电容器 0.022 μF	1
HL	灯泡 220 V, 25 W	1
	灯座	1
	电源线	1
	导线	若干
	印制板	1

(2) 对照原理图（图 7-18）看懂装配图（图 7-19），将图上的电路符号与实物对照。

(3) 检查印制板是否有开路、短路及其他隐患。调光台灯电路元器件布局及电路印制板分别如图 7-20 和图 7-21 所示。

项目七　水管工艺台灯制作

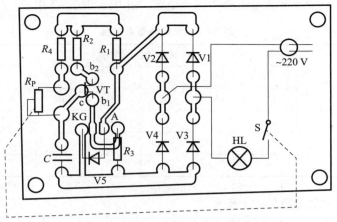

图7-19　调光台灯电路装配图

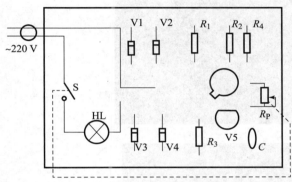

图7-20　调光台灯电路元器件布局

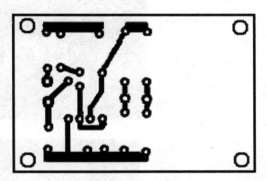

图7-21　调光台灯电路印制板

（十）台灯电路的调试与检测

1）装接前的准备

（1）用万用表测试各元件的主要参数，及时更换存在问题的元器件。

（2）将所有元器件引脚上的漆膜、氧化膜清除干净，并对导线进行搪锡。

（3）根据要求对各元器件进行整形。

2）装接

（1）有极性的元器件二极管、晶闸管、单结晶体管等，在安装时要注意极性，切勿装错。

（2）所有元器件尽量贴近线路板安装。

（3）带开关的电位器要用螺母固定在印制板开关的孔上，电位器用导线连接到线路板的所在位置。

（4）印制板四周用螺母固定支撑。

3）调试

（1）检查电路连接是否正确，确保无误后方可接上灯泡，开始调试。调试过程中应注意安全，防止触电。

（2）接通电源，打开开关，旋转电位器手柄，观察灯泡亮度变化情况。

· 267 ·

(3) 在下面几种情况下测量电路中各点电压,并填入表 7-7 中。

表 7-7 元器件各点电压

灯泡状态	元器件各点电压						断开交流电源,电位器的电阻值
	V5			VT			
	V3	VK	VC	VR1	VR2	V	
灯泡最亮时							
灯泡微亮时							
灯泡不亮时							

调光台灯的实物图如图 7-22 所示。

图 7-22 调光台灯的实物

零部件检验报告见表 7-8。

表 7-8 零部件检验报告

零部件检验报告							
编号：							
检验类别： □加工检验 □复查验证							
小组名称					抽检验		
零部件名称					图号		
勾选	检验项目	技术要求	检验规则	实测记录		合格勾选	备注
				Ac	Re		
	材质	应符合图纸要求的材质及状态	材质检测报告				
	印字	字形及大小、颜色应符合图纸技术要求	目测				
	零件外观	表面应光洁，无划痕、污渍等，表面处理应符合图纸技术要求的外观等级	目测				
	外形尺寸	外形尺寸应符合图纸要求	精密游标卡尺检测				
	螺纹质量	螺纹表面应清晰，无凹痕、无断牙、无缺牙等明显缺陷	目测、螺纹通止规				
	装配质量	零部件应满足装配图纸技术要求	全检				
	表面粗糙度	加工表面的表面粗糙度应符合图纸要求	目测比对				
	关键孔径	关键孔径应符合图纸公差要求	精密游标卡尺检测				
	关键轴径	关键轴径应符合图纸公差要求	精密游标卡尺检测				
	关键线性尺寸	关键线性尺寸应符合图纸公差要求	精密游标卡尺检测				
结论： 本零部件产品经检验符合要求，是□否□准予合格。							
检验：		审核：			指导教师：		

四、项目评价考核

项目教学评价表

项目组名				小组负责人		
小组成员				班级		
项目名称				实施时间		
评价类别	评价内容	评价标准	配分	个人自评	小组评价	教师评价
学习准备	课前准备	笔记收集、整理,自主学习	5			
学习过程	信息收集	能收集有效的信息	5			
	图样分析	能根据项目要求分析图样	10			
	方案执行	以加工完成的零件尺寸为准	35			
	问题探究	能在实践中发现问题,并用理论知识解释实践中的问题	10			
	文明生产	服从管理,遵守校规校纪和安全操作规程	5			
学习拓展	知识迁移	能实现前后知识的迁移	5			
	应变能力	能举一反三,提出改进建议或方案	5			
	创新程度	有创新建议提出	5			
学习态度	主动程度	主动性强	5			
	合作意识	能与同伴团结协作	5			
	严谨细致	认真仔细,不出差错	5			
总计			100			
教师总评 (成绩、不足及注意事项)						
综合评定等级(个人30%,小组30%,教师40%)						

项目八　招财猫的三维打印制作

一、项目导入

招财猫通常采用陶瓷制作，一般为白色，形态为其中一手高举至头顶，做出向人招来的手势，如图 8-1 所示。一般招财猫举左手表示招福；举右手则寓意招财；两只手同时举起，就代表"财"和"福"一起到来的意思。此外，招财猫胸前挂着的金铃也有开运、招财、招福、缘起之意。不同颜色的招财猫代表了主人不同的愿望，表达了人类亘古不变的对幸福、美满、好运的希冀。由于其美好的寓意、造型美观等众多特点，一度成为中国人最为喜爱的家庭摆件。本项目讲述招财猫的三维打印制作，包括招财猫的三维造型及数据转化、招财猫的切片参数设置、招财猫的三维打印制作流程及后处理。本项目主要考核的是增材制造技术，相比传统的减材制造有一定的优势，故学生必须掌握。

图 8-1　招财猫

二、项目描述

1. 项目目标

（1）根据给定三维模型进行 stl 数据的转化。
（2）熟练运用 Cura 切片软件，能根据模型结构合理设置切片参数。
（3）能够正确使用桌面级三维打印机完成模型的增材制造。
（4）会对打印完成的三维模型进行后期处理。
（5）能解决三维打印机常见故障及对三维打印设备进行维护和保养。

2. 项目重点和难点

（1）项目重点：根据三维模型结构合理设置切片参数，熟练操作三维打印机完成模型的增材制造。
（2）项目难点：熟练完成三维模型增材制造的工艺流程并解决常见三维打印机的故障。

3. 项目准备

1）设备资源

优锐桌面级三维打印机，型号为 HW-160，学生 40 人，每 5 人配 1 台，桌面级三维打印机共 8 台，配套工具箱若干，如图 8-2 所示。

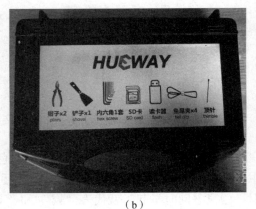

(a) (b)

图 8-2 设备及配套工具箱
(a) 优锐桌面级三维打印机；(b) 工具箱

2）原材料准备

PLA 塑料，如图 8-3 所示。

图 8-3 PLA 塑料

3）相关资料

《三维打印机使用手册》和《三维打印实用教程》。

4）项目小组及工作计划

(1) 分组：每组学员为 3~5 人，应注意强弱组合。

(2) 编写项目计划（包括任务分配及完成时间），见表 8-1。

表 8-1　项目计划安排表

任务	内容	零件	时间安排/h	人员安排/人	备注
任务一	招财猫模型技术要求分析	—	2	1	任务可以同时进行，人员可以交叉执行
任务二	招财猫模型的加工工艺	—	4	1	
任务三	招财猫模型的加工内容及操作	—	8	1	
任务四	招财猫模型的质量分析与后处理	—	2	1	

三、项目工作内容

任务一　招财猫模型技术要求分析

（一）招财猫的三维模型和三维实物

招财猫的三维模型和三维实物如图 8-4 所示。

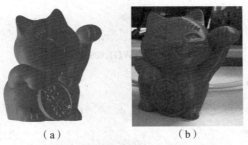

（a）　　　　　　　（b）

图 8-4　招财猫的三维模型和实物

（a）三维模型；（b）实物

（二）技术要求分析

根据招财猫的结构特点，运用 SOLIDWORKS 三维软件完成三维造型，如图 8-5 所示。在三维软件中，将其转化为 .stl 文件格式。

图 8-5　招财猫的三维造型

1. 完成零件三维造型

SOLIDWORKS 软件设计界面如图 8-6 所示。

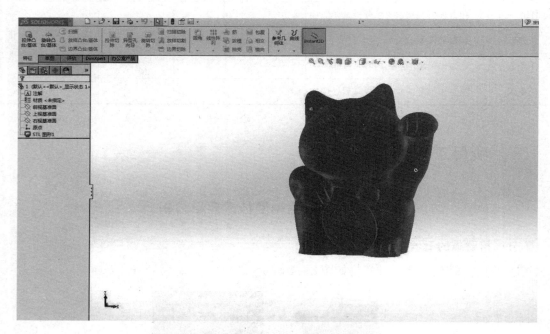

图 8-6 SOLIDWORKS 软件设计界面

2. 将文件转化为 .stl 文件格式

将文件转化为 .stl 格式文件，如图 8-7 所示，保存后其图标如图 8-8 所示。

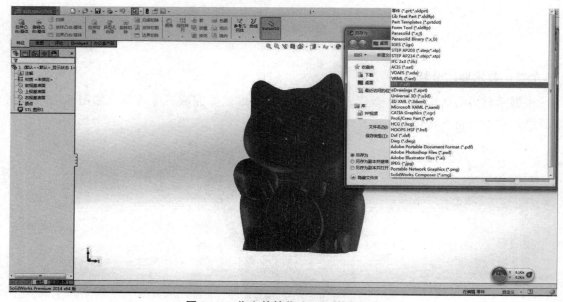

图 8-7 将文件转化为 .stl 格式文件

项目八 招财猫的三维打印制作

图 8-8 转化为 .stl 文件格式后的图标

任务二 招财猫模型的加工工艺

(一) 相关知识准备

Cura 是 Ultimaker 公司设计的三维打印软件,以"高度整合性"以及"容易使用"为设计目标。Cura 软件的主要作用是将模型分层切片,根据模型形状生成不同的路径,从而生成整个三维模型的 Gcode 代码,可导出以方便脱机打印,导出的文件扩展名为". gcode.",它包含了所有的三维打印需要的功能,有模型切片以及打印机控制两大部分。

模型切片功能包括智能前端显示、调整大小和摆放位置及层厚、壁厚设置等。打印机控制功能包括打印机读取温度等传感器的实时数据,并控制硬件协作完成打印。它最主要的功能是读取"X""Y""Z"坐标和喷嘴"挤压"命令,然后转化成电机的输入,指导喷嘴按照每层的截面信息运动并完成整个模型的增材制造。

(二) 招财猫 Cura 切片参数设置步骤

1. 打印机的软件界面

Cura 软件的操作界面如图 8-9 所示。

图 8-9 Cura 软件的操作界面

· 275 ·

打开 Cura 软件，将上述 .stl 文件格式的招财猫文件拖入 Cura 软件中，也可以利用"文件"→"读取模型"或者使用 Load 图标打开模型，如图 8-10 所示。

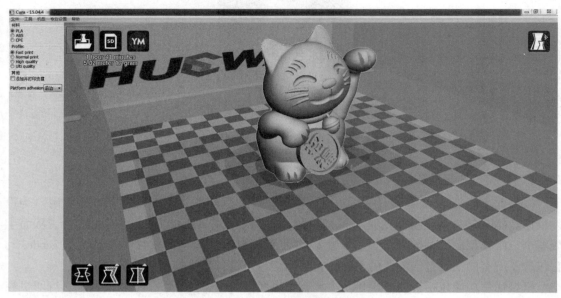

图 8-10　打开模型

2. 设置机型

单击菜单栏"机型"→"机型设置"，进入机器设置界面，本实验室使用的是 HW-160 的机型，可以打印的零件的尺寸为 160 mm×160 mm×150 mm，在设置参数前要保证 Cura 切片软件机型和三维打印机的机型一致。在机型设置中可以添加机型、移除机型、更改机型等，如图 8-11 所示。

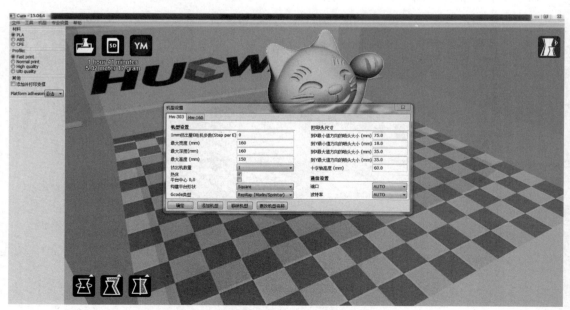

图 8-11　机型设置

项目八 招财猫的三维打印制作

3. 在"快速打印"模式下设置参数

在"快速打印"模式下设置参数,主要包括材料、打印模式、是否添加支撑、粘附平台等的设置。材料有 PLA、ABS、CPE 等,优锐桌面级三维打印机使用的是 PLA 的热塑性塑料,熔点温度为 195 ℃ ~ 210 ℃。打印模式分为:快速打印、正常打印、高质量打印等。粘附平台设置为:无或沿边。一般根据模型的结构特点,合理选择参数,如图 8 - 12 所示。

图 8 - 12 "快速打印"模式下设置参数

4. 在"完整配置"模式下设置参数

在"完整配置"模式下设置参数,主要包括层厚、壁厚、是否开启回退、填充、速度和温度、支撑、粘附平台、打印材料及喷嘴孔径等,如图 8 - 13 所示。

(1) 层厚:即常说的打印精度,一般选择 0.1 ~ 0.2 mm,数据越小,模型精度越高,打印的时间也越长。

(2) 壁厚:即最外层表面的厚度,一般设置为喷嘴尺寸的倍数,这里喷嘴孔径为 0.46 mm,一般数值越大,强度越高。

(3) 开启回退:在打印过程中,型腔的部分自动调节喷嘴不吐丝。

(4) 填充:模型的填充密度,一般模型内部可以不完全填充,这种情况不影响精度,只影响强度。为了提高打印强度可以设置高点,但是打印时间也会变长,一般能保证基本强度的参数值为 20%。

(5) 速度和温度:打印速度可以在 50 ~ 150 mm/s,可以根据模型的大小设置速度。模型尺寸较小时,可以采用 50 mm/s。温度为 PLA 塑料的熔点温度 210℃,平台温度为 70℃,一般这个参数可以不用改变,选择软件默认参数即可。

(6) 支撑:支撑分为延伸到平台和所有悬空。粘附平台分为沿边和底座,需合理根据模型的结构特点进行设置。

本例子中招财猫参数设置为:0.1 mm 层厚、0.92 mm 壁厚、20% 填充密度、延伸到平台的线形支撑、粘附平台为沿边、圈数为 20 圈,如图 8 - 14 所示。

· 277 ·

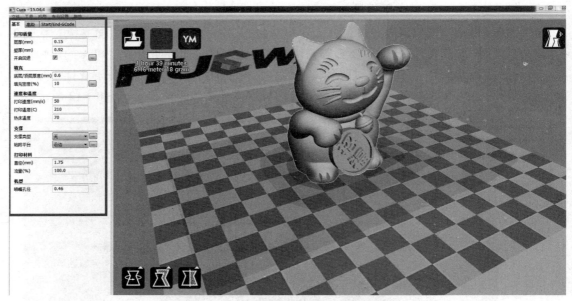

图8-13 "完整配置"模式下设置参数

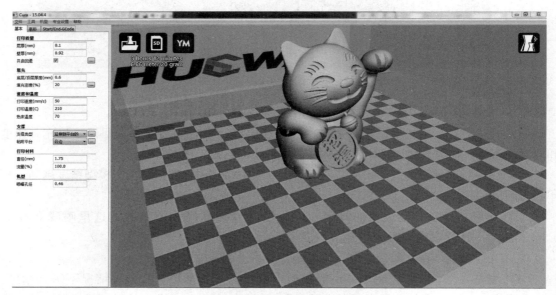

图8-14 招财猫的参数设置

5. 设置摆放、尺寸大小及镜像

摆放位置、尺寸大小及镜像的设置如图8-15~图8-17所示。

6. 查看模式的设置

查看模式——"Normal"正常模式,仅显示模型外观,如图8-18所示。

"Overhang"悬垂模式,会指示模型悬垂的部分,这部分在没有支撑的情况下可能会下垂,如图8-19所示。

项目八 招财猫的三维打印制作

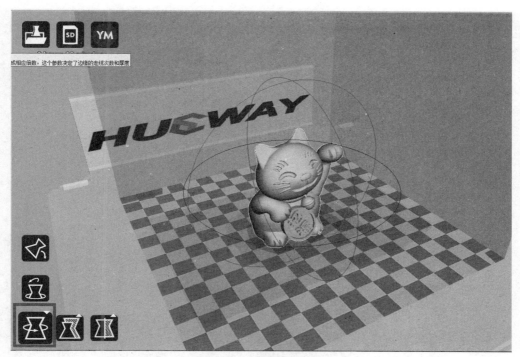

图 8-15 摆放位置设置

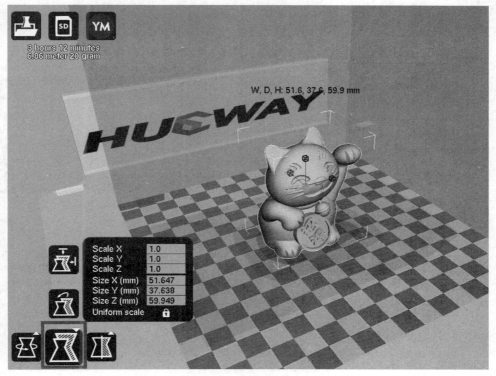

图 8-16 尺寸大小设置

· 279 ·

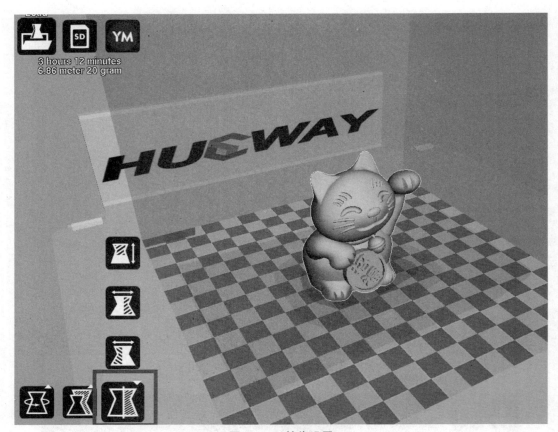

图 8-17 镜像设置

图 8-18 查看模式设置

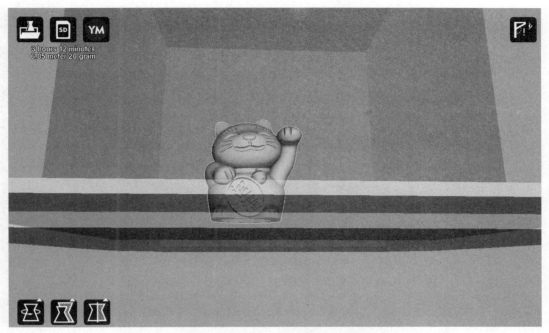

图 8–19　"Overhang"悬垂模式

"Transparent"透明模式，可以看到模型的内部结构，如图 8–20 所示。

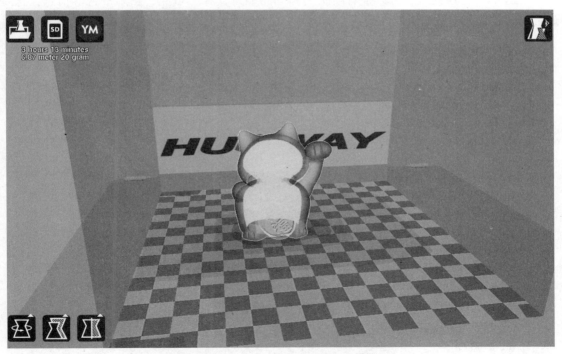

图 8–20　"Transparent"透明模式

"X–Ray"X 光模式，类似于透明模式，可忽略模型表面，如图 8–21 所示。

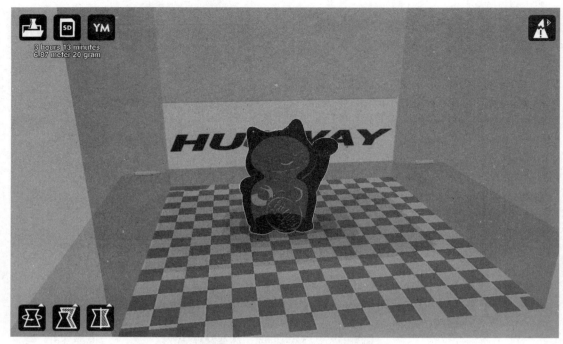

图 8-21 "X-Ray" X 光模式

"Layers"分层模式,可以查看喷头的移动路径及支撑、填充、粘附平台等信息,这是最常用的设置完参数后查看的模式,如图 8-22 所示。

图 8-22 "Layers"分层模式

7. 生成"gcode"文件

将设计模型的.stl格式文件导入到Cura软件中，然后设置好切片层厚、壁厚、填充密度、打印速度、打印温度、支撑类型等信息，即可完成切片处理，最后生成.gcode格式文件，这是三维打印机可以识别的文件，如图8-23所示。

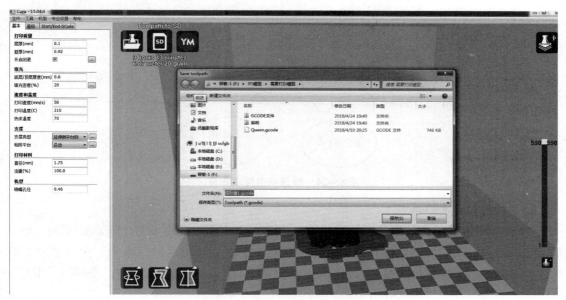

图8-23　生成.gcode格式文件

任务三　招财猫模型的加工内容及操作

（一）相关知识准备

1）三维打印技术概述

三维打印，是该项技术近年来针对民用市场的一种通俗称谓，实质上是一种快速成型技术。快速成型技术也称快速原型制造（Rapid Prototyping Manufacturing，RPM）技术、增量制造技术或者增材制造技术。快速成型技术诞生于20世纪80年代后期，是一种基于材料堆积法的高新制造技术，它不需要传统的刀具、夹具和机床等就可以打造出任意形状的产品。这种根据零件或物体的三维模型数据，通过成型设备以材料累加的方式制成实物模型的技术，被认为是近20年来制造领域的一个重大成果。快速成型技术集多种技术于一身，如图8-24所示。

快速成型技术可以自动、直接、快速、精确地将设计思想转变为具有一定功能的原型或直接制造零件，从而为零件原型制作、新设计思想的校验等方面提供了一种高效、低成本的实现手段。

因所使用的成型材料、成型原理和系统特点不同，构成了不同种类的快速成型系统。但这些快速成型系统的基本原理都是：分层制造，逐层叠加。快速成型系统就像一台"立体打印机"，因此得名"三维打印机"。

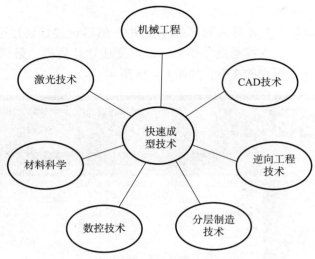

图 8-24　快速成型技术集成

2）3D 打印技术原理

3D 打印机根据零件的形状，每次制作一个具有一定微小厚度和特定形状的截面，然后再把它们逐层黏结起来，最终得到所需的零件。整个制造过程可以比喻为一个"叠加"的过程。当然，这个过程是在电脑的控制下，由三维打印机系统自动完成的。不同的三维打印机厂商，其三维打印机系统有所不同。

3）三维打印技术分类

根据不同的成型原理，三维打印技术可以分为很多种类，如表 8-2 所示。

表 8-2　三维打印技术分类

成型原理	技术名称
高分子聚合反应	激光立体印刷术（Stereolithography, SLA）
	高分子打印技术（Polymer Printing）
	高分子喷射技术（Polymer Jetting）
	数字化光照加工技术（Digital Lighting Processing, DLP）
烧结和熔化	选择性激光烧结技术（Selective Laser Sintering, SLS）
	选择性激光熔化技术（Selective Laser Melting, SLM）
	电子束熔化技术（Electron Beam Melting, EBM）
熔融沉积	熔融沉积造型技术（Fused Deposition Modeling, FDM）
层压制造	层压制造技术（Layer Laminate Manufacturing, LLM）
叠层实体制造	叠层实体制造技术（Laminated Object Manufacturing, LOM）

每种制造技术的具体原理都不一样，但主要都是想办法根据电脑数据制造出一层物体然后逐层叠加，直至制造出整个立体的物品。

常见的几种快速成型技术在零件精度、表面质量和生存率等方面存在一些差异，如表 8-3 所示。

表 8-3 常见快速成型技术的比较

工艺	SLA	LOM	SLS	FDM
零件精度	较高	中等	中等	较低
表面质量	优良	较差	中等	较差
复杂程度	复杂	简单	复杂	中等
零件大小	中小	中大	中小	中小
材料价格	较贵	较便宜	中等	较贵
材料种类	光敏树脂	纸、塑料、金属薄膜	石蜡、塑料、金属、陶瓷粉末	石蜡、塑料丝
材料利用率	约100%	较差	约100%	约100%
生存率	高	高	中等	较低

4）三维打印技术现状

1. 国外现状

从历史上看，早在 20 世纪初期就出现了"材料叠加"这一制造概念，国外很多研究学者也基于这一设想取得了一系列的研究成果，如表 8-4 所示。

表 8-4 国外学者研究成果

年份	学者	研究成果
1902	Carlo Baese	提出用光敏聚合物来制造塑料件的方法，即"立体光固化造型"（SLA）的初步设想
1940	Perera	在一些硬纸板上切割地形图轮廓线，然后将对应的纸板黏结在一起形成三维地形图
1976	Paul L Dimatteo	提出利用轮廓跟踪器，将三维物体转换成许多的二维轮廓薄片，然后利用激光切割这些薄片，再利用螺钉、销钉等将一系列的薄片连接成三维物体的方法，即"分层实体制造"（LOM）的初步设想
1982	J. E. Blanther	将地形图的各轮廓线通过压印在蜡片上，然后按照轮廓线切割各蜡片，将切割后的各蜡片黏结进而得到对应的三维地形图的方法，即分层制造

这些研究成果中虽然提出了类似于快速成型的各种基本原理，但一方面技术理论不成熟，另一方面没有各种商品级的快速成型机械设备，因此离实际生产还有一定的距离。自 20 世纪 80 年代以来，快速成型技术的商品化进程得到了质的飞跃，取得了很多成果，如表 8-5 所示。

表 8-5　国外快速成型技术商品化成果

年份	技术来源	商品化实物
1988	Charles W Hull 激光束照射液态光敏树脂	3D System 公司： 第一台立体光固化造型快速成型机 — SLA-250
1990	Michuel Feygin 分层实体制造方法	Helinys 公司： 第一台商用 LOM 设备 LOM-10150
1992	C. Deckard 选择性激光烧结方法	DTM 公司： 第一台商用 SLS 设备 — Sinterstation
1992	Scott Crump 熔融沉积制造方法	第一台商用 FDM 设备 — 3D-Modeler

20 世纪 80 年代中期到 90 年代后期，先后出现了十几种不同类型的快速成型技术，但 SLA、SLS、LOM 和 FDM 这四种技术仍然是快速成型技术的主流。此外，国外众多学者还在技术、材料以及理论层面对快速成型技术进行了研究，创立了专业刊物和学术会议，如每月新闻通讯 *Rapid Prototyping Reports*、快速成型季刊 *Rapid Prototyping*、快速成型期刊 *Rapid PrototyPing Journal* 以及快速成型国际会议。这些学术期刊及国际学术会议涵盖了制造方法及工艺介绍、新材料的开发、设备精度的控制以及产业化应用等快速成型领域的各个方面。

2. 国内现状

我国快速成型技术的研究始于 1991 年，研究工作主要在高校展开，在理论研究、实际应用及商品化等方面取得了一定进展，如表 8-6 所示。这些成果包括快速成型理论研究各种处理软件、不同工艺及型号的成型设备、新的控制技术、适应于不同工艺的成型材料以及成型精度控制等各个方面。

表 8-6　国内快速成型技术研究成果

机构	研究成果
清华大学	M-RPMS-II 系统 基于 FDM 工艺原理的快速成型系统 基于 LOM 工艺原理的快速成型系统
西安交通大学	基于立体印刷法的 LPS 系统和 CPS 系统
华中科技大学快速制造中心	薄材叠层快速成型系统样机——HRP-I
武汉滨湖机电技术产业有限公司	激光快建成型系统——HRP-III HRP 系列快速成型系统 基于粉末烧结方法的 HRPS-I、HRPS-IIIA 型商品化快速成型机
南京航空航天大学 北京隆源自动成型系统有限公司	基于选择性激光烧结方法的 RAP 系统和 AFS 系统

3. 局限性

即使发展至今，三维打印技术也还存在一定的局限性。

（1）材料问题

目前已经研究出可以使用在三维打印机上的材料约有几十种，但仍存在以下问题：

①材料成本高昂。从价格上看，便宜的几百元一公斤，最贵的则要数万元一千克。

②材料种类有限。三维打印的耗材非常有限，现有的市场上的耗材多为石膏、无机粉料、光敏树脂塑料等。

（2）成型精度和质量问题

三维打印工艺发展还不完善，特别是快速成型软件技术的研究还不成熟，目前快速成型零件的精度及表面质量大多不能满足工程直接使用的要求，不能作为功能性部件，只能作为原型使用。

（3）打印速度

三维打印技术虽始于"快速成型"，但制作一个制件仍需要数小时，难以大规模生产，仅能用于原型开发或单件制造。

（4）产品的力学性能

三维打印技术制造出的制件与铸件、锻件相比强度低，构件易疲劳，使用寿命短，断裂韧性差，在一定的外力条件下，很容易产生损坏。

（二）招财猫模型加工的三维技术选择

1. 选区激光烧结成型（SLS）

SLS 选区激光烧结技术，即 "Selective Laser Sintering"，与三维打印技术相似，同样采用粉末为材料。所不同的是，这种粉末在激光照射高温条件下才能熔化。喷粉装置先铺一层粉末材料，将材料预热到接近熔化点，再采用激光照射，对需要成型模型的截面形状扫描，使粉末熔化，令被烧结部分黏合到一起。通过这种过程不断循环，粉末层层堆积，直到最后成型，其工艺原理如图 8-25 所示。

激光烧结技术成型原理最为复杂，成型条件最高，是设备及材料成本最高的三维打印技术，但也是目前对三维打印技术发展影响最为深远的技术。目前 SLS 技术材料可以是尼龙、蜡、陶瓷、金属等，成型材料的种类呈多元化。

粉末材料选择性烧结：采用二氧化碳激光器对粉末材料（塑料粉、陶瓷与黏结剂的混合粉、金属与黏结剂的混合粉等）进行选择性烧结，是一种由离散点一层层堆集成三维实体的工艺方法。在开始加工之前，先将充有氮气的工作室升温，并保持在粉末的熔点以下。成型时，送料筒上升，铺粉滚筒移动，先在工作平台上铺一层粉末材料，然后激光束在电脑控制下按照截面轮廓对实心部分所在的粉末进行烧结，使粉末熔化继而形成一层固体轮廓。第一层烧结完成后，工作台下降一截面层的高度，再铺上一层粉末，进行下一层烧结，如此循环，形成三维的原形零件。最后经过 5~10 h 冷却，即可从粉末缸中取出零件。未经烧结的粉末能承托正在烧结的工件，当烧结工序完成后，取出零件。

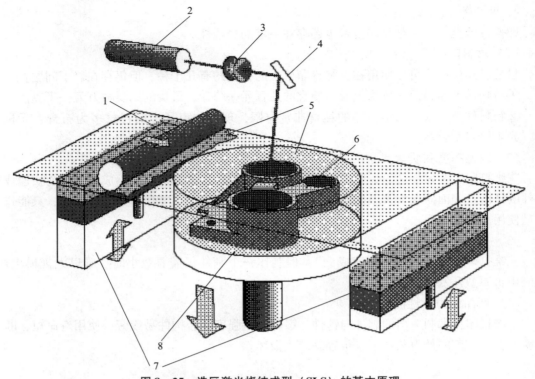

图 8-25 选区激光烧结成型（SLS）的基本原理
1—铺粉辊；2—CO_2 激光器；3—光学系统；4—扫描镜；5—未烧结的粉末；
6—零件；7—粉料送进与回收系统；8—工作台

粉末材料选择性烧结工艺适合成型中小件，能直接得到塑料、陶瓷或金属零件，零件的翘曲变形比液态光敏树脂选择性固化工艺要小。但这种工艺仍需对整个截面进行扫描和烧结，加上工作室需要升温和冷却，故成型时间较长。此外，由于受到粉末颗粒大小及激光点的限制，零件的表面一般呈多孔性。

通过烧结陶瓷、金属与黏结剂的混合粉末得到原形零件后，须将它置于加热炉中，烧掉其中的黏结剂，并在孔隙中渗入填充物，其后处理复杂。粉末材料选择性烧结工艺适合于产品设计的可视化表现和制作功能测试零件。由于它可采用各种不同成分的金属粉末进行烧结，因而制成的产品可具有与金属零件相近的机械性能，但由于成型表面较粗糙，渗铜工艺复杂，所以有待进一步提高。

SLS 技术的优点如下：

（1）可以采用多种材料。从理论上说，任何加热后能够形成原子间黏结的粉末材料都可以作为 SLS 的成型材料。

（2）过程与零件复杂程度无关，制件的强度高。

（3）材料利用率高，未烧结的粉末可重复使用，材料无浪费。

（4）无须支撑结构。

（5）与其他成型方法相比，能生产较硬的模具。

SLS 技术的缺点如下：

（1）原形结构疏松、多孔，且有内应力，易变形。

(2) 生成陶瓷、金属制件的后处理较难。
(3) 需要预热和冷却。
(4) 成型表面粗糙多孔，并受粉末颗粒大小及激光光斑的限制。
(5) 成型过程产生有毒气体及粉尘，污染环境。

2. 立体光固化成型（SLA）

SLA 是"Stereo Lithography Appearance"的缩写，即立体光固化成型法。用特定波长与强度的激光聚焦到光固化材料表面，使之由点到线、由线到面顺序凝固，完成一个层面的绘图作业，然后升降台在垂直方向移动一个层片的高度再固化另一个层面。这样层层叠加构成一个三维实体。SLA 是最早实用化的快速成形技术，采用液态光敏树脂原料，原理如图 8 - 26 所示。

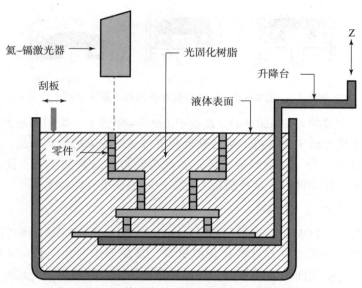

图 8 - 26　立体光固化成型（SLA）的基本原理

SLA 工艺过程是，首先通过 CAD 设计出三维实体模型，利用离散程序对模型进行切片处理，设计扫描路径，产生的数据将精确控制激光扫描器和升降台的运动；激光束通过数控装置控制的扫描器，按设计的扫描路径照射到液态光敏树脂表面，使表面特定区域内的一层树脂固化，这层加工完毕后，就生成零件的一个截面；然后升降台下降一定距离，固化层上覆盖另一层液态树脂，再进行第二层扫描。第二固化层牢固的黏结在前一固化层上，这样一层层叠加即形成三维工件原型。将原型从树脂中取出后，进行最终固化，再经打光、电镀、喷漆或着色处理即可得到要求的产品。

SLA 技术主要用于制作多种模具、模型等，还可以在原料中通过加入其他成分，用原型模代替熔模精密铸造的蜡模。SLA 技术成型速度较快、精度较高，但由于树脂在固化过程中会产生收缩，不可避免地会产生应力或引起形变。因此开发收缩小、固化快、强度高的光敏材料是其发展趋势。

3. 三维印刷成型

三维印刷成型技术，即"Three Dimension Printing"。三维印刷成型打印机使用标准喷墨打印技术，通过将液态连接体铺放在粉末薄层上，以打印横截面数据的方式逐层创建各部件，最终形成三维实体模型。采用这种技术打印成型的样品模型与实际产品具有同样的色彩，还可以将彩色分析结果直接描绘在模型上，模型样品所传递的信息较大，原理如图 8 – 27 所示。

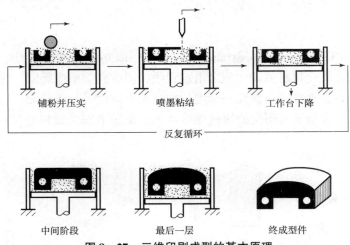

图 8 – 27 三维印刷成型的基本原理

美国麻省理工学院的 Emanual Sachs 教授于 1989 年申请了三维印刷成型技术的专利。这是一种以陶瓷、金属等粉末为材料，通过黏合剂将每一层粉末黏合到一起，通过层层叠加而成型的技术。1993 年，粉末黏合成型工艺是实现全彩打印最好的工艺，使用石膏粉末、陶瓷粉末、塑料粉末等作为材料，是目前最为成熟的彩色三维打印技术。

4. 分层实体制造成型（LOM）

分层实体制造法（LOM，Laminated Object Manufacturing），LOM 又称层叠法成型，它以片材（如纸片、塑料薄膜或复合材料）为原材料，其成形原理如图 8 – 28 所示。激光切割系统按照电脑提取的横截面轮廓线数据，将背面涂有热熔胶的纸用激光切割出工件的内外轮廓。切割完一层后，送料机构将新的一层纸叠加上去，利用热黏压装置将已切割层黏合在一起，然后再进行切割，这样一层层地切割、黏合，最终成为三维工件。

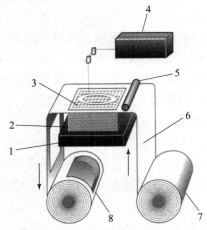

图 8 – 28 分层实体制造成型（LOM）的基本原理

1—升降台；2—叠层；3—废料；4—激光器；5—压滚；6—纸材；7—送料滚筒；8—收料滚筒

LOM 常用材料是纸、金属箔、塑料膜、陶瓷膜等。此方法除了可以制造模具、模型外，还可以直接制造构件或功能件。该技术的特点是工作可靠，模型支撑性好，成本低，效率高；缺点是前、后处理费时费力，且不能制造中空结构件。

5. 熔融沉积成型（FDM）

FDM 是"Fused Deposition Modeling"的缩写形式，意为熔融沉积成型。熔融沉积成型（FDM）工艺的材料一般是热塑性材料，如蜡、ABS、PC、尼龙等。以丝状供料，材料在喷头内被加热熔化，喷头沿零件截面轮廓和填充轨迹运动，同时将熔化的材料挤出，材料迅速固化，并与周围的材料黏结，其基本原理如图 8-29 所示。每个层片都是在上一层上堆积而成，上一层对当前层起到定位和支撑的作用。随着高度的增加，层片轮廓的面积和形状都会发生变化，当形状发生较大的变化时，上层轮廓就不能给当前层提供充分的定位和支撑作用，这就需要设计一些辅助结构"支撑"，对后续层提供定位和支撑，以保证成形过程的顺利实现。该类型的设备目前主要以桌面机为主，以便于使用者个性化的创造。

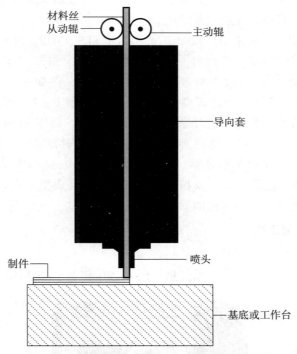

图 8-29 熔融沉积成型（FDM）的基本原理

FDM 工艺不用激光，使用、维护简单，成本较低。用蜡成型的零件原形，可以直接用于失蜡铸造。用 ABS 制造的原形因具有较高的强度而在产品设计测试与评估等方面得到了广泛应用。近年来又开发出 PC，PC/ABS，PPSF 等更高强度的成型材料，使得该工艺有可能直接制造功能性零件。由于这种工艺具有一些显著优点，发展极为迅速，目前 FDM 系统在全球已安装快速成型系统中的份额大约为 30%。

FDM 打印技术具有以下优点：

（1）快速塑料零件制造。材料性能一直是 FDM 工艺的主要优点，其 ABS 原形强度可以达到注塑零件的 1/3。近年来又发展出 PC、PC/ABS、PPSF 等材料，强度已经接近或超过普通注塑零件，可在某些特定场合（试用、维修暂时替换等）下直接使用。虽然直接金属零件成型（近年来许多研究机构和公司都在进行这方面的研究，是当今快速原形领域的一个研究热点）的材料性能更好，但在塑料零件领域，FDM 工艺是一种非常适宜的快速制造方法。随着材料性能和工艺水平的进一步提高，相信会有更多的 FDM 原形在各种场合直接使用。缺点：成型物体表面粗糙。

（2）不使用激光，维护简单，成本低。价格是成型工艺是否适于三维打印的一个重要因素。多用于概念设计的三维打印机对原形精度和物理化学特性要求不高，便宜的价格是其能否推广的决定性因素。

（3）塑料丝材，清洁，更换容易。与其他使用粉末和液态材料的工艺相比，丝材更加清洁，易于更换、保存，不会在设备中或附近形成粉末或液体污染。

（4）后处理简单。仅需几分钟到一刻钟的时间剥离支撑后，原形即可使用。而现在应用较多的 SIS、3DP 等工艺均存在清理残余液体和粉末的步骤，并且需要进行后固化处理，需要额外的辅助设备，这些额外的后处理工序一是容易造成粉末或液体污染；二是增加了几个小时的时间，不能在成型完成后立刻使用。

（5）成型速度较快。一般来讲，FDM 工艺相对于 SLS、3DP、SLA 工艺来说，速度是比较慢的。但针对三维打印应用，其也有一定的优势。首先，SLS、3DP、SLA 都有层间过程（铺粉/液、刮平），因而它们一次成型多个原形速度很快，例如 3DP 可以做到 1 小时成型 25 mm 左右高度的原形。三维打印机成型空间小，一次成型 1～2 个原型，相对来讲，其速度优点就不甚明显。其次三维打印机对原形强度要求不高，所以 FDM 工艺可通过减小原形密实程度的方法来提高成型速度。通过实验，具有某些结构特点的模型，最高成型速度已达到 60 cm³/h。通过软件优化及技术进步，预计可以达到 200 cm³/h 的高速度。

招财猫模型为日常工艺品，成本及精度都要求不高，且成型过程简单，结合实验室现有的设置，综合选择熔融沉积成型（FDM）技术作为加工方法。

（三）招财猫模型加工操作

1）招财猫模型三维打印设备

优锐桌面级三维打印机实物及相关信息如图 8-30 和表 8-7 所示。

图 8-30　教学设备——优锐桌面级三维打印机

表 8-7 设备信息

品牌	优锐	型号	3D-160 小熊猫	类型	3D 打印机
打印方式	FDM	打印速度	20~70 mm/s	接口	USB 存储卡插槽
介质类型	挤出式	打印分辨率	100%	尺寸	160 mm×160 mm×150 mm
重量	13.5（kg）				

2）三维打印机调试操作

步骤一：设备安装完好后，需检查各线路接线无误后再接通电源开机。

步骤二：复位平台，调整平台高低。

调节平台之前，需要先在平台上贴上美纹纸，再进行平台调整。手动操作，移动喷头至平台的四个角位置，调节四个角下调节螺母的松紧，让喷头和平台刚好接触位置最佳，如图 8-31 所示。

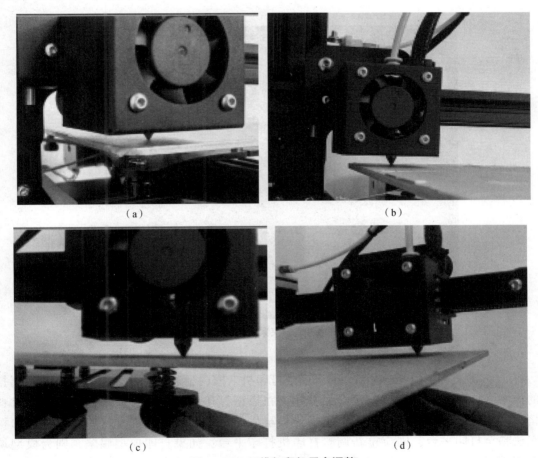

图 8-31 三维打印机平台调整

步骤三：安装打印耗材。

安装耗材之前，需要将耗材进行加热处理，按压挤出头，通入耗材，直到喷嘴挤出耗材为止，如图 8-32 所示。

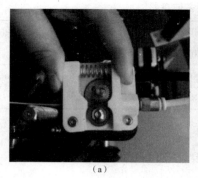

(a)　　　　　　　　　　　(b)

图 8-32　打印耗材安装

步骤四：夹紧平台，完成调试。

用夹子夹紧平台板，从而完成打印机的调试，即可进入零部件打印程序，如图 8-33 所示。

图 8-33　夹紧打印平台

步骤五：模型打印。

将 .gcode 文件拷贝至 SD 卡，插入三维打印机卡槽内，通过液晶显示界面选择需要打印的模型名称，按下"确认"键开始打印。在模型打印的过程中，如果打印机喷头材料不挤出，则应该停止打印，调整打印机材料至最佳状态，然后再开始打印；如果打印材料无法粘至打印平台，则应重新调整打印机打印平台；如果打印模型塌陷，则为模型切片处理的问题，需要关闭打印机，重新设计切片数据，并对模型悬空部分添加支撑。如图 8-34 和图 8-35 所示。

项目八　招财猫的三维打印制作

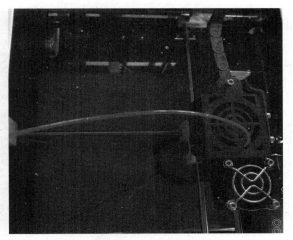

图 8-34　打印模型

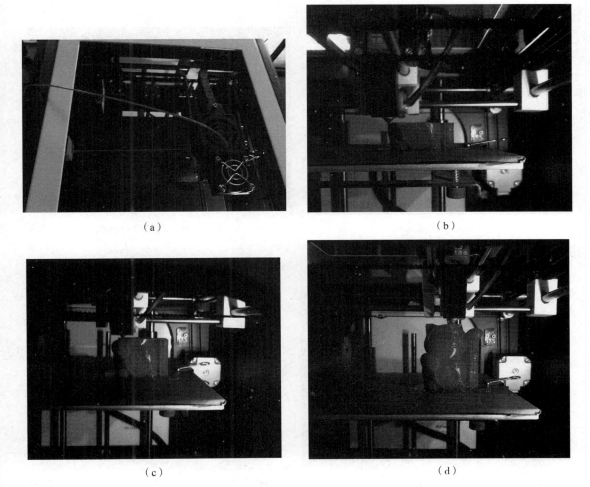

图 8-35　模型打印流程

任务四 招财猫模型的质量分析与后处理

（一）招财猫的后处理主要内容

1. 招财猫后处理前的模型

打印好的零件如图8-36所示。

2. 招财猫的后处理后的模型

刚打印好的零件模型需要再经过后期处理，如移除打印的支撑结构、去除打印底座、去除毛刺等，对于表面精度要求较高的零件还需要用细砂纸进行打磨处理。图8-37～图8-42所示为处理前后的零件模型。

图8-36 招财猫的零件

图8-37 支撑结构

图8-38 粘附平台结构

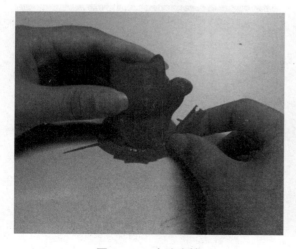

图8-39 去除支撑

图8-40 去除沿边

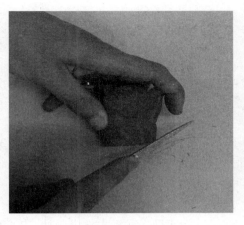

图 8-41 抛光打磨

图 8-42 招财猫

四、项目评价考核

项目教学评价

项目组名				小组负责人			
小组成员				班级			
项目名称				实施时间			
评价类别	评价内容	评价标准	配分	个人自评	小组评价	教师评价
学习准备	课前准备	笔记收集、整理,自主学习	5			
学习过程	信息收集	能收集有效的信息	5			
	图样分析	能根据项目要求分析图样	10			
	方案执行	以加工完成的零件尺寸为准	35			
	问题探究	能在实践中发现问题,并用理论知识解释实践中的问题	10			
	文明生产	服从管理,遵守校规校纪和安全操作规程	5			
学习拓展	知识迁移	能实现前后知识的迁移	5			
	应变能力	能举一反三,提出改进建议或方案	5			
	创新程度	有创新建议提出	5			
学习态度	主动程度	主动性强	5			
	合作意识	能与同伴团结协作	5			
	严谨细致	认真仔细,不出差错	5			
总 计			100			
教师总评(成绩、不足及注意事项)						
综合评定等级(个人30%,小组30%,教师40%)						

参 考 文 献

[1] 熊越东,徐忠兰. 机械零件的手动加工 [M]. 北京:机械工业出版社,2013.

[2] 刘锁林. 机械加工技术训练 [M]. 北京:机械工业出版社,2010.

[3] 于万聚. 机械加工实训教程 [M]. 2版,北京:机械工业出版社,2017.

[4] 周志强. 数控加工实训 [M]. 北京:电子工业出版社,2009.

[5] 胡翔云,程洪涛. 数控加工实训指导书 [M]. 武汉:武汉大学出版社,2009.

[6] 徐峰. 数控线切割加工技能实训教程 [M]. 北京:国防工业出版社,2005.

[7] 徐峰. 线切割及电火花编程与操作实训教程 [M]. 北京:清华大学出版社,2006.

[8] 曹明元,申云波. 3D设计与打印实训教程(机械制造) [M]. 北京:机械工业出版社,2017.

[9] 胡庆夕,韩琳楠,徐新成. 3D打印与快速模具实践教程 [M]. 北京:科学出版社,2017.

[10] 王刚,黄仲佳. 3D打印实用教程 [M]. 安徽:安徽科学技术出版社,2016.